气候系统监测诊断年报

（2015年）

中国气象局国家气候中心　编

气象出版社
China Meteorological Press

内 容 简 介

《气候系统监测诊断年报(2015年)》是中国气象局国家气候中心的重要业务产品之一。全书分为5章:第1章描述2015年全球气候概况;第2章分析年内大气环流变化的主要特点和亚洲季风系统的活动特征;第3章介绍年内热带海洋的演变特征和ENSO监测概况;第4章分析了2015年中国区域地表温度、北半球积雪和南、北极海冰异常情况;第5章针对2015年发生的国内外重大天气气候事件进行了成因诊断分析。本书给出气候系统多圈层主要气候变量的月、季和年的特征分布图,可供从事气象、农业、水文、环境保护、生态和防灾减灾等领域的业务、科研和教学人员使用。

图书在版编目(CIP)数据

气候系统监测诊断年报. 2015年 / 中国气象局国家气候中心编. --北京 :气象出版社, 2016.10

ISBN 978-7-5029-6435-1

Ⅰ.①气… Ⅱ.①中… Ⅲ.①气候-监测-中国-2015-年报 ②气候变化-分析-中国-2015-年报 Ⅳ.①P468.203②P467

中国版本图书馆CIP数据核字(2016)第237338号

出版发行:气象出版社

地　　址:北京市海淀区中关村南大街46号　　**邮政编码**:100081

电　　话:010-68407112(总编室)　010-68409198(发行部)

网　　址:http://www.qxcbs.com　　**E-mail**:qxcbs@cma.gov.cn

责任编辑:陈　红　　**终　　审**:邵俊年

责任校对:王丽梅　　**责任技编**:赵相宁

封面设计:王　伟

印　　刷:北京地大天成印务有限公司

开　　本:889 mm×1194 mm　1/16　　**印　　张**:11.5

字　　数:327千字

版　　次:2016年10月第1版　　**印　　次**:2016年10月第1次印刷

定　　价:75.00元

《气候系统监测诊断年报(2015年)》
编 委 会

前　言

气候安全是当今国际社会面临的重大共同挑战。全球正在经历以变暖为显著特征的气候变化，已经且仍将继续影响人类的生存环境与发展。加强气候系统的监测与研究，提升对气候规律的认识水平和把握能力，有效降低气候灾害风险，对于促进社会与经济的可持续发展具有十分重要的现实意义。为此，世界气象组织(WMO)和国际科联(ICSU)早在1979年共同制定了世界气候研究计划(WCRP)，并组织了各成员国实施气候资料(包括气候系统监测)、气候应用、气候影响研究和气候变化研究等子计划。

在WCRP的指导下，WMO在1984年实施了“气候系统监测(CSM)”项目，并发布了《CSM月公报》、《特别咨询》和《CSM年度摘要》等。这些出版物的相继发布，向WMO各成员国提供全球气候系统的状况及其演变或异常特征方面的综合信息服务，对各国开展气候和气候变化研究起到了促进作用。

我国于1990年在国家气候委员会的支持下建立了月尺度的气候监测业务系统，并发布《月气候监测公报》，并于1996年开始发布《年气候监测公报》。随着气候系统监测业务的不断拓展与优化，2004年《月气候监测公报》和《年气候监测公报》合并为《气候系统监测公报》，公报有纸质和电子两种版本并每月更新。2009年年底，国家气候中心决定每年出版《气候系统监测诊断年报》，同时停发每月出版的《气候系统监测公报》纸质产品但保留其电子产品。《气候系统监测诊断年报》向国内外用户提供了全面的气候系统监测诊断信息。

气候监测诊断是现代气候业务中至关重要的环节，也是提高短期气候预测准确率和科学认识气候系统及其变化的根基。近年来，国家气候中心大力推进气候监测诊断业务现代化，加强国内和全球重大气候事件的成因诊断分析，并及时为社会公众答疑解惑，同时向决策者提供专题报告，注重提高气候服务的时效性和科学性，气候业务服务能力得到有效提升。《气候系统监测诊断年报(2015年)》，精简了部分大气环流监测图形，对中国季气候监测内容进行了适当扩充，并继续完善和加强对中国和全球高影响气候事件的成因诊断。随着气候监测诊断业务在基础资料、监测指标体系标准化和诊断方法等方面的稳步提升和优化，《气候系统监测诊断年报》内容也将不断丰富和完善。

编者

2016年4月

摘　要

2015年是自1850年有现代气象观测记录以来的最暖年份，全球年平均温度比1961—1990年的平均值偏高0.76℃，比1850—1900年的平均值偏高约1℃。全球陆地年降水量较1961—1990年平均值略偏少，空间分布差异显著，区域性极端降水事件多发。

2015年，中国年平均气温10.5℃，较常年(9.6℃)偏高0.9℃，与2007年并列为1961年以来最暖年；四季全国平均气温均较常年偏高，但夏季全国平均气温较近十年的平均值相对偏低。中国年降水量649.1 mm，较常年(629.9 mm)偏多3.0%；降水时空分布不均，西北地区西部和南方地区偏多，黄淮地区及东北地区降水偏少；冬季和夏季全国平均降水量均偏少，春季接近常年同期，秋季偏多；主汛期我国中东部地区降水总体呈“北少南多”空间分布型，长江中下游及江淮地区降水显著偏多。2015年，极端强降水事件、极端高温事件和极端连续降温事件均较常年偏多；而极端低温事件和极端连续无降水日数事件均较常年偏少。

2015年赤道中东太平洋海表温度维持正距平，厄尔尼诺事件发展、加强，并于11月达到峰值，成为一次超强厄尔尼诺事件；12月开始，厄尔尼诺事件进入衰减阶段。2015年，南方涛动指数负位相特征明显，表现出热带大气对厄尔尼诺事件的响应。

2015年，中国年平均地表温度14.0℃，较常年偏高1.1℃，与2007年并列为1961年以来的第三高值。2015年9—11月，北半球积雪面积较常年同期偏大，其余月份均偏小；欧亚积雪面积除在4月和9—11月较常年同期偏大外，其余月份均偏小。2015年，北半球海冰密集度偏低，北极海冰最大范围(14.54×10^6 km^2，2月25日)创有连续的卫星观测记录以来的新低；南极海冰最小范围($3.58\times10^6 km^2$，2月20日)是有记录以来的第四高值。

2014/2015年冬季，东亚冬季风略偏弱，西伯利亚高压强度总体偏弱，北极涛动维持正位相；且季内西伯利亚高压由强转弱，我国气温前冬冷、后冬暖。2015年东亚夏季风偏弱，且西太平洋副热带高压(简称西太副高，下同)强度偏强、西伸脊点偏西、脊线位置偏南，导致主汛期我国东部降水呈“北少南多”空间分布型，主雨带位于江淮至江南北部，华北、黄淮大部降水偏少。

目　录

前言
摘要

资料和指标说明

1. 资料

全球地面逐月平均气温、降水量资料来自中国国家气象信息中心（NMIC）和美国国家环境信息中心（NCEI），共 3285 个观测站，多年平均基准期（即：常年，下同）为 1981—2010 年。

全球逐日降水资料由美国气候预测中心（CPC）提供，起止时间为 1980 年 1 月 1 日至 2015 年 12 月 31 日，水平分辨率为 0.5°×0.5°。全球逐日平均气温资料为美国国家环境预报中心（NCEP）和美国国家大气研究中心（NCAR）1951 年 1 月 1 日至 2015 年 12 月 31 日的 Reanalysis I 逐日再分析资料。

中国地面逐月平均气温、降水量资料来自 NMIC，共 2415 个观测站，多年平均基准期为 1981—2010 年。

中国极端事件指标监测使用的逐日资料来自 NMIC，从全国 2415 个气象站中选取时间序列至少有 40 年、分布较为均匀的 2385 个站点，观测要素包括平均气温、最高气温、最低气温及日降水量，起止时间为建站至 2015 年 12 月 31 日，多年平均基准期为 1981—2010 年。

中国月平均土壤温度资料来自 NMIC，包括中国地面气候资料月值地温数据集和中国农业基本气象资料月值地温数据集，台站数 756 个，多年平均基准期为 1981—2010 年。

达尔文站和塔希提站海平面气压实时资料来自 NMIC；历史资料来自澳大利亚国家气象局国家气候中心（NCC/BOM），多年平均基准期为 1981—2010 年。

大气环流实时资料来自 NMC T639 产品，历史资料来自 NCEP（Kalnay *et al.*，1996），多年平均基准期为 1981—2010 年。

北极涛动（AO）和南极涛动（AAO）资料来自 CPC。

向外射出长波辐射（OLR）资料来自 NOAA（Liebmann *et al.*，1996），网格点距为 2.5°×2.5°，多年平均基准期为 1981—2010 年。

太阳黑子相对数来自比利时太阳影响资料分析中心（SIDC）。

海表温度（SST）实时和历史资料来自 NOAA（Reynolds *et al.*，2002），网格点距为 1°×1°，多年平均基准期为 1981—2010 年。

次表层海温实时和历史资料来自 NCEP，多年平均基准期为 1981—2010 年。

北半球积雪资料为 NOAA 卫星监测的北半球逐周积雪覆盖数据，来自美国罗格斯

(Rutgers)大学气候实验室,多年平均基准期为1981—2010年。

南、北极海冰密集度资料来自NOAA,分辨率为1°×1°,多年平均基准期为1981—2010年。

成因诊断分析使用的资料有NMIC整编的全国气象台站逐日气温和降水资料、NCEP和NCAR联合制作NCEP/NCAR再分析资料、NMC T639资料,及CPC提供的海温资料。

2. 候、季节和年度的划分说明

候的划分为每月6候,每年72候,每月26日至月末为当月最后一候。

北半球季节划分:2015年冬季为2014年12月至2015年2月,春季为3—5月,夏季为6—8月,秋季为9—11月;南半球季节划分:2015年夏季为2014年12月至2015年2月,秋季为3—5月,冬季为6—8月,春季为9—11月。

年为2015年1—12月。

3. 指标与方法

3.1 极端事件监测指标

中国极端事件监测使用历史极值、百分位阈值等方法定义的指标进行监测,具体指标定义方法说明如下。

历史极值:某指标历史序列的极大或极小值,要求该历史序列从建站到统计截止时间至少有30年。

极端事件:对某指标的样本序列从小到大进行排位,定义超过该序列的第95百分位值为极端多事件,低(小)于第5百分位值为极端少事件。样本序列由该指标在多年平均基准期30年(1981—2010年)内每年的极大值(或极小值)和次大值(或次小值)共60个样本组成(下同)。

极端强降水事件:某日降水量大于日降水量样本序列的第95百分位值。

极端连续降水日数事件:某连续降水日数大于连续降水日数样本序列的第95百分位值。

极端高温事件:某日最高气温大于日最高气温样本序列的第95百分位值。

极端连续高温日数事件:某连续高温日数大于连续高温日数样本序列的第95百分位值。

极端低温事件:某日最低气温小于日最低气温样本序列的第5百分位值,且该日最低气温≤4℃(寒潮标准)。

极端降温事件:某降温过程的降温幅度大于过程降温幅度样本序列的第95百分位值,且该降温过程中日最低气温的极小值≤4℃(寒潮标准)。

站次比:极端事件出现的站次数与所有有效观测站数的百分比值,单位为%。

3.2 全国平均降水量、平均气温演变图

对各省(区、市)的平均降水量、平均气温进行面积加权平均后绘制。

3.3 北半球 500 hPa 环流指数的计算区域和方法

亚欧地区和亚洲地区环流指数的计算区域分别为 45°～60°N,0°～150°E 和 45°～60°N,60°～150°E。计算方法参见文献(李小泉等,1965)。

极涡面积指数,亚洲区域为 60°～150°E,太平洋区域为 150°～120°W,北半球区域为 0°～170°E～180°～170°W～0°。计算方法参见文献(极涡与气温长期预报课题协作组,1990)。

北半球和西太副高面积指数,分别为 0°～170°E～180°～170°W～0° 和 110°E～180° 范围内≥588 dagpm 的格点数。强度指数,是指上述格点高度值减去 587 dagpm 后的累计值。

青藏高原指数,指 30°～40°N,75°～105°E 区域内各格点高度值减去 500 dagpm 后的累计值。

印缅槽指数,指 15°～20°N,80°～100°E 区域内各格点高度值减去 580dagpm 的累计值。

3.4 北半球中高纬阻塞高压指数

对每个经度,指向赤道的 500 hPa 高度梯度(GHGS)和指向极地的 500 hPa 高度梯度(GHGN)计算如下:

$$\mathrm{GHGS} = \frac{Z(\varphi_0) - Z(\varphi_s)}{\varphi_0 - \varphi_s}$$

$$\mathrm{GHGN} = \frac{Z(\varphi_n) - Z(\varphi_0)}{\varphi_n - \varphi_0}$$

式中,$\varphi_n = 80°\mathrm{N} + \delta$, $\varphi_0 = 60°\mathrm{N} + \delta$, $\varphi_s = 40°\mathrm{N} + \delta$, $\delta = -5°, 0°, 5°$。

对某时某经度任意一个 δ 值,如果条件满足:

(1)GHGS > 0

(2)GHGN < -10 gpm/纬度

则诊断为该时该经度有阻塞,阻塞指数为 GHGS。当有两个以上的 δ 值同时满足(1)和(2)两个条件时,则取 GHGS 值大者为阻塞指数。因为阻高有一段持续的时间,在计算 GHGS 和 GHNS 之前,先对 500 hPa 高度场做 5 天的滑动平均,把有充分持续时间的阻高分离出来。

阻塞高压的定义和计算方法见参考文献(Lejenas *et al.*,1983;Tibaldi *et al.*,1990;李威等,2007)。

3.5 北极涛动(AO)指数和南极涛动(AAO)指数

北极涛动(AO)指数定义为对北半球热带外(20°N 以北)海平面气压距平场经验正交函数分析第一模态的时间系数(Thompson *et al.*, 2000)。

南极涛动(AAO)指数定义为南半球热带外(20°S 以南)700 hPa 位势高度距平场经验正交函数分析第一模态的时间系数。

3.6 东亚急流指数

定义为 200 hPa 上 30°～35°N，130°～160°E 区域平均的纬向风，即：

$$I_{EAJS} = U_{200\ \mathrm{hPa}(30°\sim35°\mathrm{N},130°\sim160°\mathrm{E})}$$

3.7 南海季风监测指标

南海季风监测区选为：10°～20°N，110°～120°E。

南海夏季风起止时间的判定指标：以南海季风监测区 850 hPa 平均纬向风和假相当位温为监测指标，同时参考 200 hPa、850 hPa 和 500 hPa 位势高度场的演变。监测区 850 hPa 平均纬向风由东风稳定转为西风以及假相当位温稳定地＞340 K 的时间为南海夏季风爆发时间。

南海夏季风强度逐候变化：以南海季风监测区 850 hPa 平均纬向风逐候变化和同时段气候平均值比较，考察南海夏季风强度的逐候变化。

年南海夏季风强度指数：南海夏季风爆发到结束期间纬向风强度累积值的标准化距平值为当年南海夏季风强度指数（多年平均基准期为 1981—2010 年）（朱艳峰，2005）。

3.8 印度夏季风监测指标

喀拉拉邦（Kerala）季风爆发指标：5 月 10 日后，印度南部 14 站（Minicoy，Amini，Thiruvananthapuram，Punalur，Kollam，Allapuzha，Kottayam，Kochi，Thrissur，Kozhikode，Thalassery，Kannur，Kasargode and Mangalore）中有 60％的站观测到的降水连续两天达到或超过 2.5 mm/d，如果同时满足以下条件，则第 2 天就作为喀拉拉邦季风爆发时间：

（1）0°～10°N，55°～80°E 区域从地面到 600 hPa 为深厚西风，5°～10°N，70°～80°E 区域 925 hPa 平均纬向风速为 15～20 kts（1 kts≈0.5144 m/s）；

（2）5°～10°N，70°～75°E 区域 OLR＜200 W/m^2。

西南季风撤退指标：9 月 1 日后，如果满足以下条件则诊断为西南季风撤退：

（1）连续 5 天没有降水；

（2）对流层低层 850 hPa 反气旋建立；

（3）卫星反演的大气水汽含量显著减少。

3.9 东亚夏季风监测指标

将东亚热带季风槽区（10°～20°N，100°～150°E）与东亚副热带地区（25°～35°N，100°～150°E）6—8 月平均的 850 hPa 风场的纬向风距平差定义为东亚夏季风指数（I_{EASM}）：

$$I_{EASM} = U'_{850\ \mathrm{hPa}(10°\sim20°\mathrm{N},100°\sim150°\mathrm{E})} - U'_{850\ \mathrm{hPa}(25°\sim35°\mathrm{N},100°\sim150°\mathrm{E})}$$

利用该定义计算出逐年的东亚夏季风指数，将东亚夏季风指数≥2 m/s 的年份定义为强夏季风年，≤－2 m/s 的年份定义为弱夏季风年（张庆云等，2003）。

3.10 东亚冬季风监测指标

选取西伯利亚高压强度指数以及亚洲地区中低纬度和中高纬度 500 hPa 纬向风差值强度指数为冬季风监测指标，其中前者代表冬季风在源地的强弱，后者则反映了冬季风向南的扩展程度。计算方法如下：

西伯利亚高压强度指数：选取西伯利亚高压气候平均位置（40°～60°N，80°～120°E），计算该区域冬季平均海平面气压值，并进行标准化，即得到西伯利亚高压强度指数。

亚洲地区中低纬度和中高纬度纬向风差值强度指数：将亚洲地区中低纬度（25°～35°N，80°～120°E）与中高纬度（50°～60°N，80°～120°E）区域平均的500 hPa纬向风的差值进行标准化，即得到亚洲地区中低纬度和中高纬度纬向风差值强度指数（朱艳峰，2008）。

3.11　华南前汛期监测指标

根据中国气象局预报与网络司《华南汛期监测业务规定（试行）》确定华南前汛期监测指标。

(1)华南前汛期开始时间

确定华南前汛期开始时间的主要依据是区域内监测站（图1）的降水条件，具体方法如下：

①华南地区各省（区）前汛期开始条件：

广东、广西：3月1日起，某监测站出现日降水量≥38.0 mm（大到暴雨级别降水）降水，则认为该站前汛期开始，该日为该监测站前汛期开始日；全省（区）累计前汛期开始站点达到省（区）内监测站点的50%（或以上），且达到标准的当日及前1日（48小时内）全省（区）共有10%以上站点的日降水量≥38.0 mm，则将该日作为本省（区）前汛期开始日期。

福建、海南：4月1日起，某监测站出现日降水量≥38.0 mm（大到暴雨级别降水）降水，则认为该站前汛期开始，该日为该监测站前汛期开始日；全省累计前汛期开始站点达到省内监测站点的50%（或以上），且达到标准的当日及前1日（48小时内）全省共有10%以上站点的日降水量≥38.0 mm，则将该日作为本省前汛期开始日期。

②华南地区前汛期开始时间：

以广东、广西、福建、海南四省（区）中前汛期的最早开始日期作为华南前汛期开始日期。

(2)华南前汛期结束时间

确定华南前汛期结束时间的主要依据是：区域内大部分监测站的降水减弱或中断及西太副高位置等条件。具体方法如下：

①自6月1日起，华南地区连续5天区域平均（监测区261代表站平均）的日降水量<7.0 mm。

②日降水量≥38.0 mm的华南地区监测站点数连续5天少于总站数的5%。

③连续5天西太副高脊线位置维持在22°N以北。

满足上述3个条件后，以华南区域平均的日降水量<7.0 mm的第一天作为前汛期中断日，如果有若干个中断日，则以最接近6月30日的中断日作为华南前汛期结束日。

(3)华南前汛期长度

华南前汛期开始日至结束日的总天数为华南前汛期长度。

(4)华南前汛期降水量

华南监测站前汛期降水量的区域平均值为华南前汛期降水量。

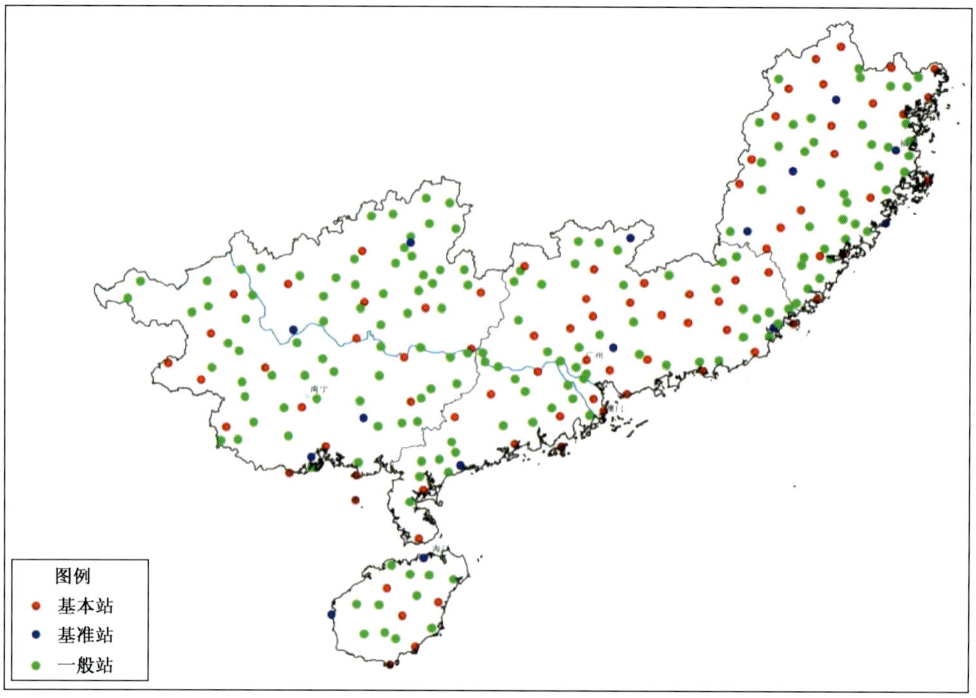

图 1 华南汛期监测站点空间分布示意图

3.12 西南雨季监测指标

根据中国气象局预报与网络司《西南雨季监测业务规定（试行）》确定西南雨季监测指标。

（1）单站雨季开始和结束日期的确定方法

鉴于西南区域气候差异较大，雨季开始和结束日期的监测主要采用单站标准进行监测（图 2），具体方法如下：

①雨季开始日期判别条件：

自 4 月 21 日开始，任意 5 天滑动累计雨量（R_5）大于等于 5—10 月候雨量气候平均（$\bar{R}_{5-10}/36$）为止，即：

$$K_b = [R_5/(\bar{R}_{5-10}/36)] \geqslant 1 \tag{1}$$

式中，$\bar{R}_{5-10}$ 为 5—10 月降水量气候平均值。则：

（a）在 $K_b \geqslant 1$ 的 5 天中雨量最大的一天确定为雨季开始待定日期，在之后的 15 天内又出现 $K_b \geqslant 1$ 的情况，即将雨季开始待定日期确定为雨季开始日期，雨季开始日期所在的候为雨季开始候。

（b）如果在之后的 15 天之内再未出现 $K_b \geqslant 1$ 的情况，则重复（a）的步骤，重新确定雨季开始待定日期和雨季开始日期。

（c）如果计算得到的雨季开始日期是 4 月 21 日，则逐日向前按（a）步骤推算符合雨季开始日期条件的日期。

②雨季结束日期判别条件：

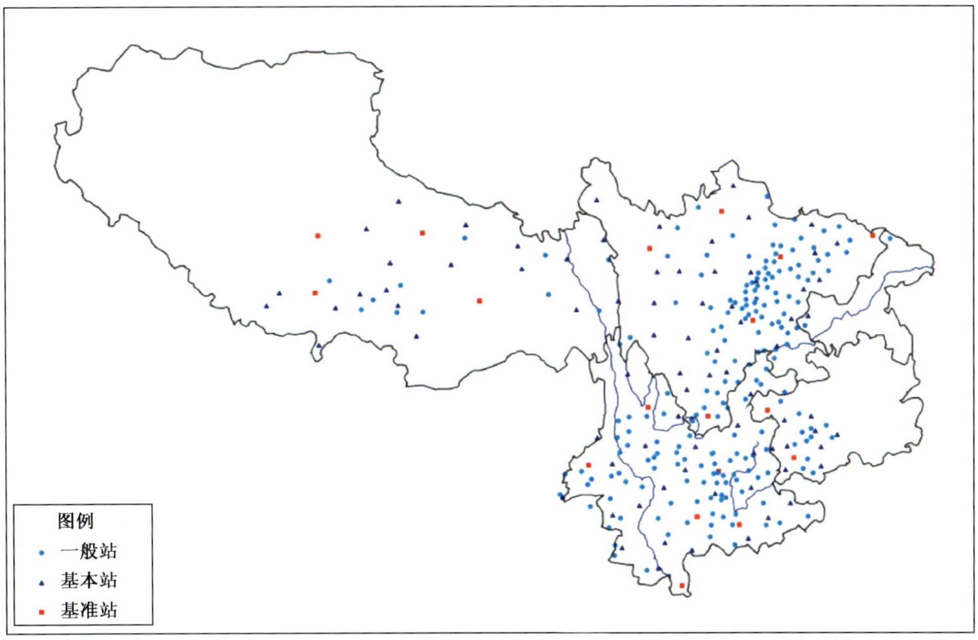

图 2　西南雨季监测区域及站点分布示意图

自 9 月 21 日开始，任意 5 天滑动累计雨量（R_5）小于等于 1—12 月候雨量气候平均（$\bar{R}_{1-12}/72$）为止，即：

$$K_e = [R_5/(\bar{R}_{1-12}/72)] \leqslant 1 \tag{2}$$

式中，$\bar{R}_{1-12}$为年降水量气候平均值。则：

(a)在 $K_e \leqslant 1$ 的当天确定为雨季结束待定日期，在之后的 15 天内未再出现 $K_e \geqslant 1$ 的情况，即将雨季结束待定日期确定为雨季结束日期，雨季结束日期所在的候为雨季结束候。

(b)如果在之后的 15 天之内又出现 $K_e \geqslant 1$ 的情况，则重复(a)的步骤，重新确定雨季结束待定日期和雨季结束日期。

(c)如果计算得到的雨季结束日期是 9 月 21 日，则逐日向前按(a)步骤推算符合雨季结束日期条件的日期。

（注意：气候平均取 1981—2010 年 30 年平均。）

(2)区域雨季开始和结束日期的确定方法

根据单站雨季开始和结束日期的确定方法，西南区域内监测站点有 60％达到雨季开始（结束）的日期，即为西南区域雨季开始（结束）的日期。

区域内某省（区、市）的监测站点 60％达到雨季开始（结束）的日期，即为该省（区、市）雨季开始（结束）的日期。

(3)西南区域雨季长度

西南区域雨季开始日期至结束日期的总天数为西南区域雨季长度。区域内某省（区、市）雨季开始日期至结束日期的总天数为该省（区、市）雨季长度。

(4)西南区域雨季总降水量

西南区域雨季开始日期至结束日期时段内，区域内监测站点总降水量的平均值为西南区域雨季总降水量。各省（区、市）雨季开始日期至结束日期时段内，各省（区、市）监测站总降水量的平均值为各省(区、市)雨季总降水量。

3.13 梅雨监测指标

根据中国气象局预报与网络司《梅雨监测业务规定》确定梅雨监测指标。

按照气候类型将梅雨监测区域分为江南区(Ⅰ)、长江区(Ⅱ)、江淮区(Ⅲ);同时,考虑到长江中游与下游梅雨期降水的时空差异,将长江区细分为长江中游区($Ⅱ_a$)和长江下游区($Ⅱ_b$)。各气候分区的梅雨监测站点分别为:江南区 65 站、长江区 157 站(其中中游区 115 站、下游区 42 站)、江淮区 55 站(图 3)。以区域内各监测站的降水为主要条件,以西太副高脊线位置、日平均温度、南海夏季风爆发时间等为辅助条件确定区域入(出)梅与梅雨期,具体方法如下。

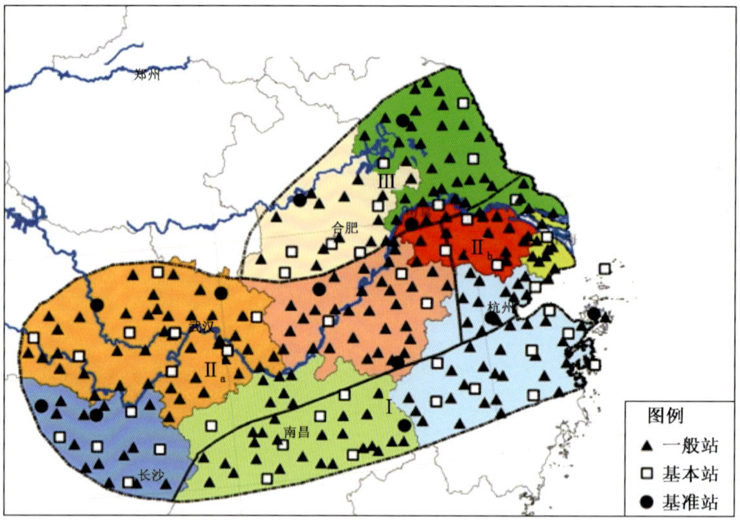

图 3 梅雨监测区域的气候分区(Ⅰ、$Ⅱ_a$、$Ⅱ_b$、Ⅲ)和国家级气象观测站分布图

入(出)梅降水条件:

(1)雨日的确定:某日区域中有 1/3 以上监测站出现≥0.1 mm 的降水,且区域内日平均降水量≥R_d mm,该日为一个雨日。其中,安徽江淮之间、江苏(长江以南和长江以北)、湖南和上海等地 R_d 取值为 1.0 mm,其他区域 R_d 取值均为 2.0 mm。

(2)雨期开始日的确定:从第 1 个雨日算起,往后 2 日、3 日、……、10 日中,雨日数占相应时段内总日数的比例≥50%,则第一个雨日为雨期开始日。

(3)雨期结束日的确定:从雨期的最后 1 个雨日算起,往前 2 日、3 日、……、10 日中,雨日数占相应时段内总日数的比例≥50%,则最后一个雨日为雨期结束日。

对雨期异常长的情况,在雨期进入 8 月后第一个非雨日的前一天为雨期结束日;若此不能满足雨期结束日条件,则需要往前推算确定雨期结束日。

(4)雨期的确定:一个雨期需满足以下条件,任何连续 10 日的雨日比例≥40%、雨日数≥6 天且没有连续 5 天(含 5 天)以上的非雨日、站平均降水强度≥5 mm/d。一个雨期长度为该雨期的开始日到结束日所经历的日数。

(5)入梅时间的确定:第一个雨期的开始日即为入梅日。

(6)出梅时间的确定：最后一个雨期结束日的次日即为出梅日。

(7)梅雨期的确定：梅雨期内可以出现有一个以上的雨期，梅雨期长度为入梅日到出梅日前一天的日数。

3.14　华北雨季监测指标

根据中国气象局预报与网络司《华北雨季监测业务规定(试行)》确定华北雨季监测指标。

(1)单站判定方法

①单站雨季开始日期的判定

自7月1日开始，当连续5天平均的西太副高脊线位于25°N以北时：

京津冀和山西：若此时监测区内某站连续5天的累计降水量≥35.0 mm，且5天内至少有一天日降水量≥10.0 mm，则首个日降水量≥10.0 mm的雨日即为该站雨季开始日期(图4)。

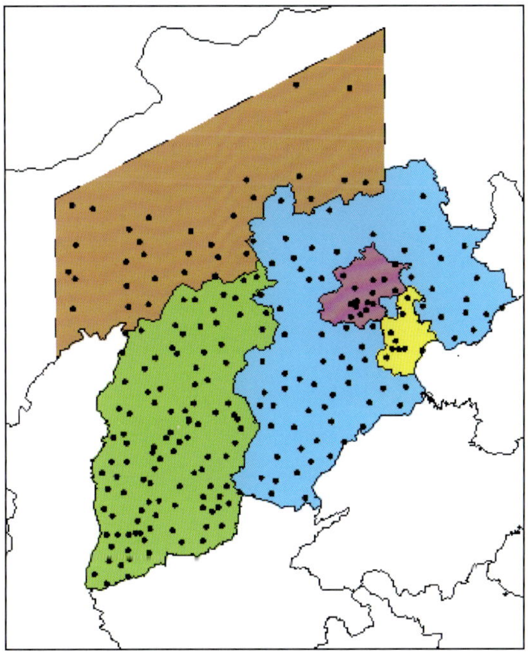

图4　华北雨季监测区域及站点分布示意图

内蒙古中部：若此时监测区内某站连续5天的累计降水量≥25.0 mm，且5天内至少有一天日降水量≥10.0 mm，则首个日降水量≥10.0 mm的雨日即为该站雨季开始日期。

②单站雨季结束日期的判定

京津冀和山西：雨季开始后，若监测区内某站截至某日时，向前连续10天中逐日5天向前滑动累计降水量均<35.0 mm，则将此日定为雨季结束日期。

内蒙古中部：雨季开始后，若监测区内某站截至某日时，向前连续10天中逐日5天向前滑动累计降水量均<25.0 mm，则将此日定为雨季结束日期。

(2)区域判定方法

主要依据为区域内各监测站降水情况，具体为：

①京津冀、山西、内蒙古中部三个监测区雨季开始日期：当某监测区内雨季已开始的累计站点比率达到或超过该区域相应开始比率阈值时（表 1），则将该日定为该监测区雨季开始日期。

②京津冀、山西、内蒙古中部三个监测区雨季结束日期：当某监测区内雨季已结束的累计站点比率达到或超过该区域相应结束比率阈值时（表 1），则将该日定为该监测区雨季结束日期。

表 1　华北各区域雨季起讫的累计站点比率阈值

阈值	京津冀	山西	内蒙古中部
开始日	70%	60%	60%
结束日	60%	60%	50%

（3）华北雨季起讫时间的确定

以京津冀、山西、内蒙古中部三个监测区域中，最早进入雨季的某区域雨季开始日作为华北雨季的开始日期；上述三个监测区域中，最晚结束的某区域雨季结束日作为华北雨季的结束日期。

（4）华北及各区域雨季强度

①雨季长度：雨季开始日至结束日的总天数为雨季长度。

②雨季降水量：雨季开始日至结束日时段内，监测区区域平均的累计降水量。

（5）雨季的特殊情况

在某些特殊年份，由于华北地区降水稀少、降水时段不集中，使客观方法无法确定雨季开始（结束）日，或识别的雨季开始时间在 8 月中旬以后，结束时间在 8 月 31 日以后。在此情况下，雨季勘定时需要对其进行人工判别：

①雨季开始时间：某区域自 7 月上旬起到 8 月上旬，5 日向前滑动平均西太副高脊线位于 25°N 以北，取逐日 5 天向前滑动平均降水量最大时段中，降水量首次超过其同期气候平均降水量的日期为雨季开始日。

②雨季结束时间：某区域自 7 月中下旬起到 8 月底，逐日 5 天向前滑动平均降水量最大时段中，降水量最后一次超过其同期气候平均降水量的日期为雨季结束日。

③空雨季：若某些特殊年份，客观识别方法及特殊年份识别方法均无法识别雨季开始时间则定义该年度华北雨季为空雨季。

3.15　华西秋雨监测指标

根据中国气象局预报与网络司《华西秋雨监测业务规定（试行）》确定华西秋雨监测指标。

（1）多雨期

①秋雨日：自 8 月 21 日起，若某日监测区域内≥50%的台站日降雨量≥0.1 mm，则为该区域的一个秋雨日，否则为一个非秋雨日（图 5）。

②多雨期：自 8 月 21 日起，若监测区域内连续出现 5 个秋雨日（第 2～4 天中可有一个非秋雨日），则多雨期开始，其第一个秋雨日为该多雨期开始日。此后若连续出现 5 个非秋

雨日(第2～4天中可有一个秋雨日),则该多雨期结束,并将第一个非秋雨日定为该多雨期结束日。在华西秋雨期内,可以出现一个或多个多雨期。

(2)华西秋雨开始日期

①南、北气候区和省级行政区华西秋雨开始时间:自8月21日起,若监测区域内的第一个多雨期出现,则该区域华西秋雨开始,并将第一个多雨期的开始日定为该区域华西秋雨开始日期。

②华西秋雨开始时间:将南、北两区域中的秋雨最早开始日作为整个华西区域的秋雨开始日期。

(3)华西秋雨结束日期

①北区及其相关省级行政区的华西秋雨结束时间:秋雨开始后,监测区域内若直至10月31日再无多雨期出现,则秋雨结束,最后一个多雨期结束日为该区域华西秋雨结束日期。

②南区及其相关省级行政区的华西秋雨结束时间:ⓐ11月1—20日,监测区域内若连续出现10个非秋雨日(第2～9天中可有两个秋雨日),则秋雨结束,最后一个多雨期的结束日为该区域的华西秋雨结束日。ⓑ若条件ⓐ不满足,监测持续到11月30日,直至再无多雨期出现,则秋雨结束,最后一个多雨期的结束日为该区域的华西秋雨结束日期。

③华西秋雨结束时间:将南、北两区域中的秋雨最晚结束日作为整个华西区域的秋雨结束日期。

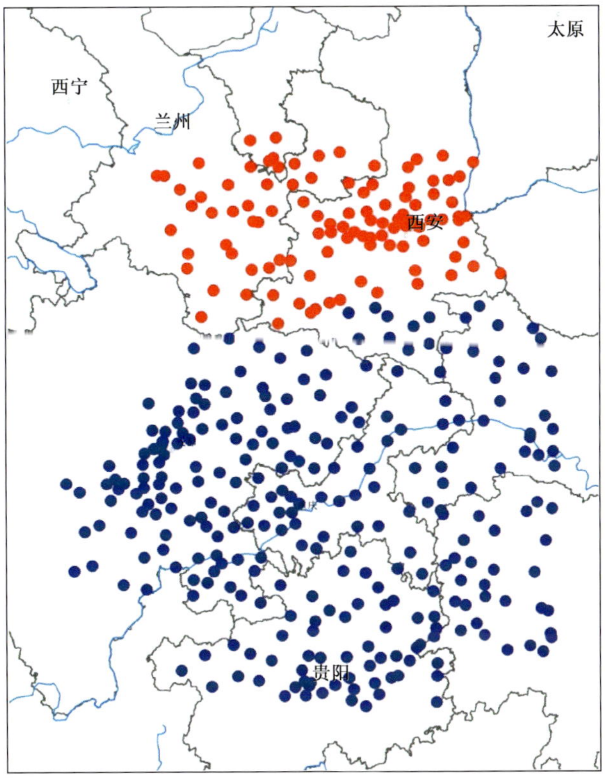

图5　华西秋雨监测区域及站点分布示意图

(北区,红色站点;南区,蓝色站点)

3.16　积雪监测指标

积雪面积指数表征监测区域某一时段内积雪覆盖范围的变化，其表达式为：

$$SA = \sum_{i=1}^{n} \frac{Ds}{Dt} \times area_i$$

式中，Ds 表示监测时段的积雪日数，Dt 表示监测时段的总天数，n 表示监测区域内网格总数，$area_i$ 表示第 i 个网格的面积。

监测区域（范围）定义如下：北半球为 0°～170°E～180°～170°W～0°，0°～90°N、欧亚地区为 0°～180°，0°～90°N；中国及主要积雪区的研究范围均为国界线内，中国为国界以内所有区域，青藏高原为国界线以内 74°～104°E，26°～40°N 区域，新疆北部为国界线以内 74°～96°E，40°～50°N 区域，东北地区（含内蒙古东部）为国界线以内 114°～134°E，40°～54°N 区域（郭艳君等，2004）。

3.17　赤道太平洋海温指数

为指定海区的海温平均和距平值。海温监测各关键区分布见图 6。其中 Niño 综合区（Niño Z）海温指数为 Niño 1+2 区、Niño 3 区和 Niño 4 区海温指数的面积加权平均（李晓燕等，2000）。

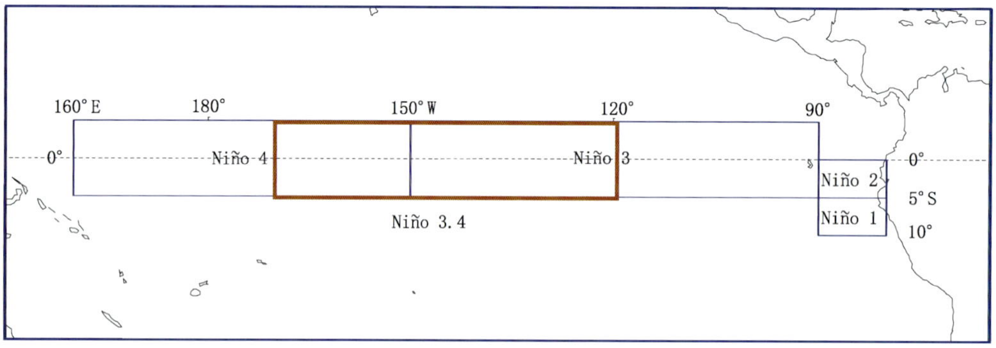

图 6　海温监测关键区分布

3.18　热带印度洋偶极子（TIOD）指数

为热带西印度洋（50°～70°E，10°S～10°N）与热带东南印度洋（90°～110°E，10°S～0°）的海表温度距平之差（Saji *et al.*，1999）。

3.19　热带印度洋全区一致海温（IOBW）指数

指热带印度洋（40°～110°E，20°S～20°N）区域平均海表温度。

3.20　暖池强度指数

为指定海区内月平均海温＞28℃的格点温度值减去 28℃后的累计值序列的标准化值。其中，西太平洋暖池范围为 30°N～30°S，120°E～180°，印度洋暖池范围为 30°N～8°S，41°～98°E 与 8°～30°S，41°～120°E。

3.21　南方涛动指数（SOI）

为塔希提站与达尔文站月平均海平面气压差序列的标准化值。

第 1 章 2015 年气候概况

1.1 全球气候

2015 年，全球年平均温度再创新高，为自 1850 年有现代气象观测记录以来的最暖年份。全球陆地年降水量较 1961—1990 年平均值略偏少，空间分布差异显著，区域性极端降水事件多发。

1.1.1 气温

2015 年全球年平均温度（包括地表气温与海表温度）比 1961—1990 年的平均值（14.00℃）偏高 0.76±0.09℃，比 1850—1900 年的平均值偏高约 1℃，是自 1850 年有现代气象观测记录以来的最暖年份（WMO，2016）。从分布来看，除北美洲东北部、南美洲南部部分地区、澳大利亚中部和东南部、南极地区等地气温偏低 1～2℃，局地偏低 2℃以外，全球大部地区气温接近常年或偏高，其中欧亚大部、非洲北部、北美洲大部等地偏高 1～4℃，北美洲西北部、东欧中部至中亚东南部、亚洲东北部等地偏高达 4℃以上（图 1.1）。亚洲和南美洲均创下年平均气温的新纪录。欧洲年平均气温同 2014 年的高温纪录相接近，其中俄罗斯、爱沙尼亚、芬兰、西班牙等国家的年平均气温创下了新的高温纪录。

2014 年 12 月—2015 年 2 月，欧亚大陆中部和北部、澳大利亚西部、北美洲中西部等地气温偏高 1～4℃，俄罗斯中部和美国西部部分地区偏高 4℃以上；南亚东北部、非洲西北部、澳大利亚中北部、北美洲东部等地气温偏低 1～4℃，加拿大东北部偏低 4℃以上（图 1.2）。

2015 年 3—5 月，欧亚大陆中北部、北美洲西北部和东南部部分地区、南美洲南部等地气温偏高 1～4℃，俄罗斯西北部偏高 4℃以上；南亚西北部、俄罗斯远东地区、北非中部、澳大利亚西南部等地气温偏低 1～2℃，局部地区偏低 2℃以上（图 1.3）。

6—8 月，欧洲南部、俄罗斯中部和远东地区、西亚南部、中亚大部、南亚南部、东亚北部、非洲东北部和东南部、澳大利亚西部和东北部、北美洲中西部和东南部、南美洲中东部和西北部等地气温较常年同期偏高 1～2℃，部分地区偏高 2℃以上；欧洲北部、俄罗斯西部、西亚北部、南亚北部、美国阿拉斯加州东部等地气温较常年同期偏低 1～2℃，局部地区偏低 2℃以上（图 1.4）。

9—11 月，欧洲大部、俄罗斯中北部及东部、东亚中西部、南亚东部大部、西亚、非洲西北局部及中东部、澳大利亚大部、北美洲大部、南美洲西北部和中东部局部等地区气温较常年同期偏高 1～2℃，中西伯利亚北部、北美洲中北部局部等地区偏高 2℃以上；俄罗斯西部、中亚东北部、南美洲南部等地区气温较常年同期偏低 1～2℃，局部地区气温偏低 2℃以上（图 1.5）。

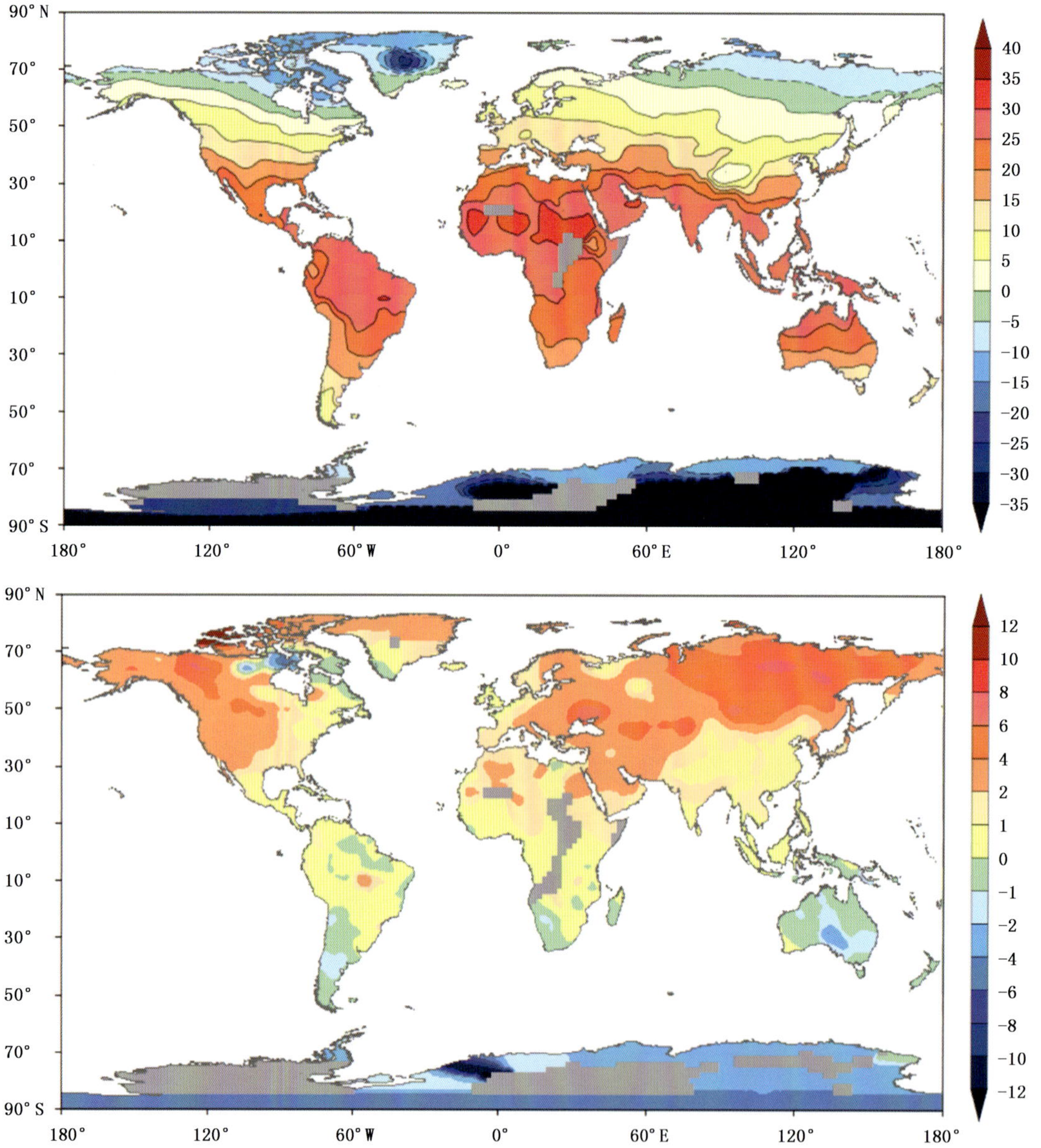

图 1.1　2015 年全球年平均气温（上）及距平（下）分布图（单位：℃）

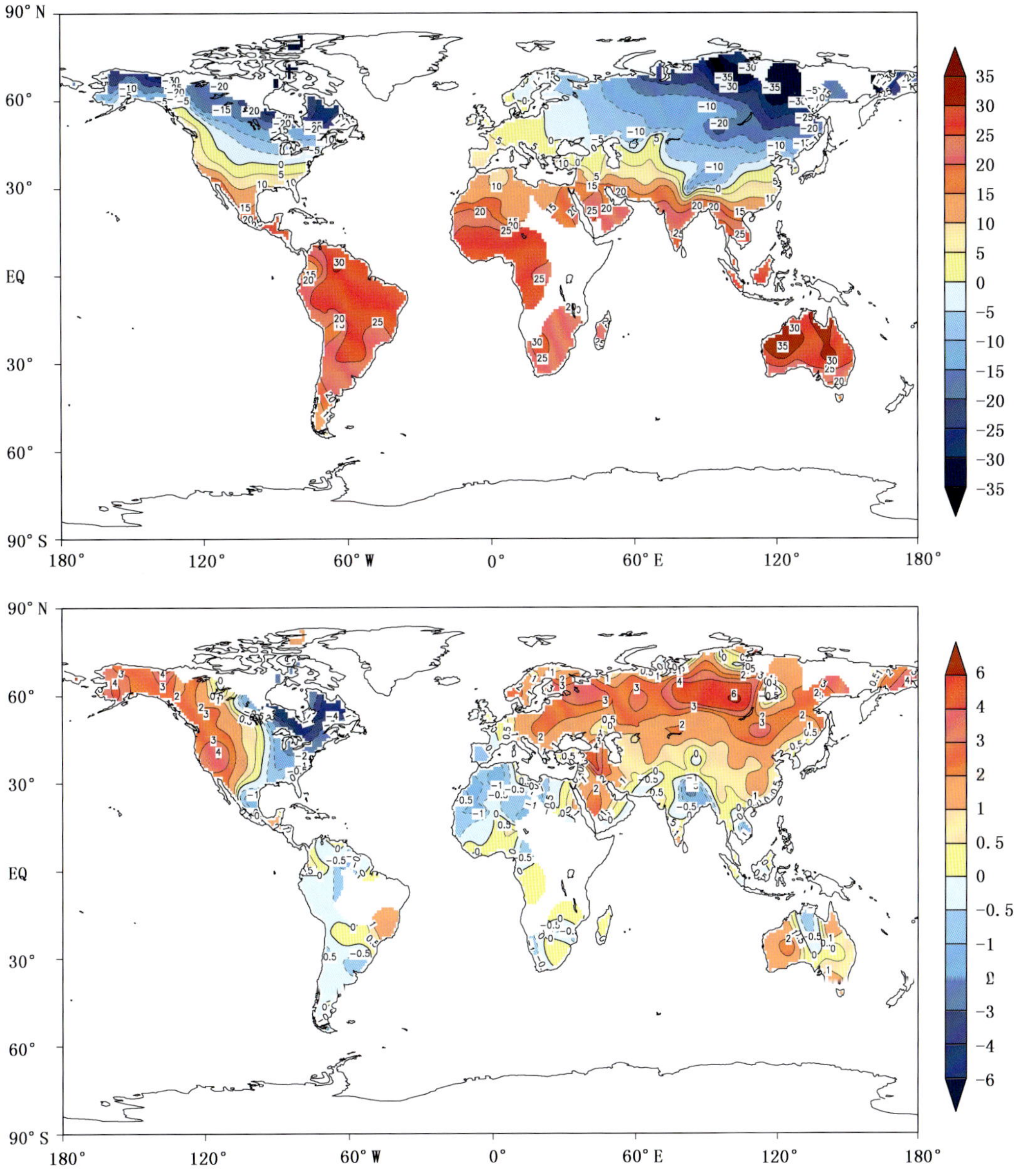

图 1.2　2014 年 12 月—2015 年 2 月全球平均气温(上)及距平(下)分布图(单位:℃)

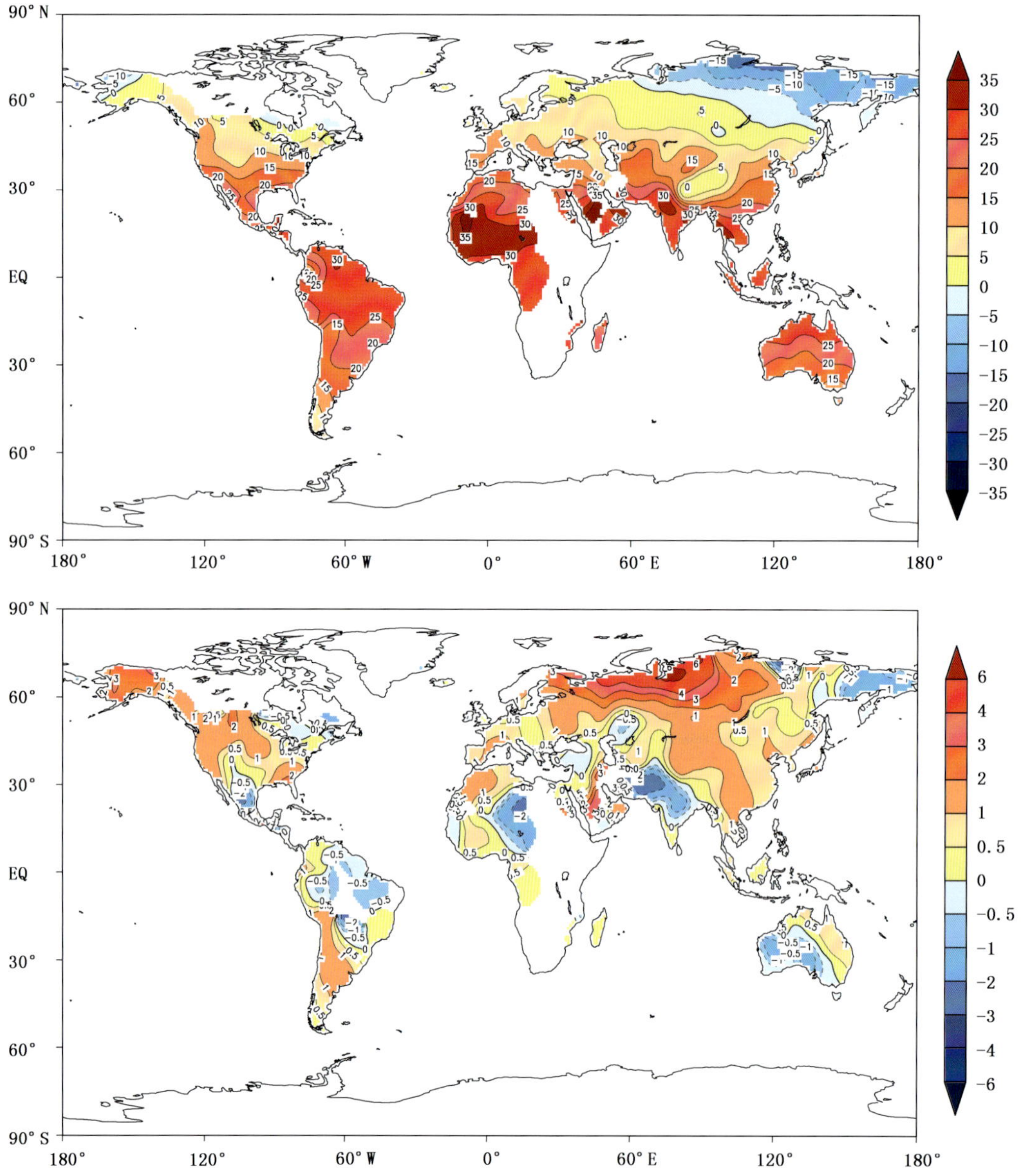

图 1.3　2015 年 3—5 月全球平均气温(上)及距平(下)分布图(单位:℃)

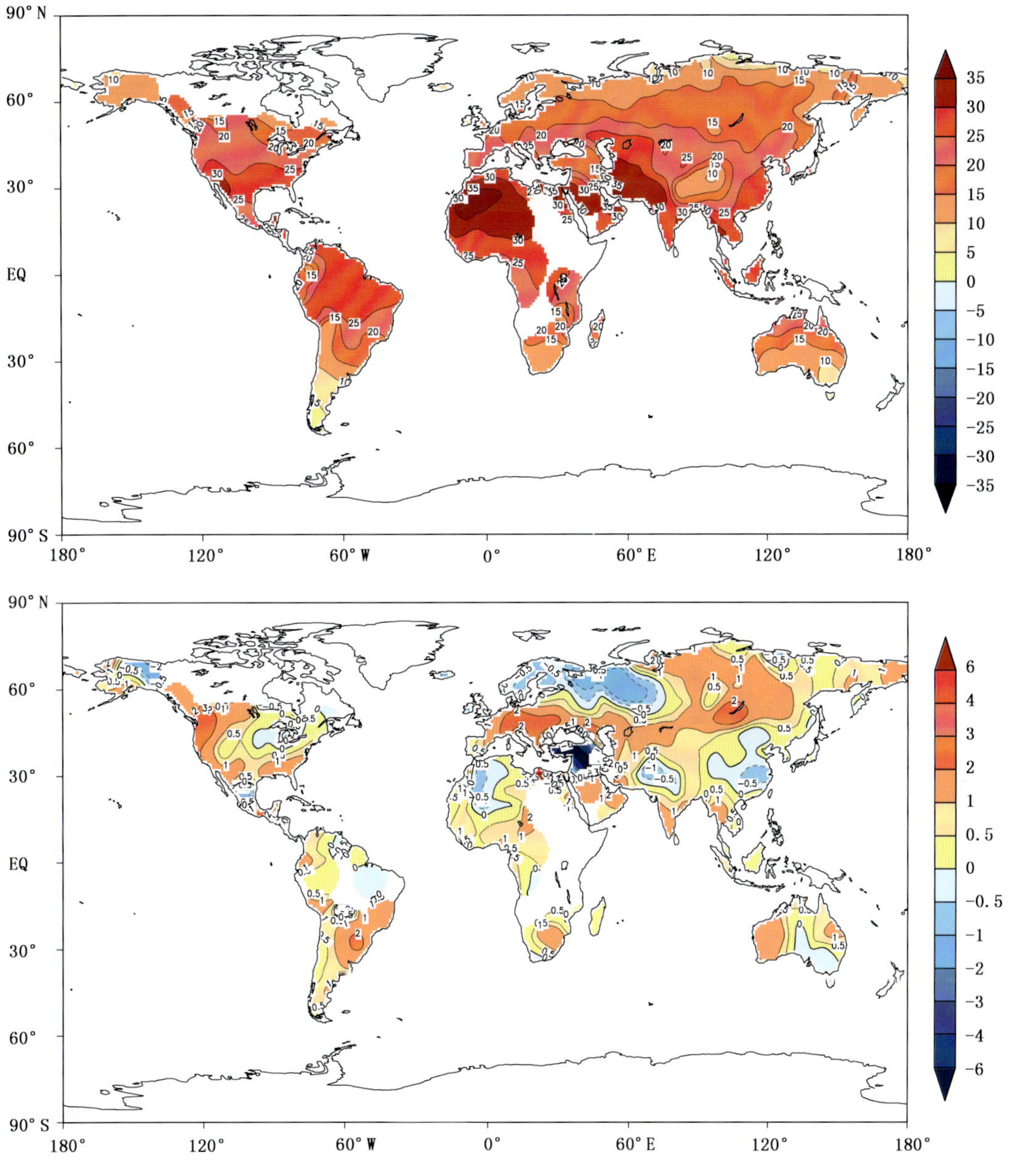

图 1.4　2015 年 6—8 月全球平均气温(上)及距平(下)分布图(单位:℃)

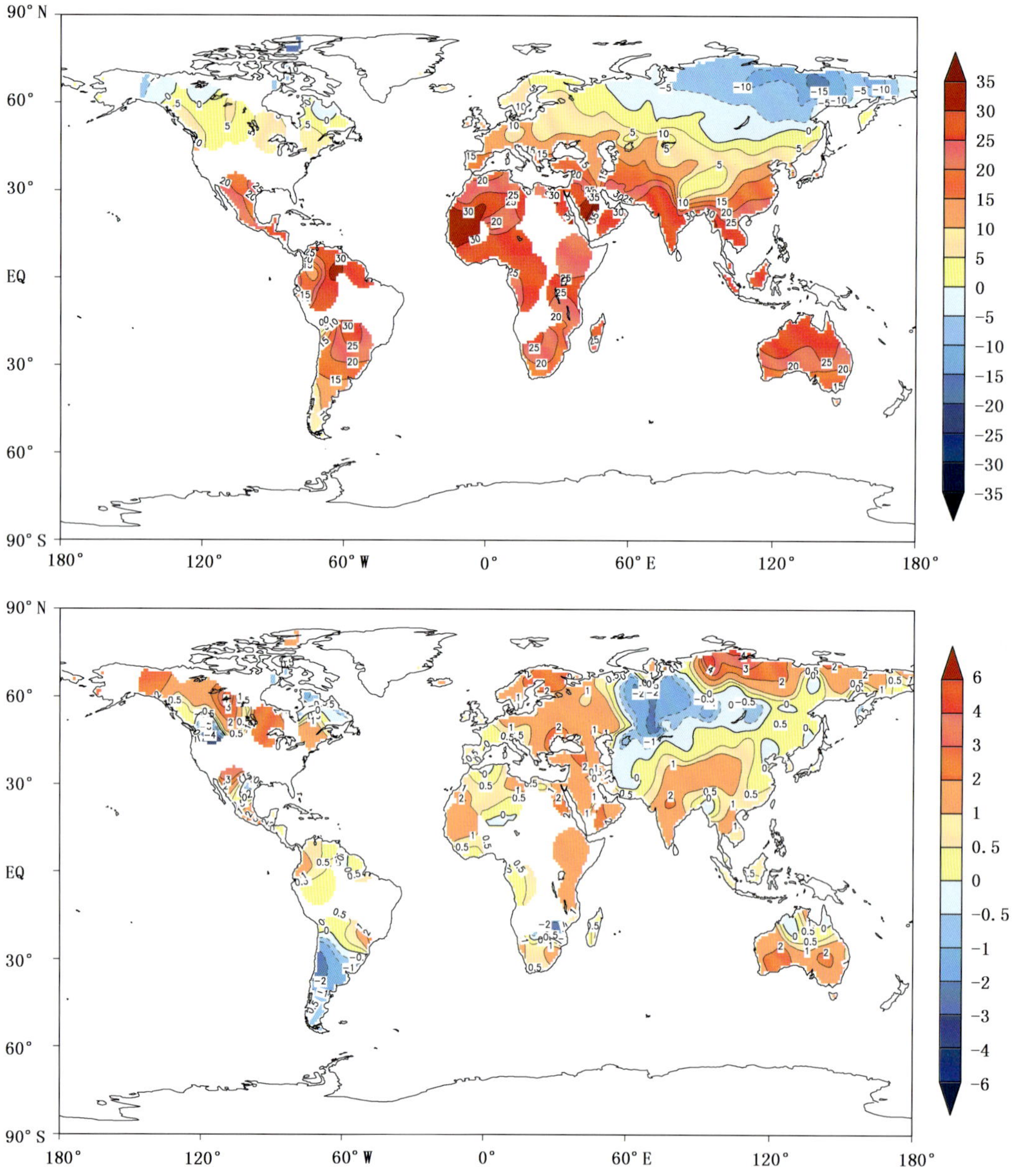

图 1.5　2015 年 9—11 月全球平均气温(上)及距平(下)分布图(单位:℃)

1.1.2 降水

2015 年，全球陆地年降水量较 1961—1990 年平均值（1033 mm）偏少 2.2%（NOAA，2016）。欧洲东南部、西亚北部、中亚大部、中国西北部和东南部部分地区、北非西部、北美洲南部和中北部、南美洲南部等地年降水量较常年偏多 20%至 1 倍，部分地区偏多 1 倍以上；欧洲中部、东南亚大部、澳大利亚大部、非洲大部、南美洲东北部等地年降水量较常年偏少 20%～80%，部分地区偏少 80%以上（图 1.6）。

2014 年 12 月—2015 年 2 月，全球降水分布不均，俄罗斯大部、中亚西南部、南亚东北部、中国东北部和西南部、澳大利亚中北部、北美洲西部部分地区、南美洲北部和东南部等地降水偏多 30%至 1 倍，部分地区偏多 1 倍以上；西亚大部、南亚西部和南部、东亚中部、俄罗斯远东地区、非洲大部、澳大利亚西部和中部、南美洲西部等地降水偏少 30%～80%，局部地区偏少 80%以上或季内无降水（图 1.7）。

2015 年 3—5 月，全球降水分布不均，欧洲东南部、中亚大部、俄罗斯南部部分地区、南亚、中国东北地区北部、北美洲西南部、南美洲北部等地降水偏多 30%至 1 倍，部分地区偏多 1 倍以上；俄罗斯北部部分地区、西亚南部、澳大利亚中北部、非洲西北部等地降水偏少 30%～80%，部分地区偏少 80%以上或基本无降水（图 1.8）。

6—8 月，欧洲南部部分地区、俄罗斯大部、西亚北部、南亚北部、非洲西部大部、北美洲西北部及中部、南美洲大部地区等地偏多 30%至 2 倍，部分地区偏多 2 倍以上；欧洲中部和西北部、西亚南部、中亚大部、南亚东部部分地区、东亚中部、澳大利亚大部、非洲中部部分地区、美国西北部、南美洲西北部局部等地降水量较常年同期偏少 30%～80%，部分地区偏少 80%以上或基本无降水（图 1.9）。

9—11 月，欧洲中南部、俄罗斯西南部及东部局部、中亚、西亚西北部、东亚北部大部及东南部、南亚西北部和东南部局部、非洲西北部局部及东北部分地区、澳大利亚西部局部、北美洲西部部分地区和东北部局部、南美洲中南部等地区降水量较常年同期偏多 30%至 2 倍，局部地区偏多 2 倍以上；南亚东北部、西亚中部局部、非洲西北部及南部局部、澳大利亚东部、北美洲西北部局部等地区降水量较常年同期偏少 30%～80%，部分地区偏少 80%以上或基本无降水（图 1.10）。

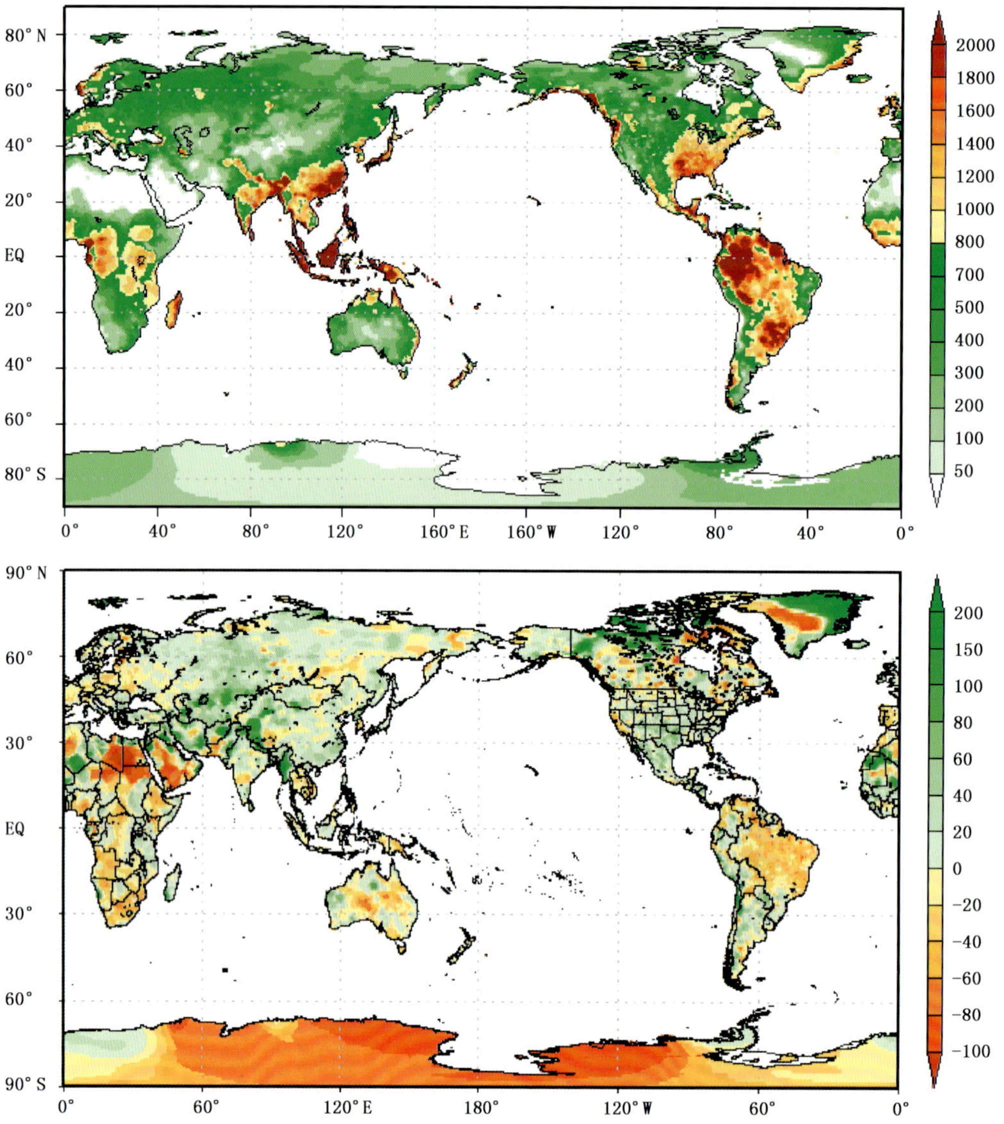

图 1.6　2015 年全球陆地年降水量(上,单位:mm)及距平百分率(下,单位:%)分布图

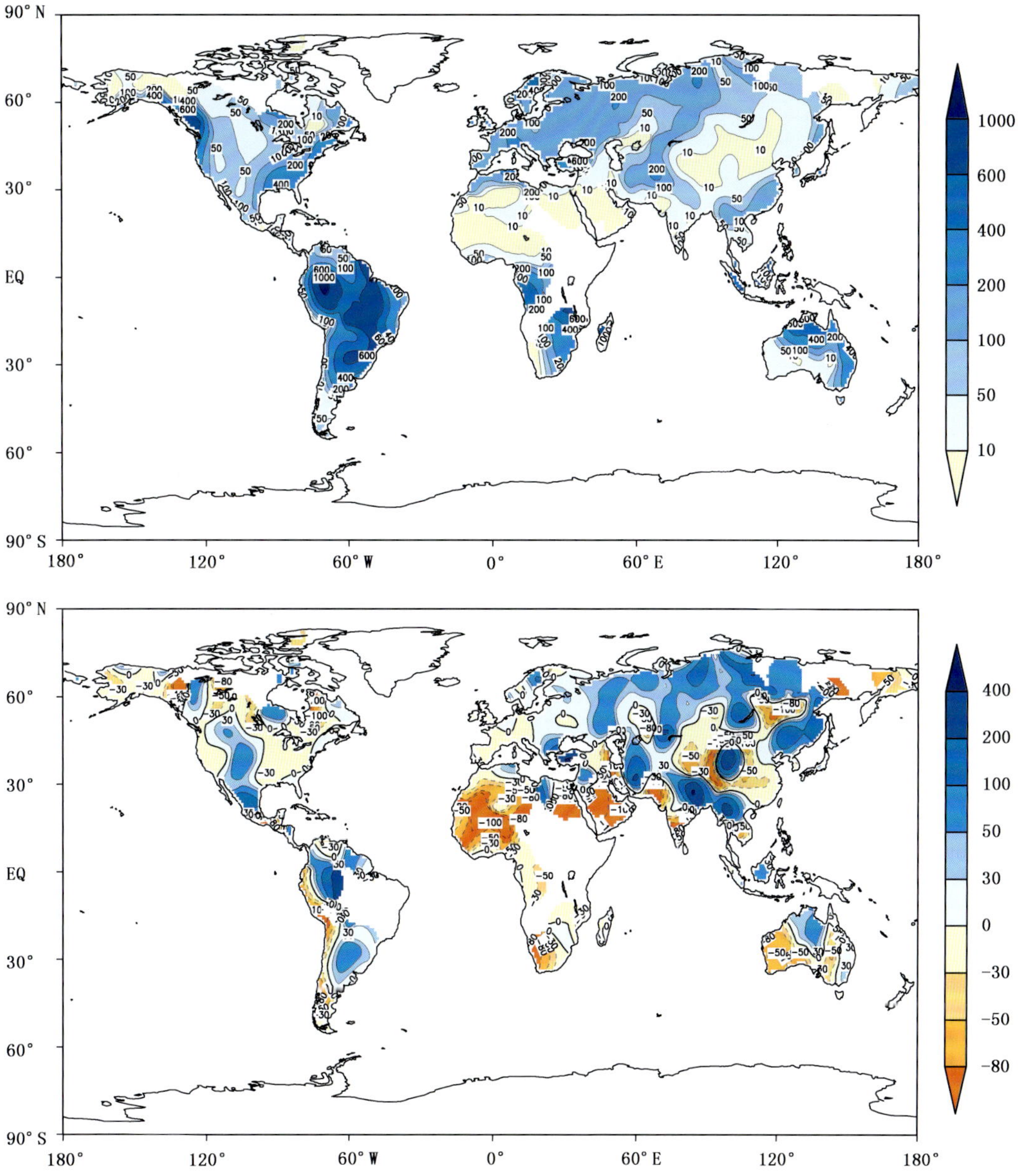

图 1.7　2014 年 12 月—2015 年 2 月全球陆地降水量(上，单位：mm)及距平百分率(下，单位：%)分布图

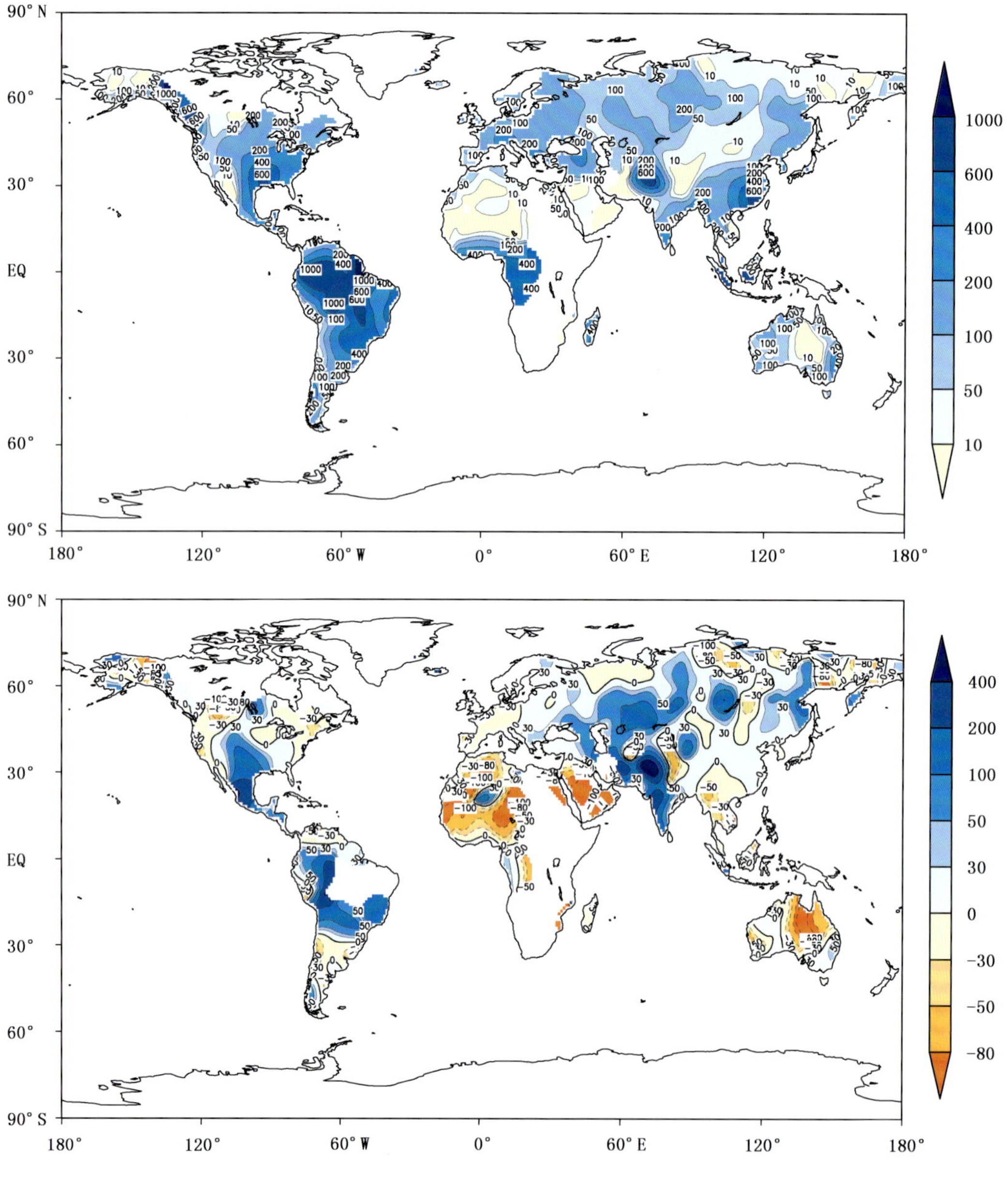

图 1.8　2015 年 3—5 月全球陆地降水量(上,单位:mm)及距平百分率(下,单位:%)分布图

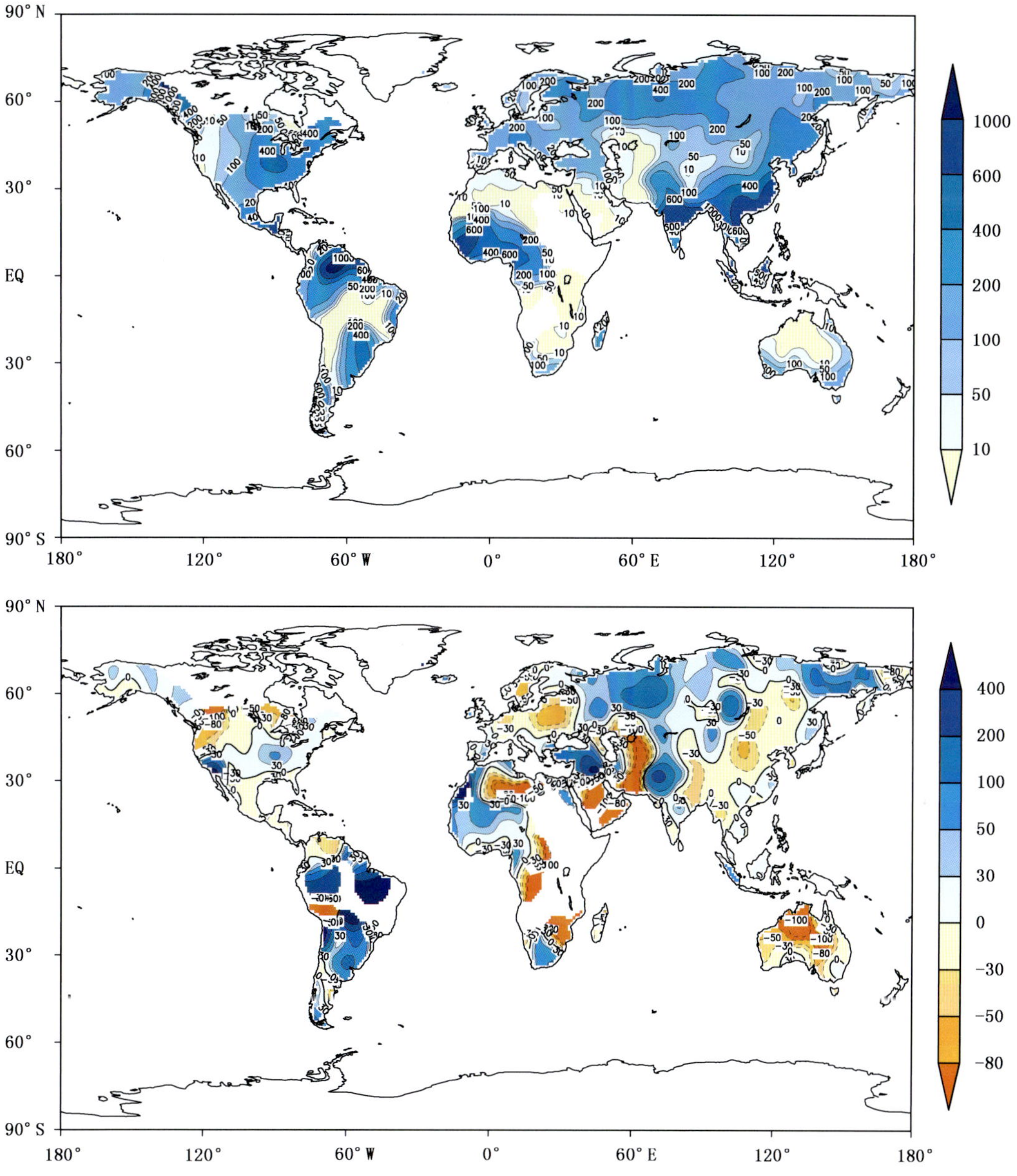

图 1.9　2015 年 6—8 月全球陆地降水量(上，单位：mm)及距平百分率(下，单位：%)分布图

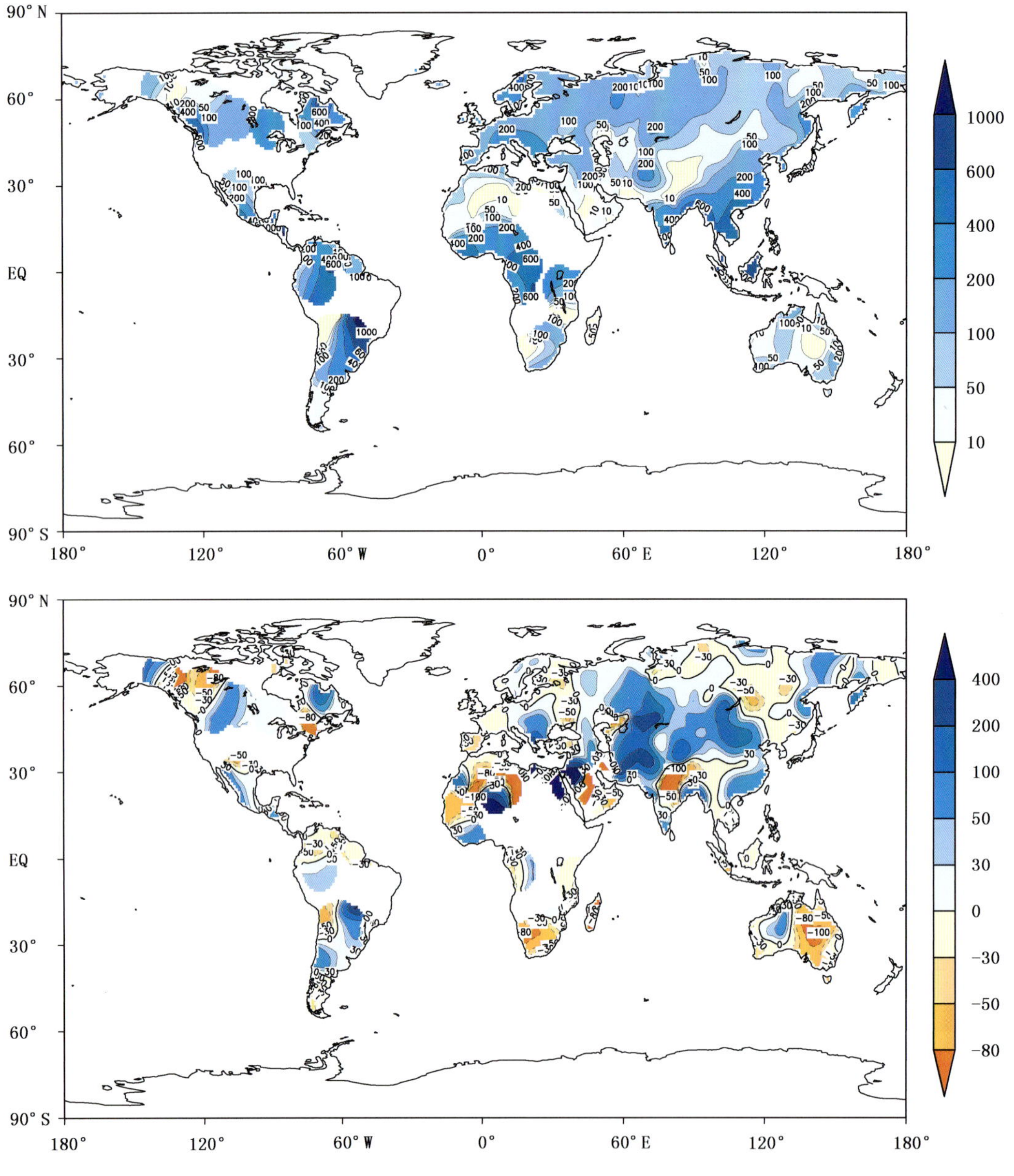

图 1.10　2015 年 9—11 月全球陆地降水量(上,单位:mm)及距平百分率(下,单位:%)分布图

2015 年 1—12 月全球各月平均气温及距平见图 1.11,各月降水量及距平百分率见图 1.12。

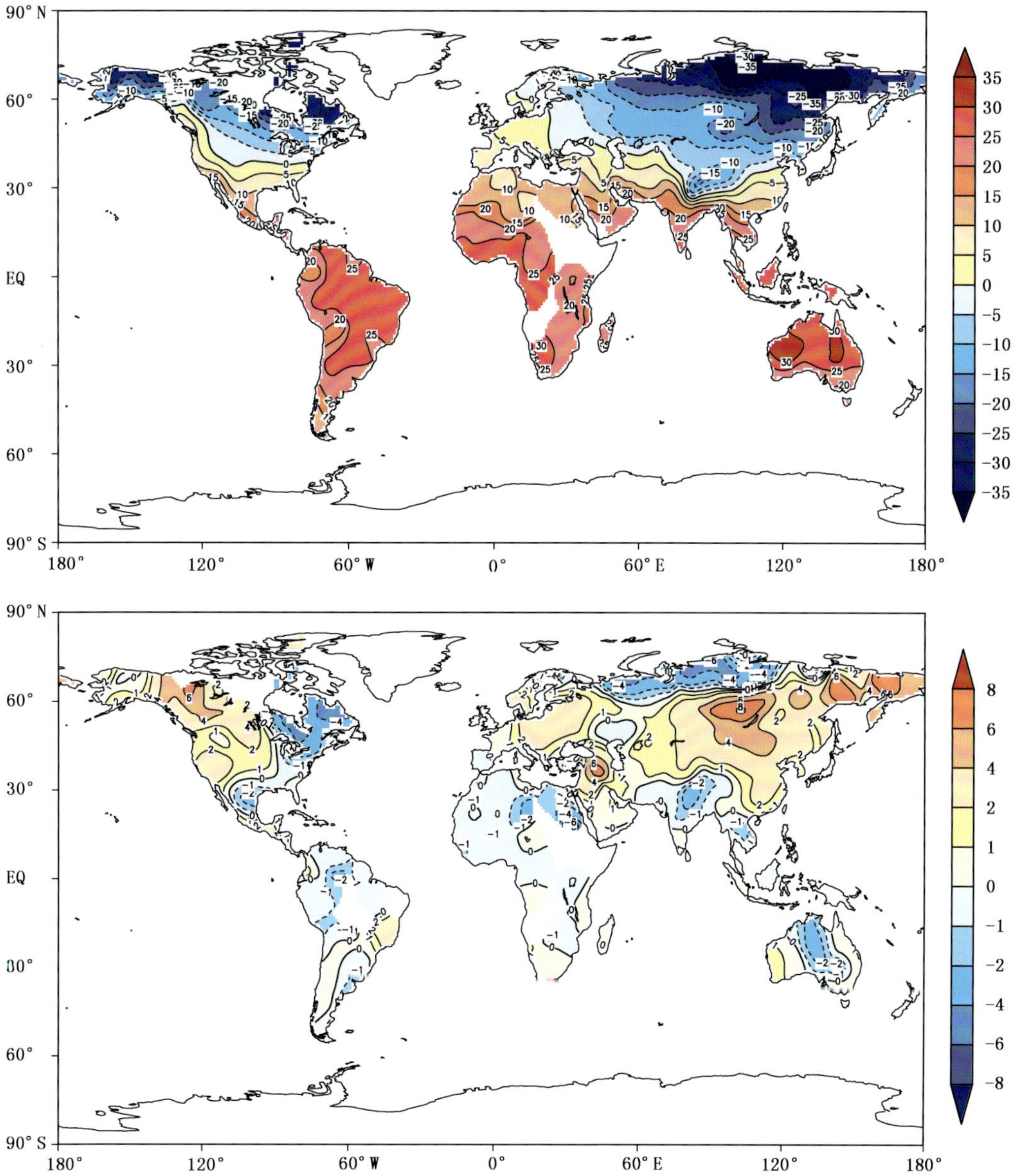

2015 年 1 月

图 1.11　2015 年全球逐月平均气温(上)及距平(下)分布图(单位:℃)

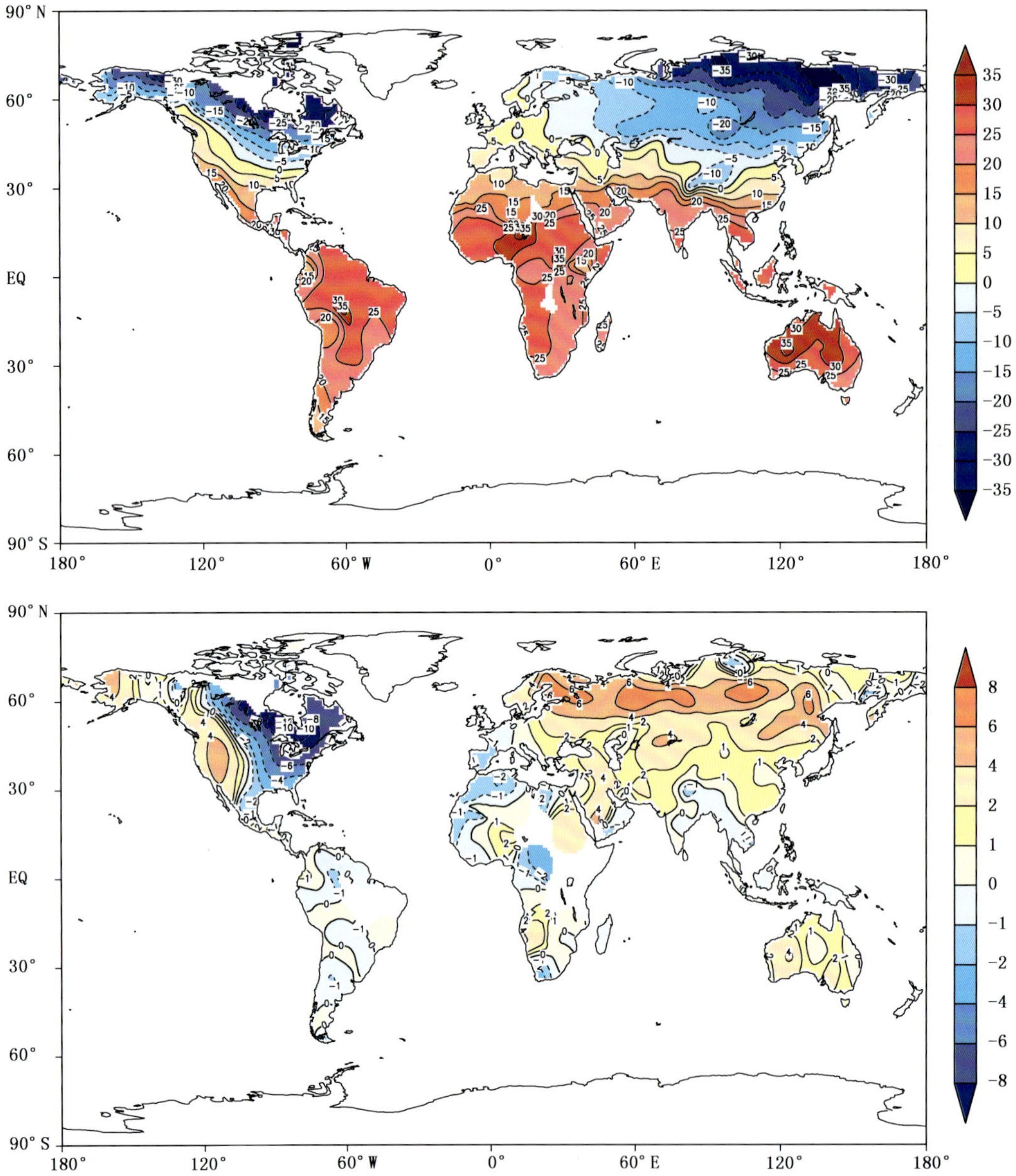

2015 年 2 月

图 1.11　2015 年全球逐月平均气温（上）及距平（下）分布图（单位：℃）（续 1）

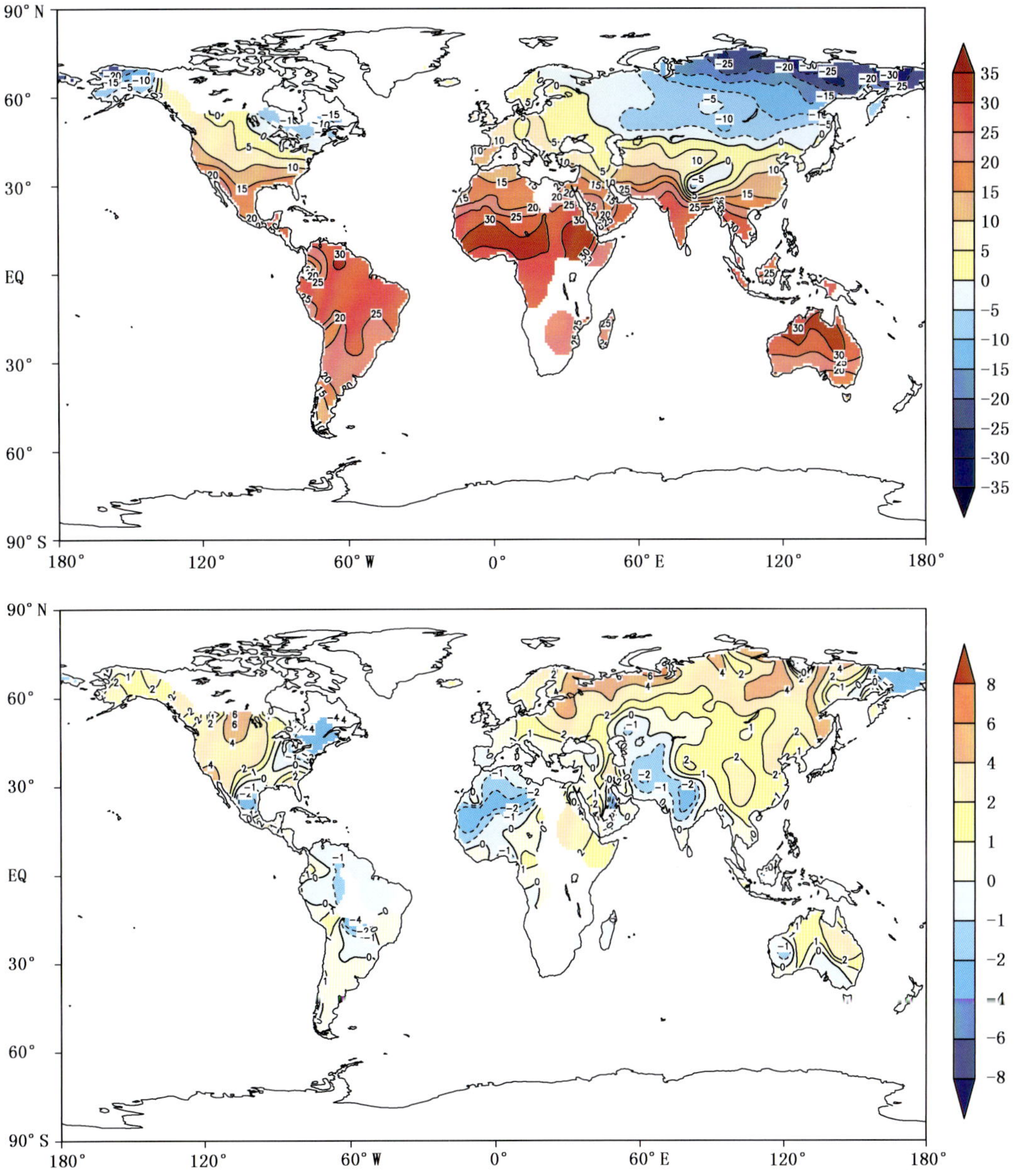

2015 年 3 月

图 1.11　2015 年全球逐月平均气温(上)及距平(下)分布图(单位:℃)(续 2)

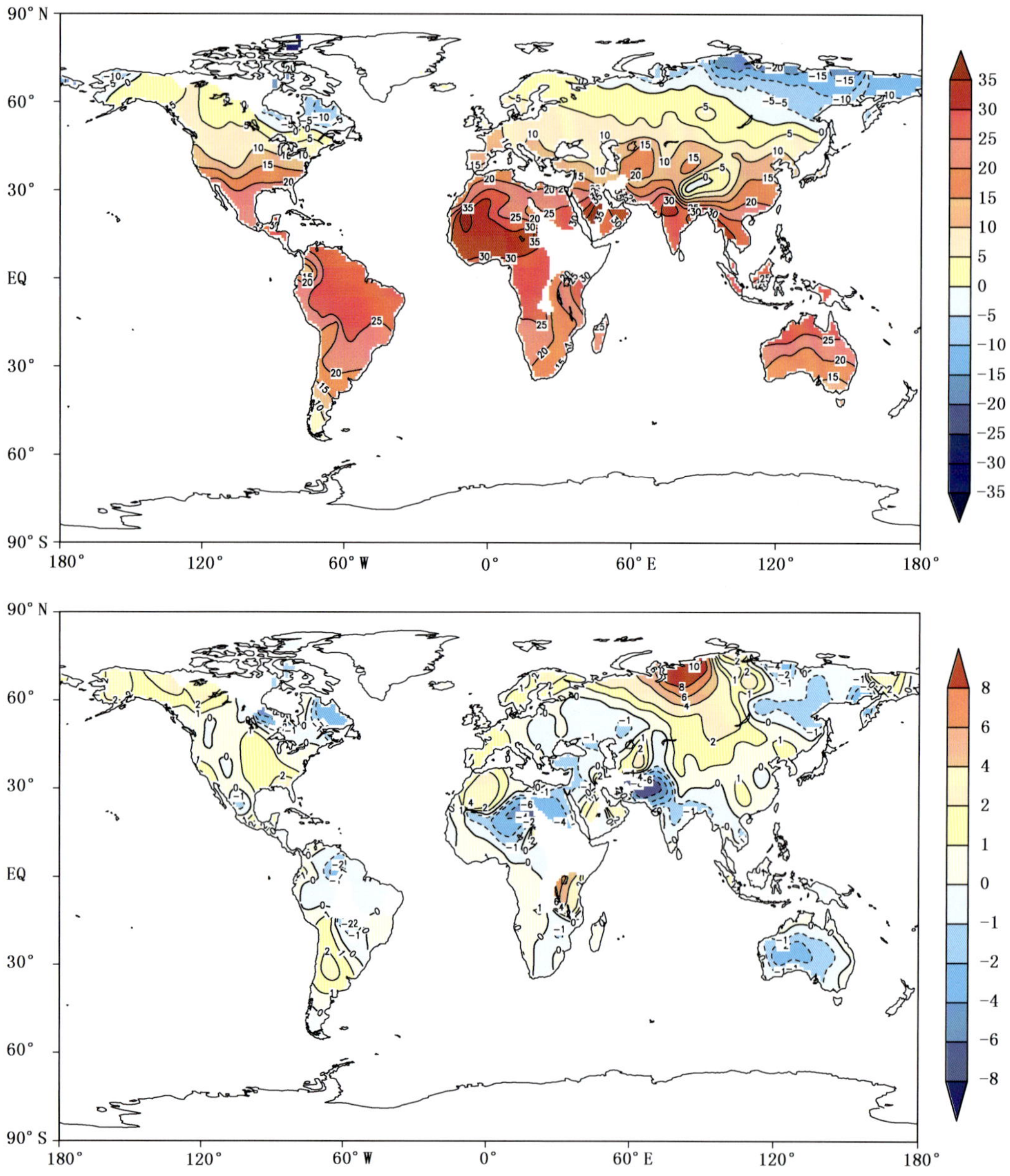

2015 年 4 月

图 1.11　2015 年全球逐月平均气温(上)及距平(下)分布图(单位:℃)(续 3)

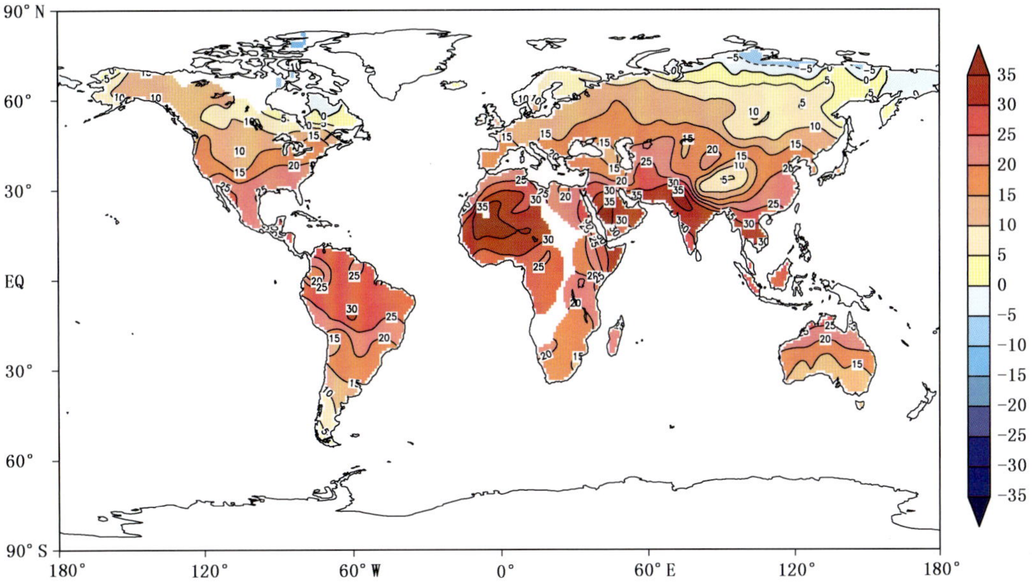

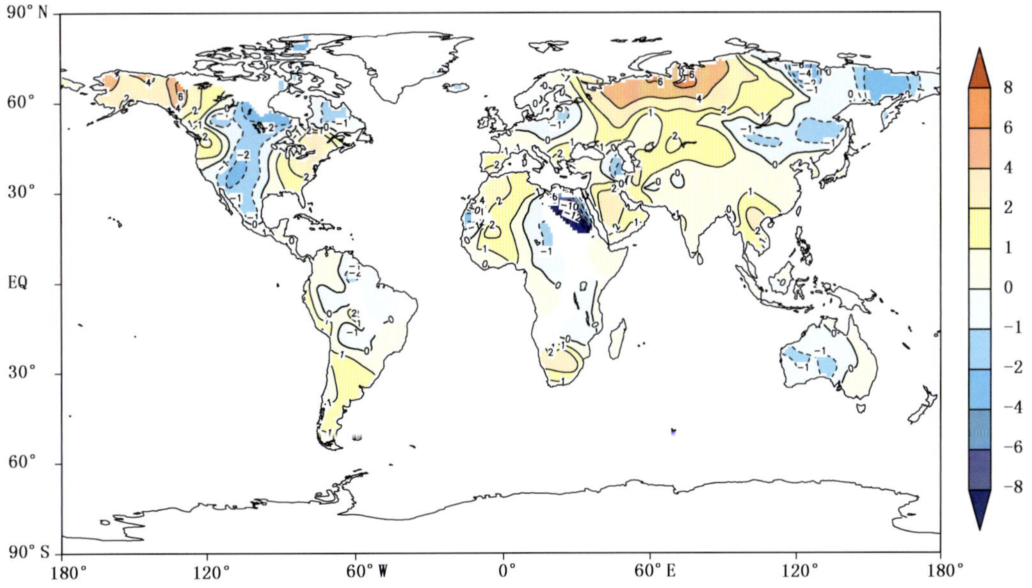

2015 年 5 月

图 1.11　2015 年全球逐月平均气温(上)及距平(下)分布图(单位:℃)(续 4)

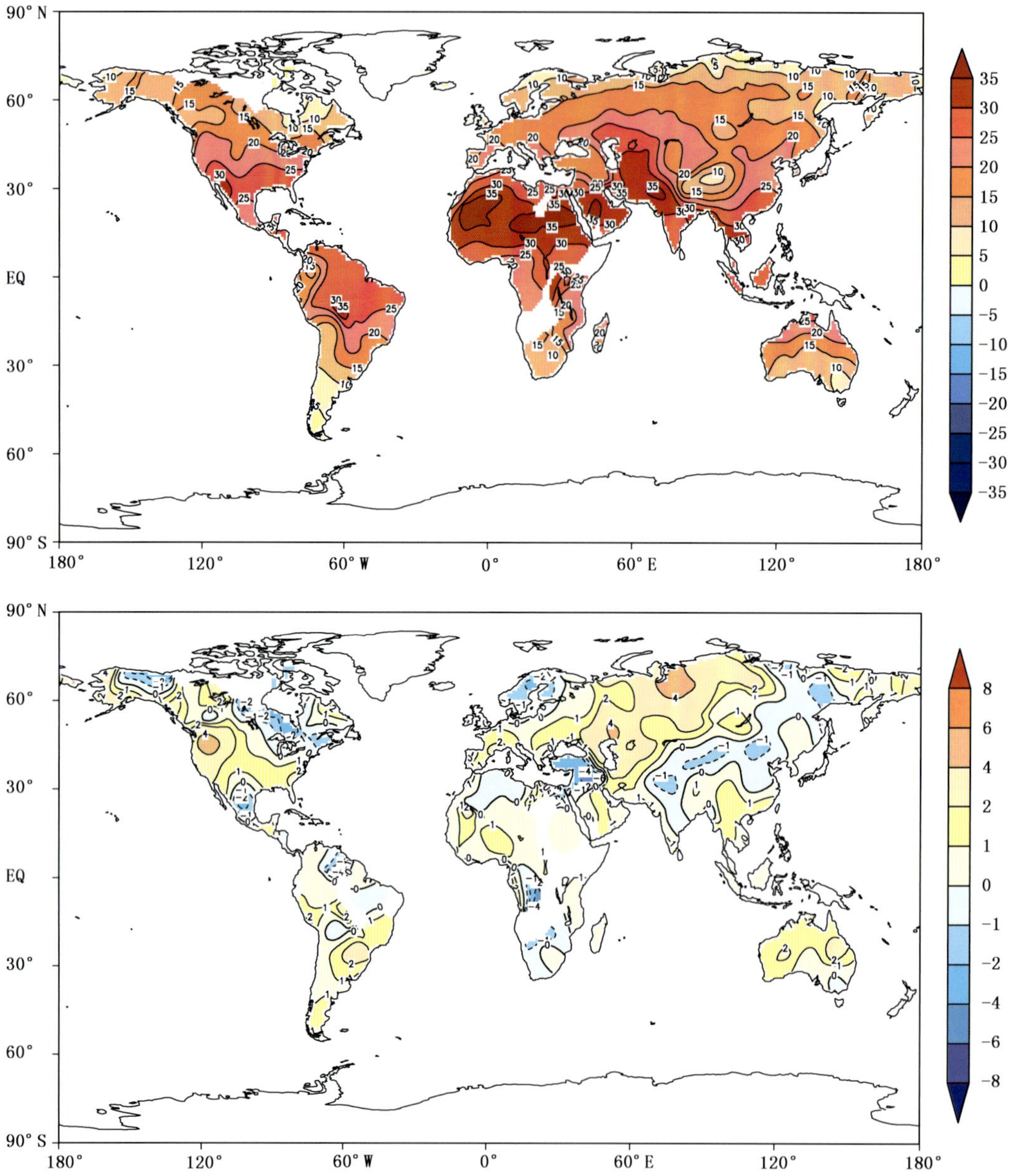

2015 年 6 月

图 1.11　2015 年全球逐月平均气温(上)及距平(下)分布图(单位:℃)(续 5)

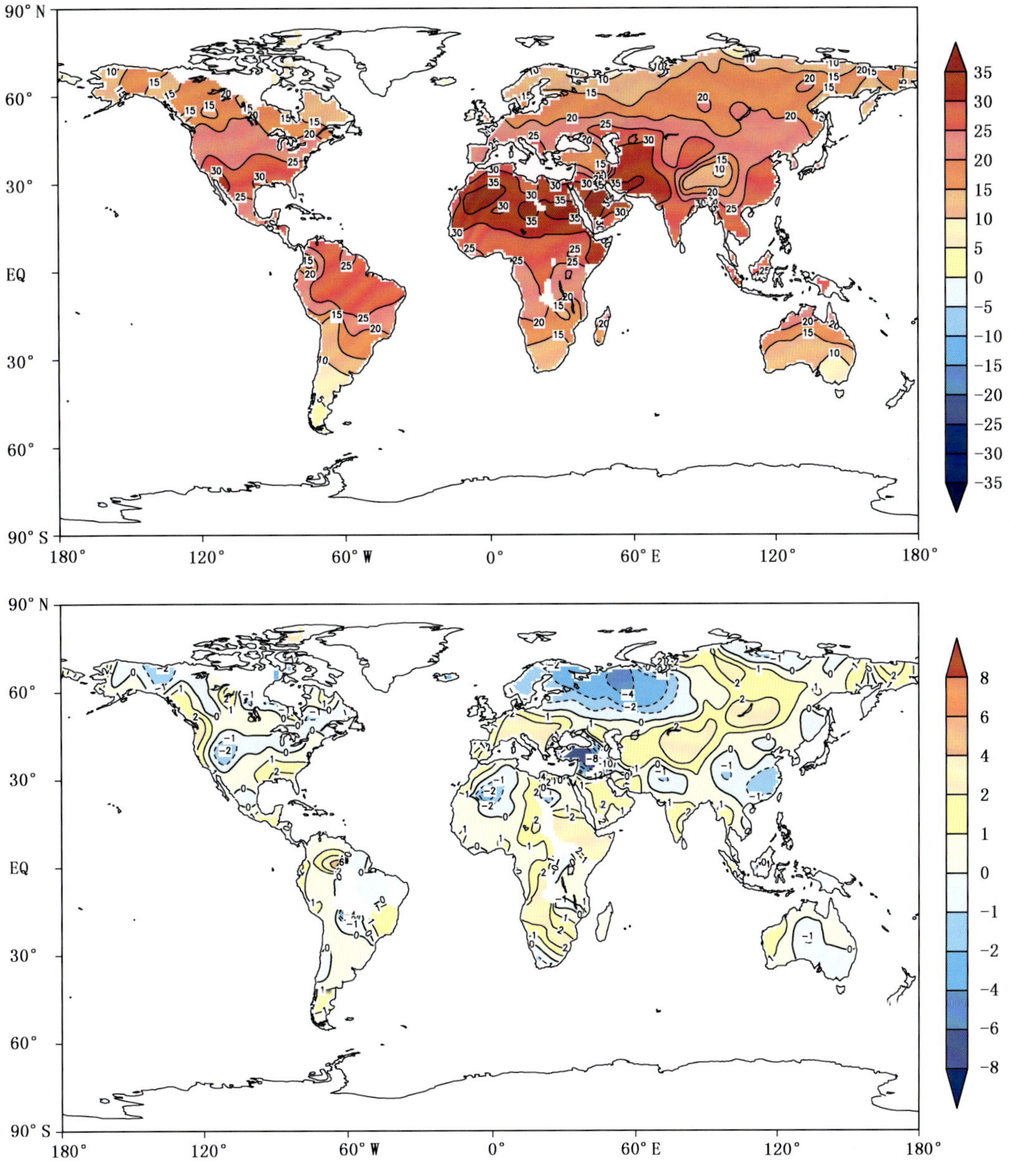

2015 年 7 月

图 1.11　2015 年全球逐月平均气温(上)及距平(下)分布图(单位:℃)(续 6)

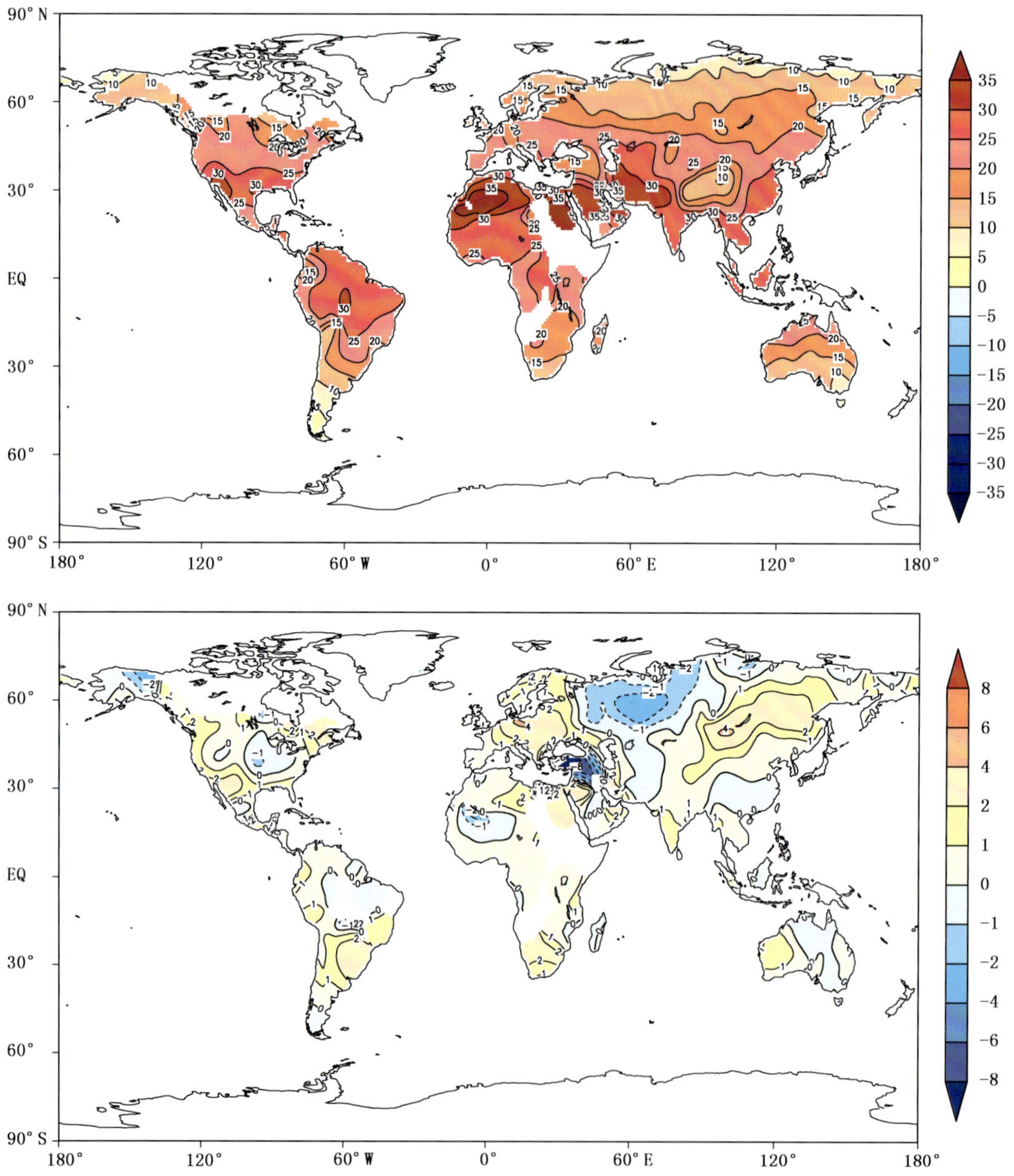

2015 年 8 月

图 1.11　2015 年全球逐月平均气温(上)及距平(下)分布图(单位:℃)(续 7)

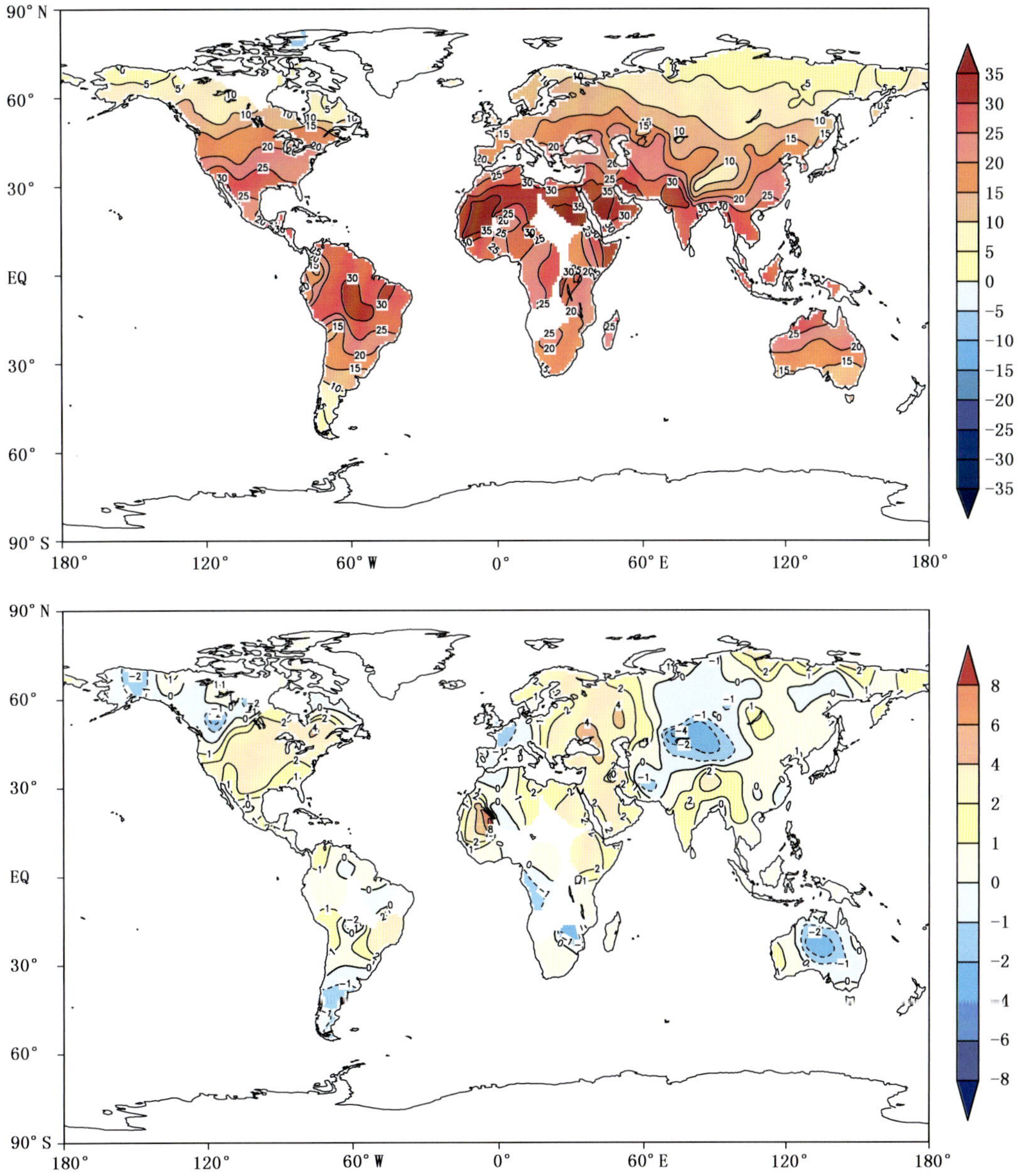

2015 年 9 月

图 1.11　2015 年全球逐月平均气温(上)及距平(下)分布图(单位:℃)(续 8)

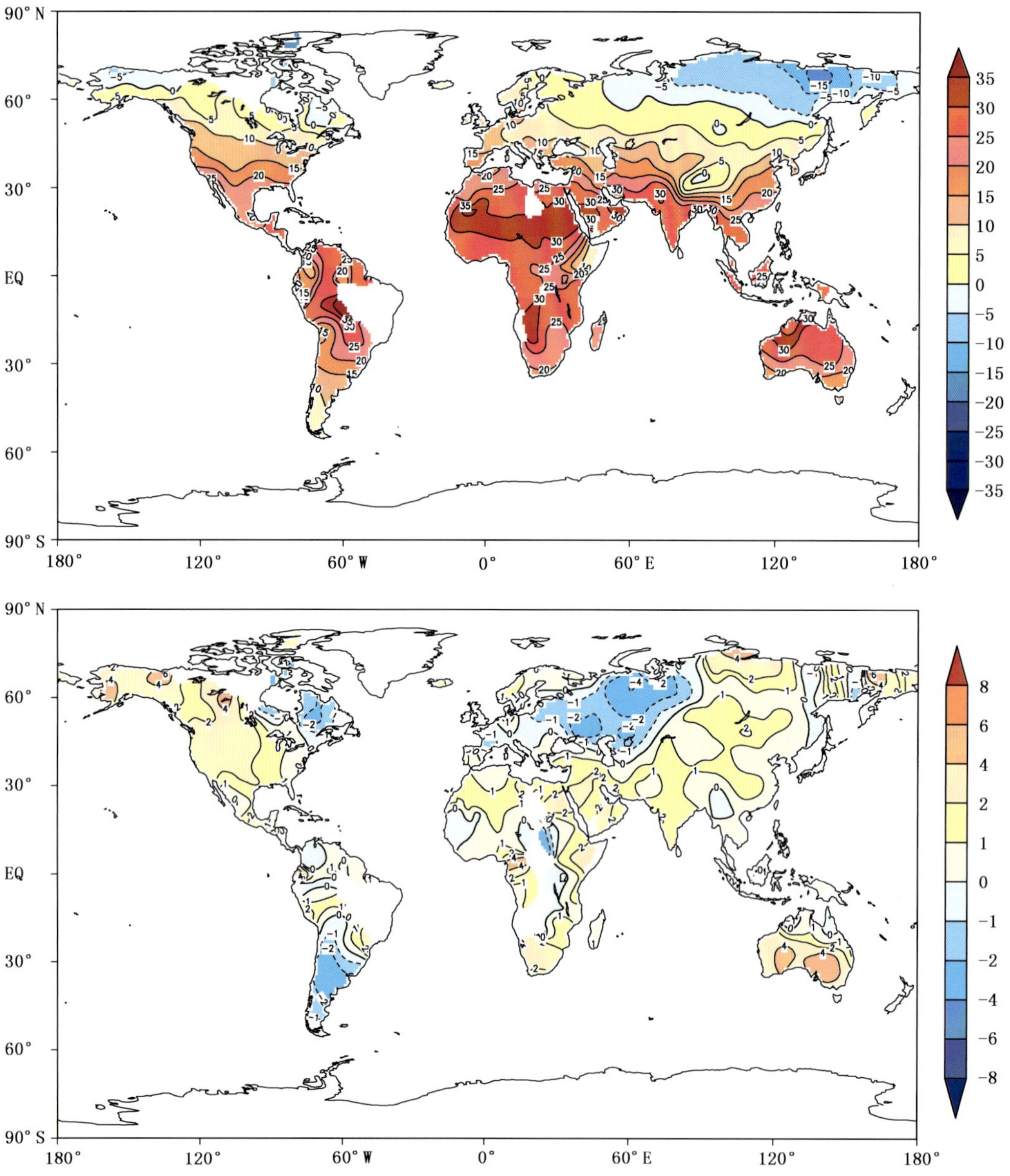

2015 年 10 月

图 1.11　2015 年全球逐月平均气温(上)及距平(下)分布图(单位:℃)(续 9)

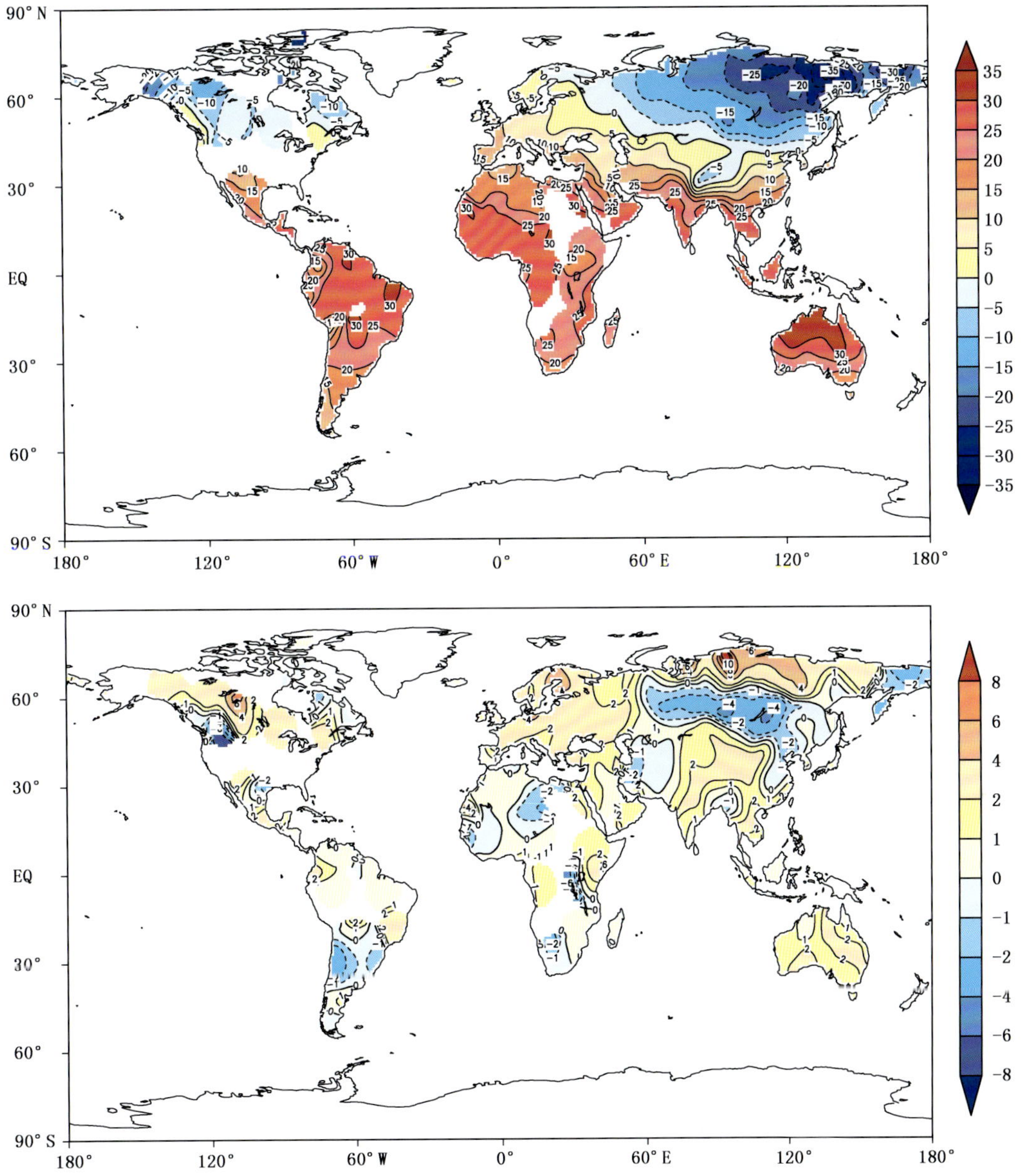

2015 年 11 月

图 1.11　2015 年全球逐月平均气温(上)及距平(下)分布图(单位:℃)(续 10)

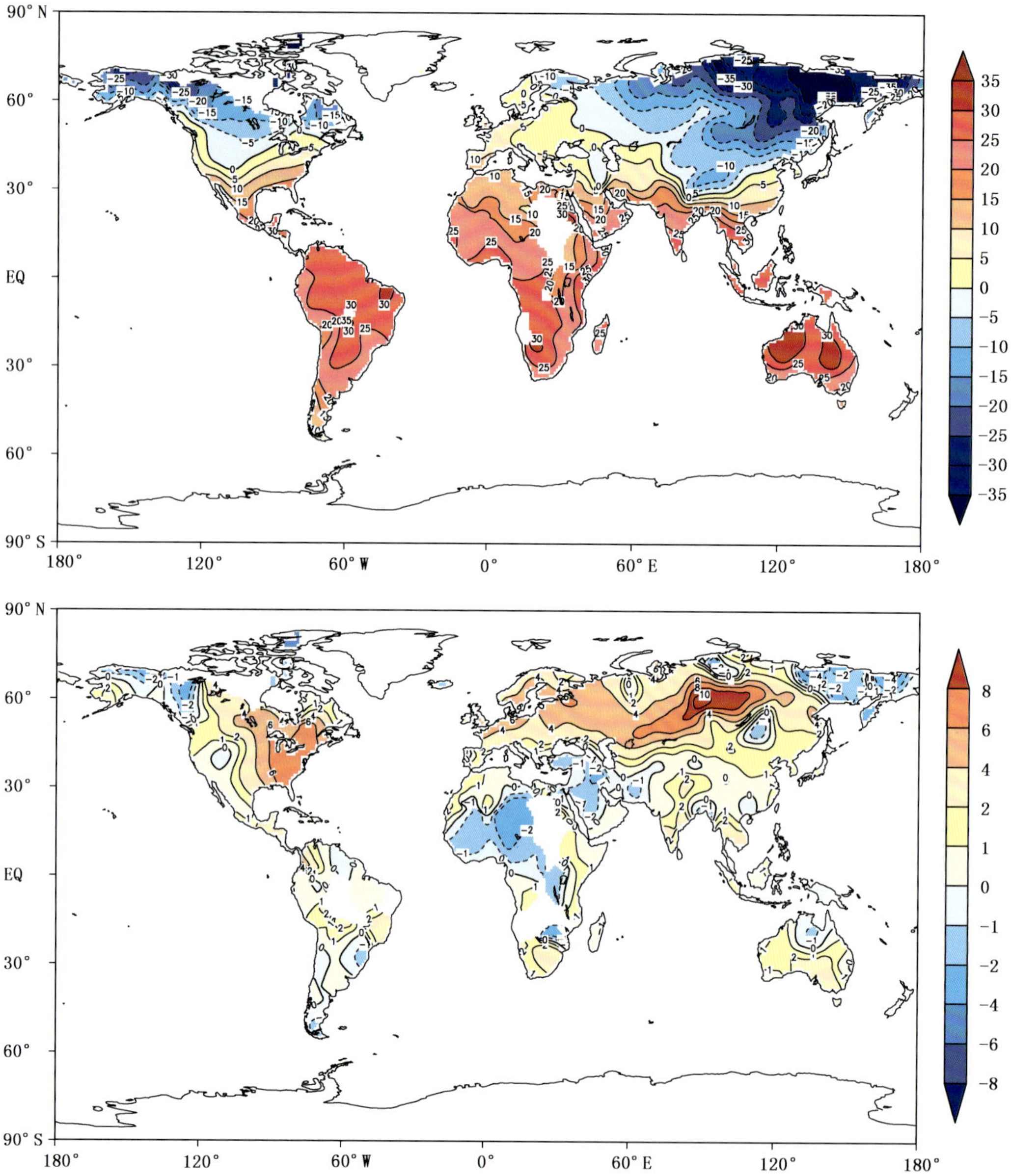

2015 年 12 月

图 1.11　2015 年全球逐月平均气温(上)及距平(下)分布图(单位:℃)(续 11)

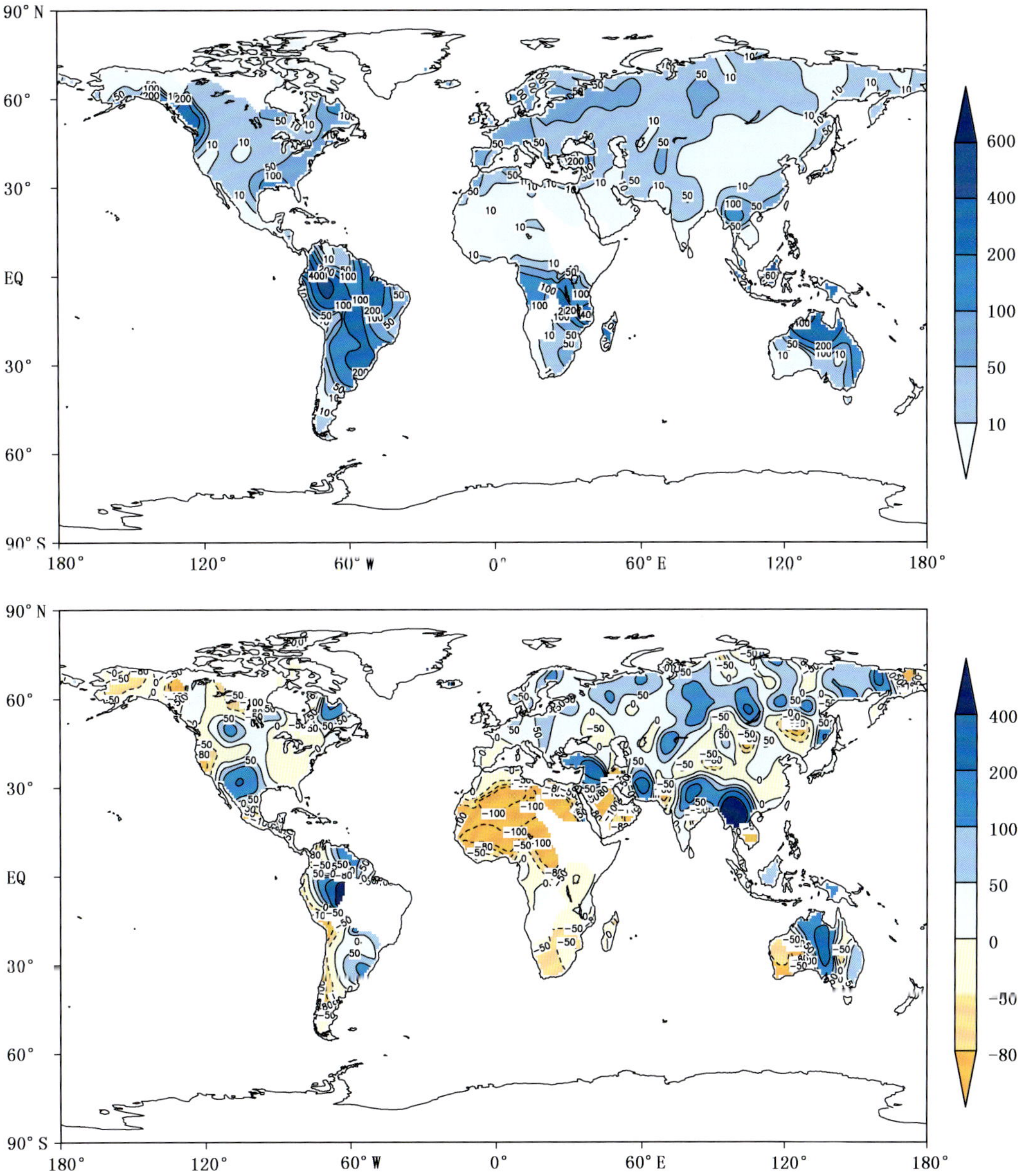

2015 年 1 月

图 1.12 2015 年全球逐月降水量(上,单位:mm)及距平百分率(下,单位:%)分布图

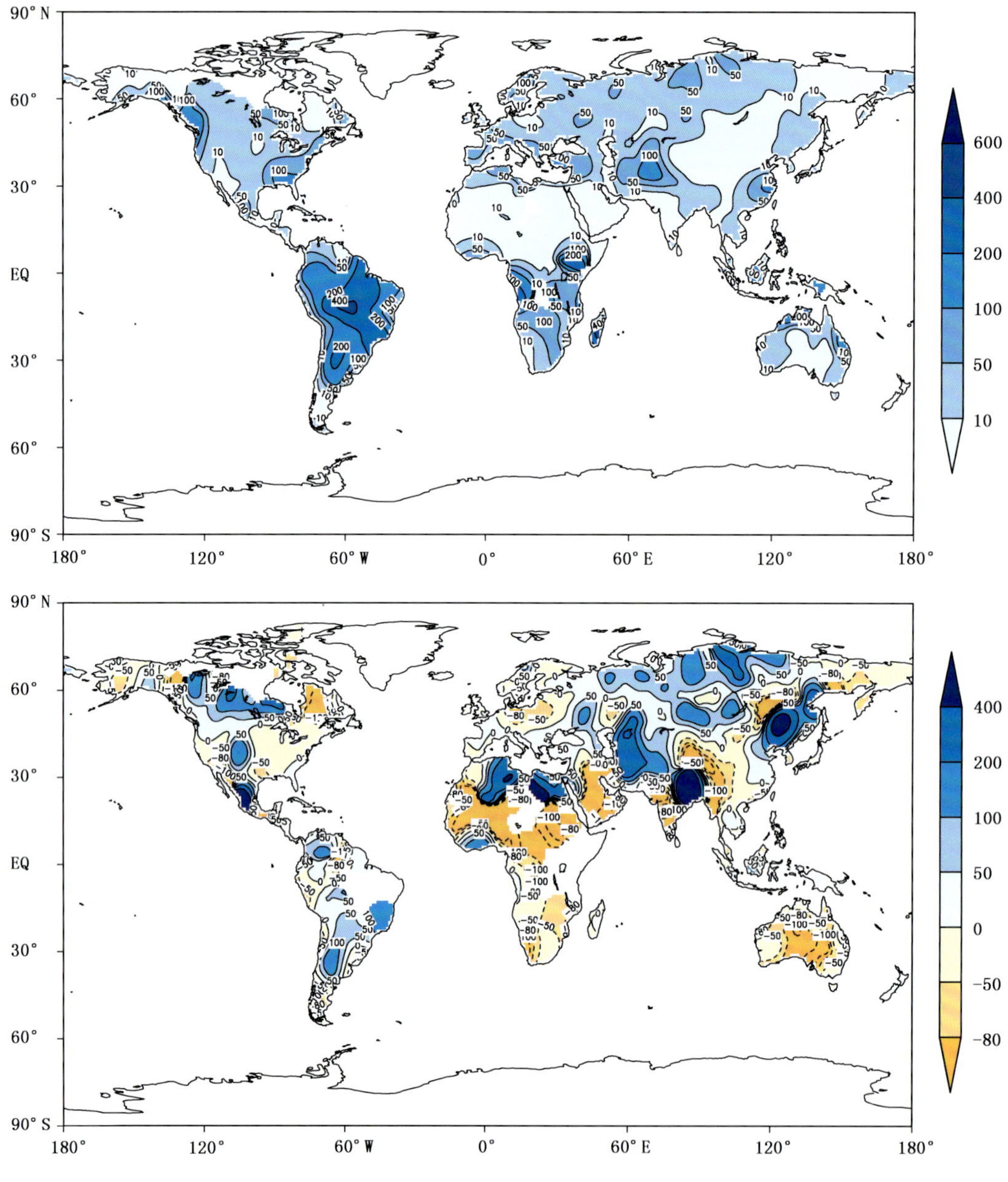

2015 年 2 月

图 1.12　2015 年全球逐月降水量(上,单位:mm)及距平百分率(下,单位:%)分布图(续 1)

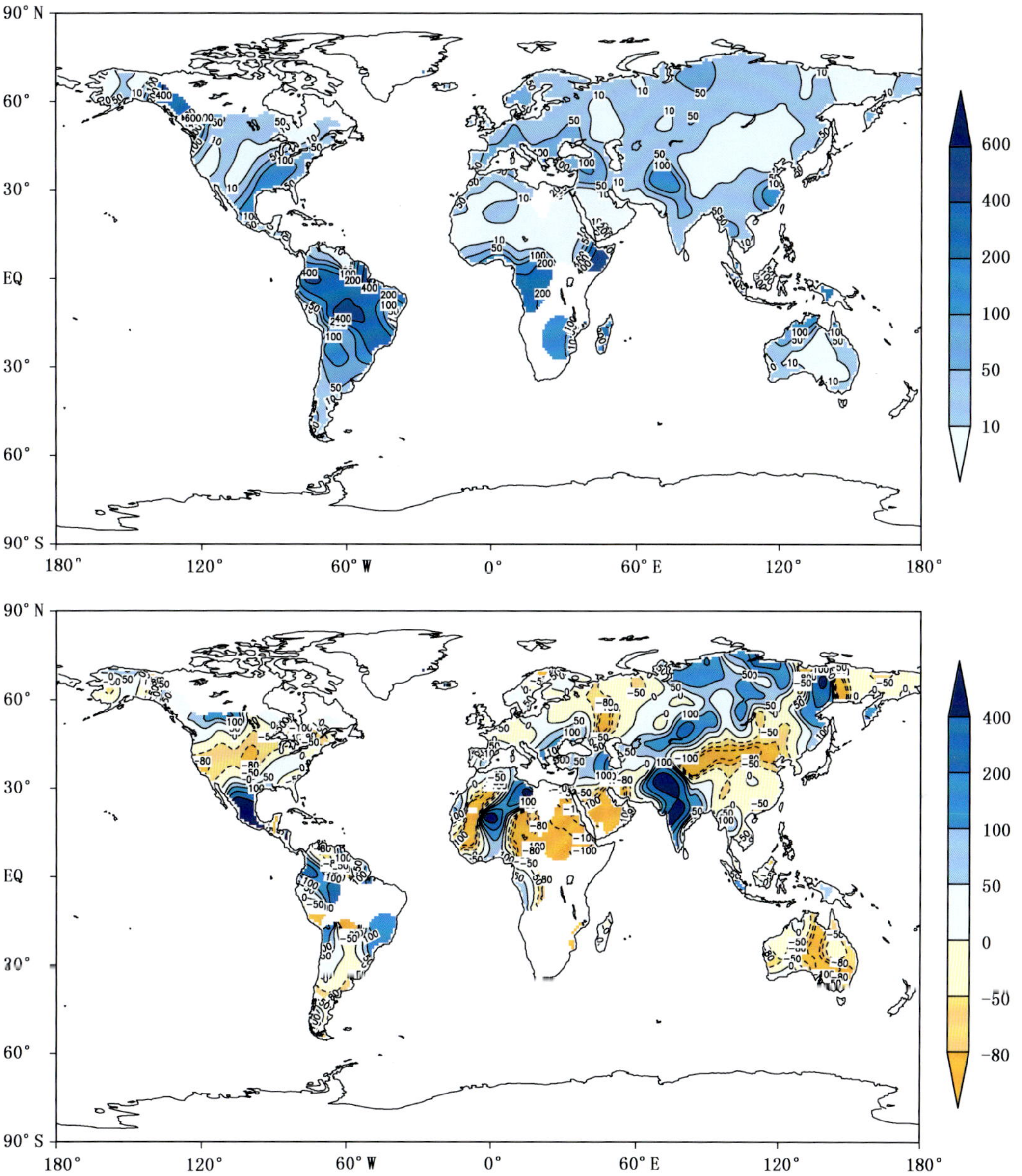

2015 年 3 月

图 1.12 2015 年全球逐月降水量(上，单位：mm)及距平百分率(下，单位：%)分布图(续 2)

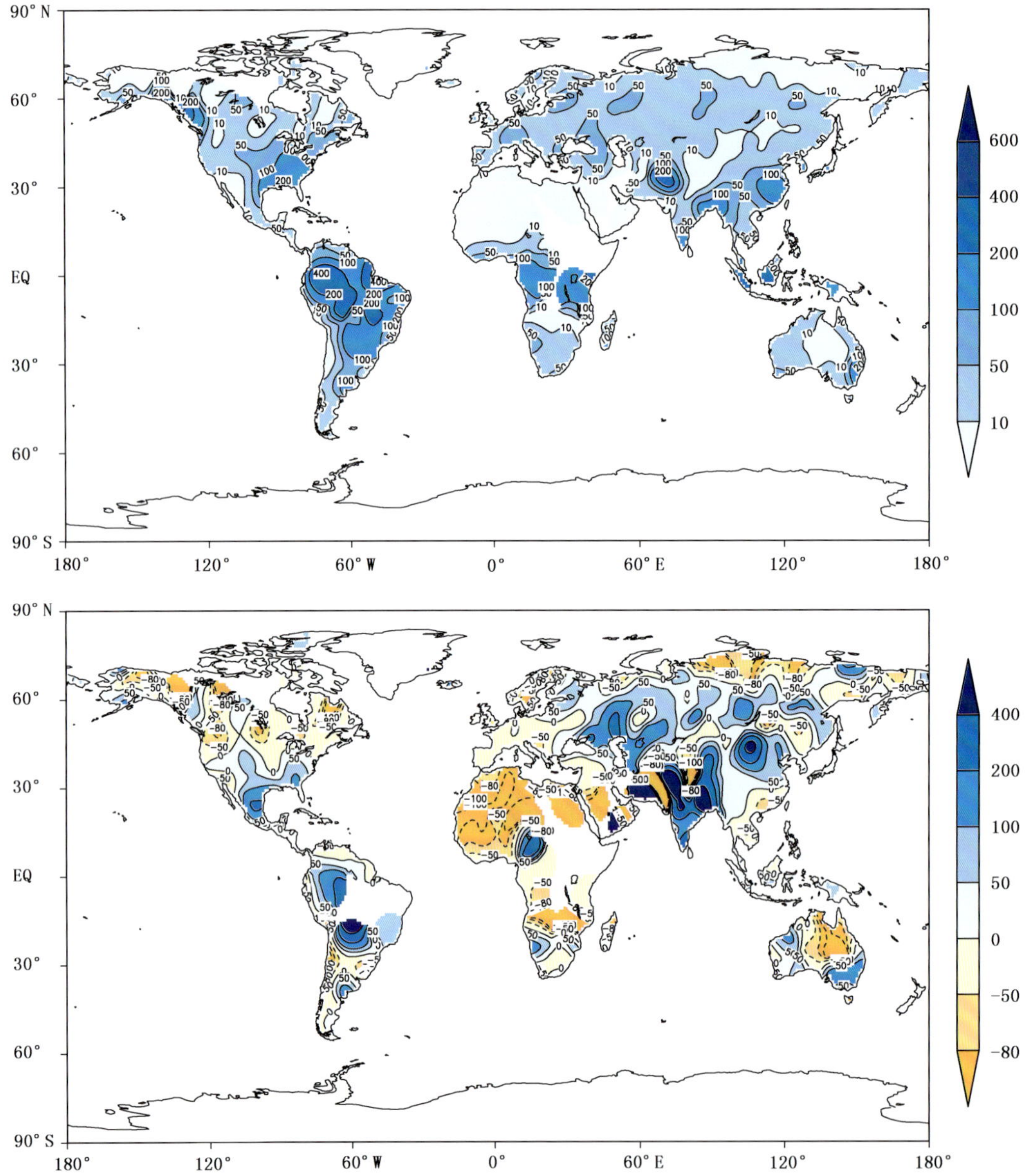

2015 年 4 月

图 1.12 2015 年全球逐月降水量(上,单位:mm)及距平百分率(下,单位:%)分布图(续 3)

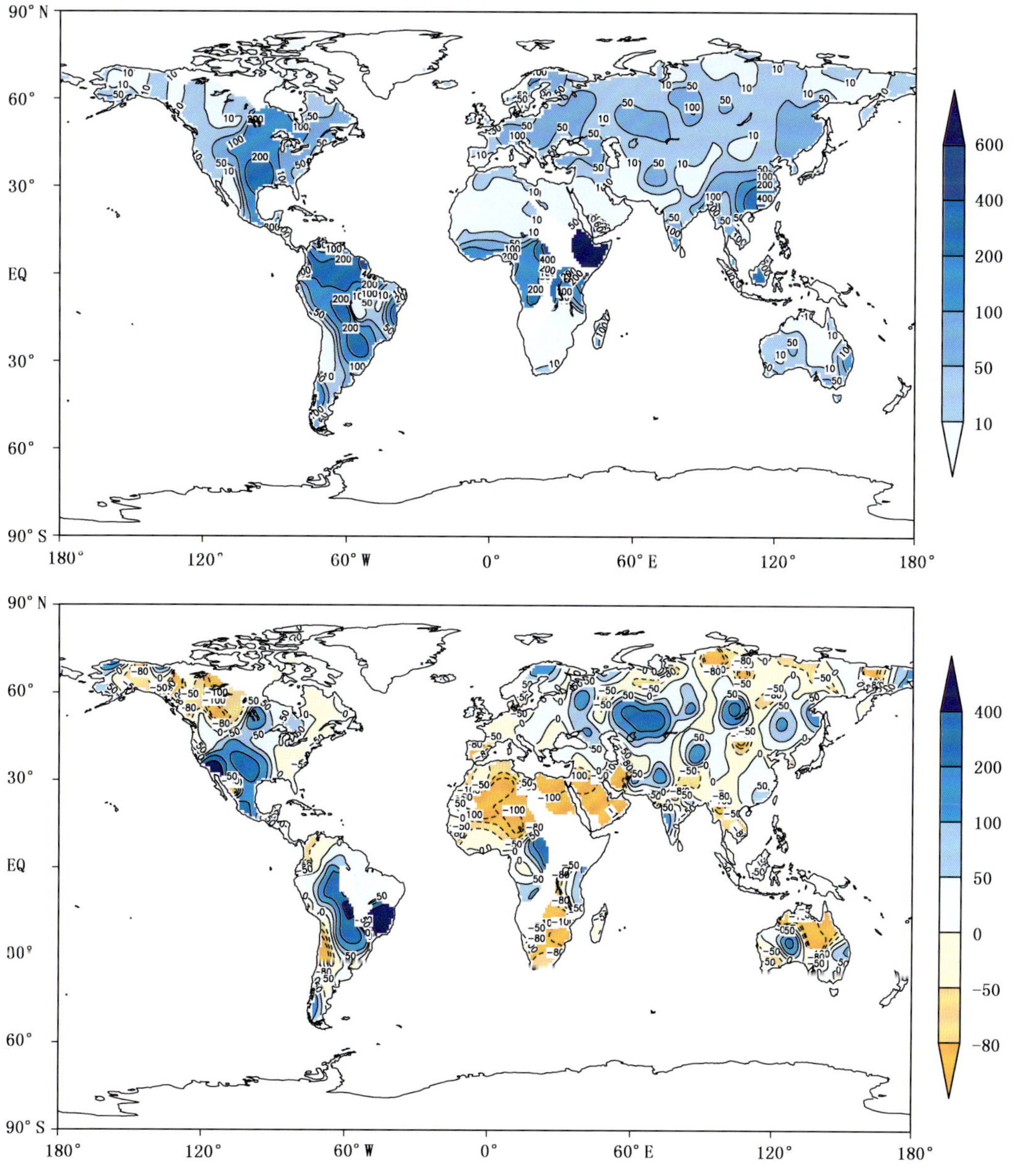

2015 年 5 月

图 1.12　2015 年全球逐月降水量(上，单位：mm)及距平百分率(下，单位：%)分布图(续 4)

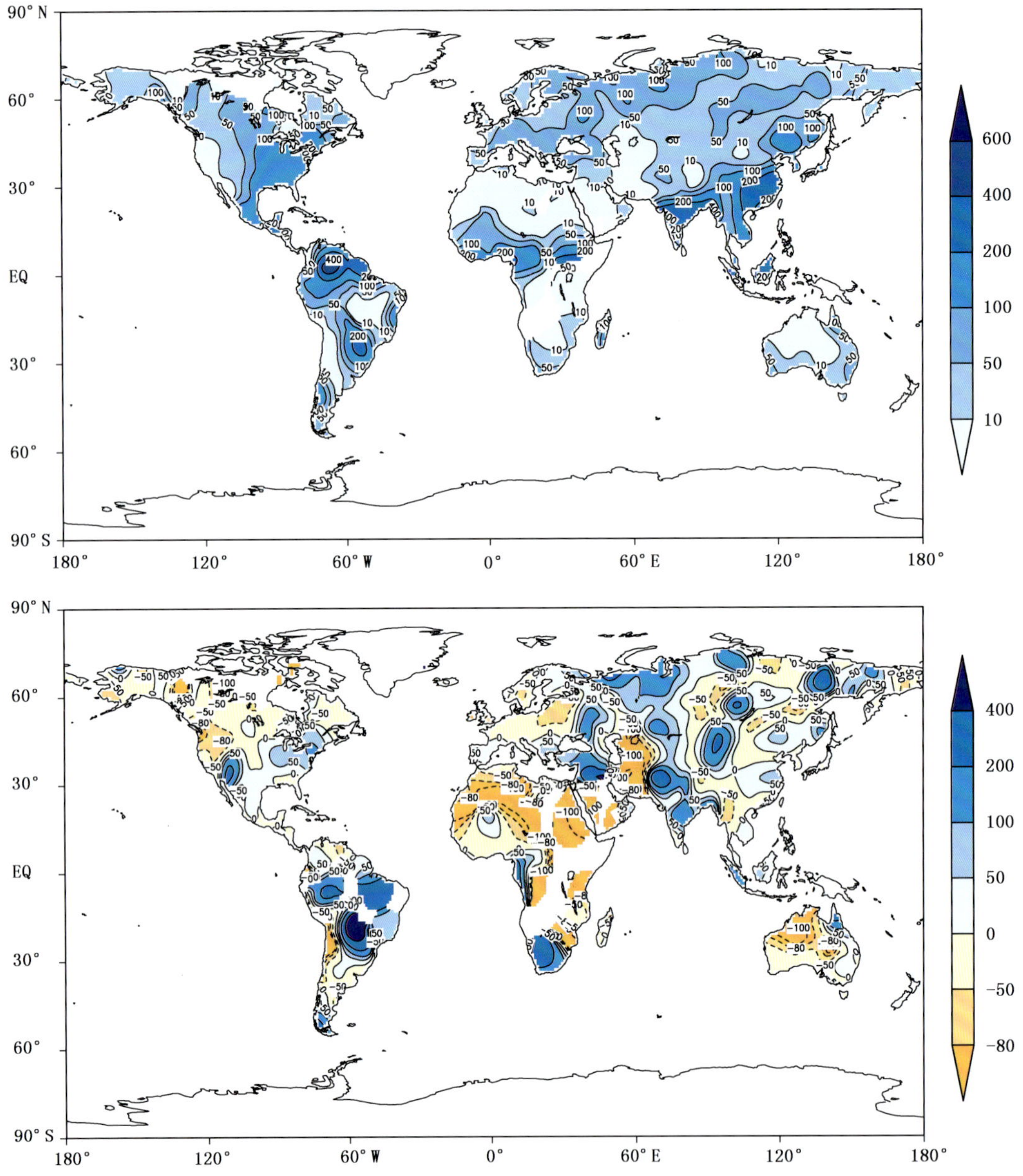

2015 年 6 月

图 1.12　2015 年全球逐月降水量(上,单位:mm)及距平百分率(下,单位:%)分布图(续 5)

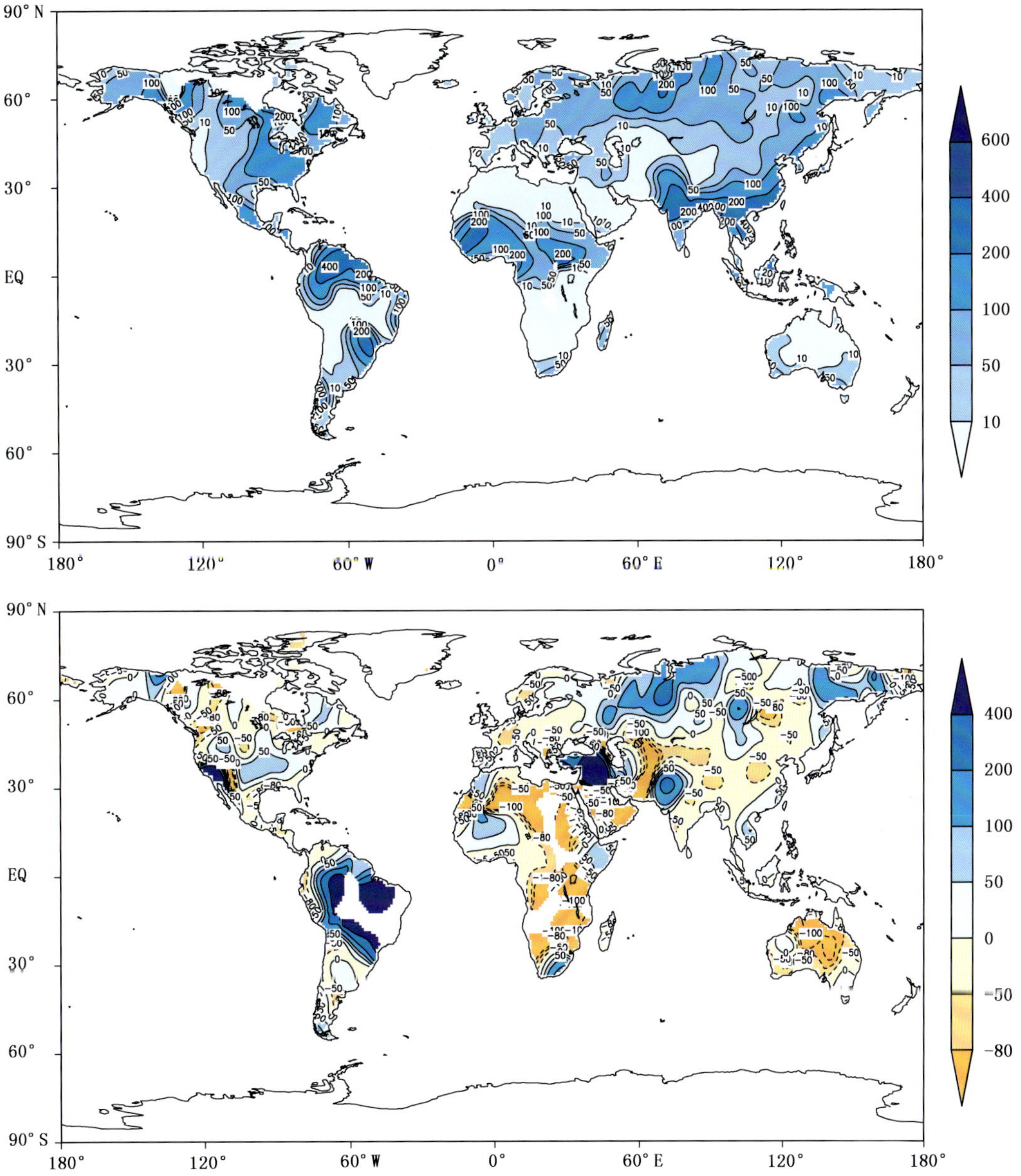

2015 年 7 月

图 1.12　2015 年全球逐月降水量(上,单位:mm)及距平百分率(下,单位:%)分布图(续 6)

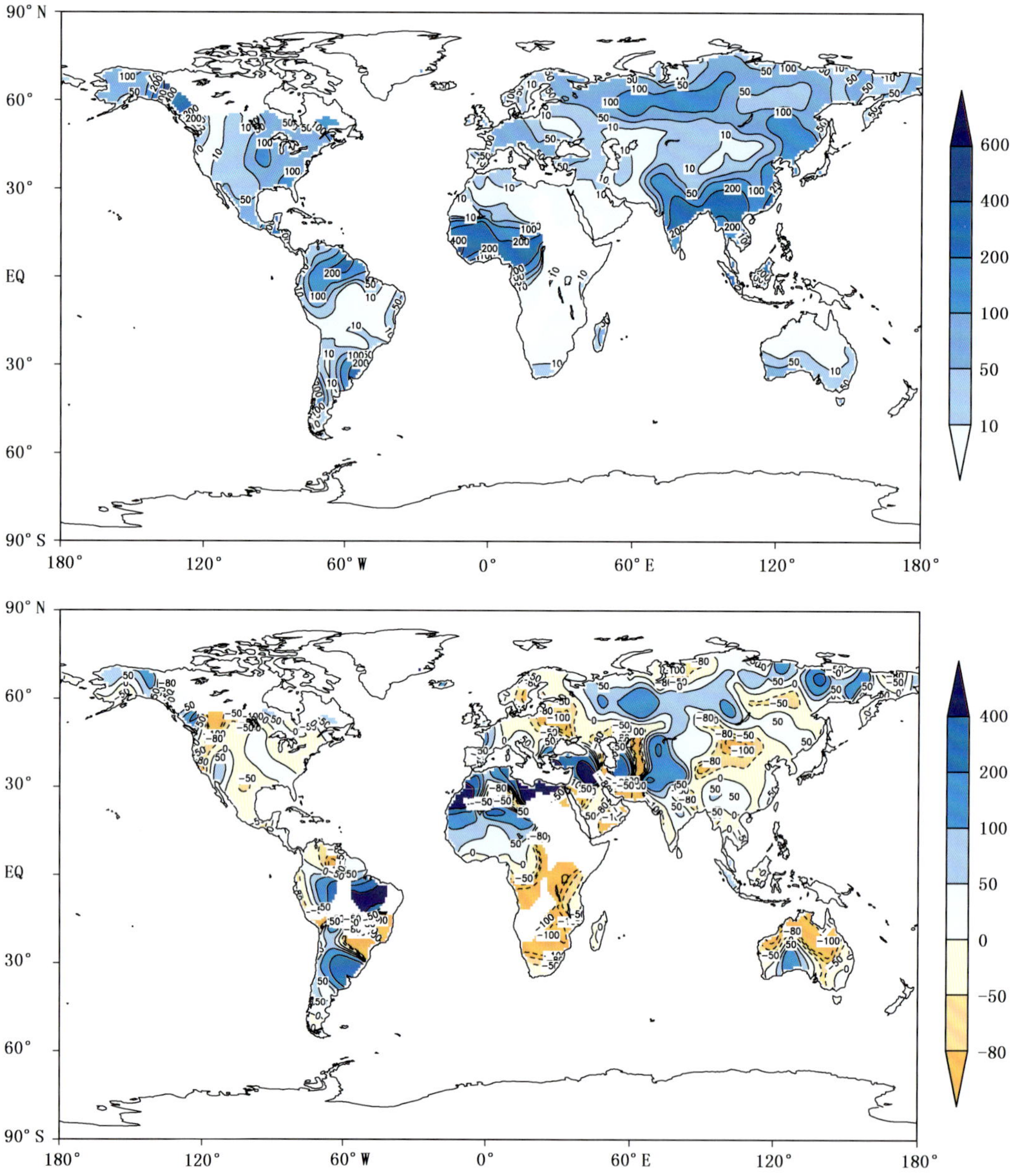

2015 年 8 月

图 1.12 2015 年全球逐月降水量(上,单位:mm)及距平百分率(下,单位:%)分布图(续 7)

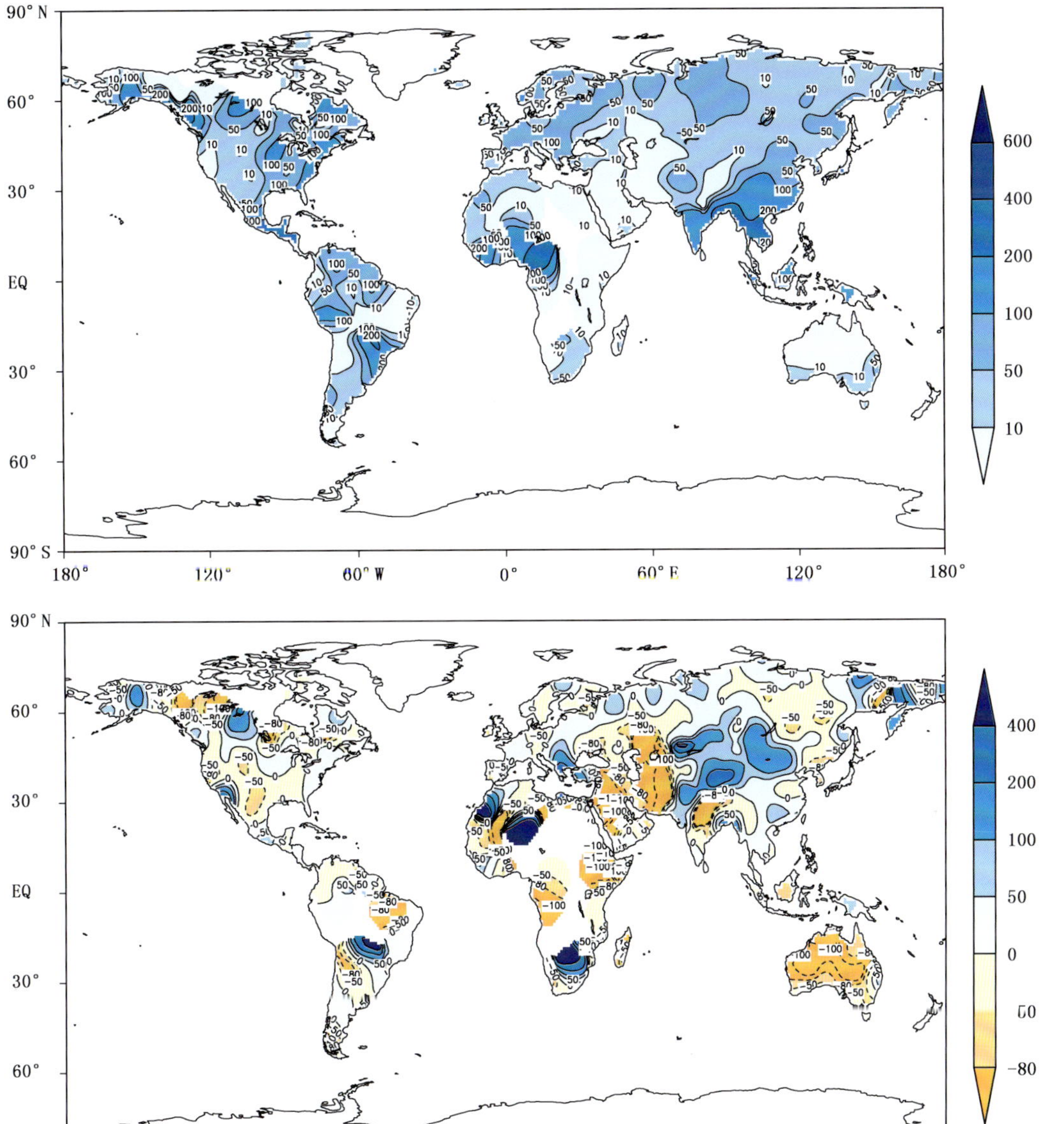

2015 年 9 月

图 1.12　2015 年全球逐月降水量(上,单位:mm)及距平百分率(下,单位:%)分布图(续 8)

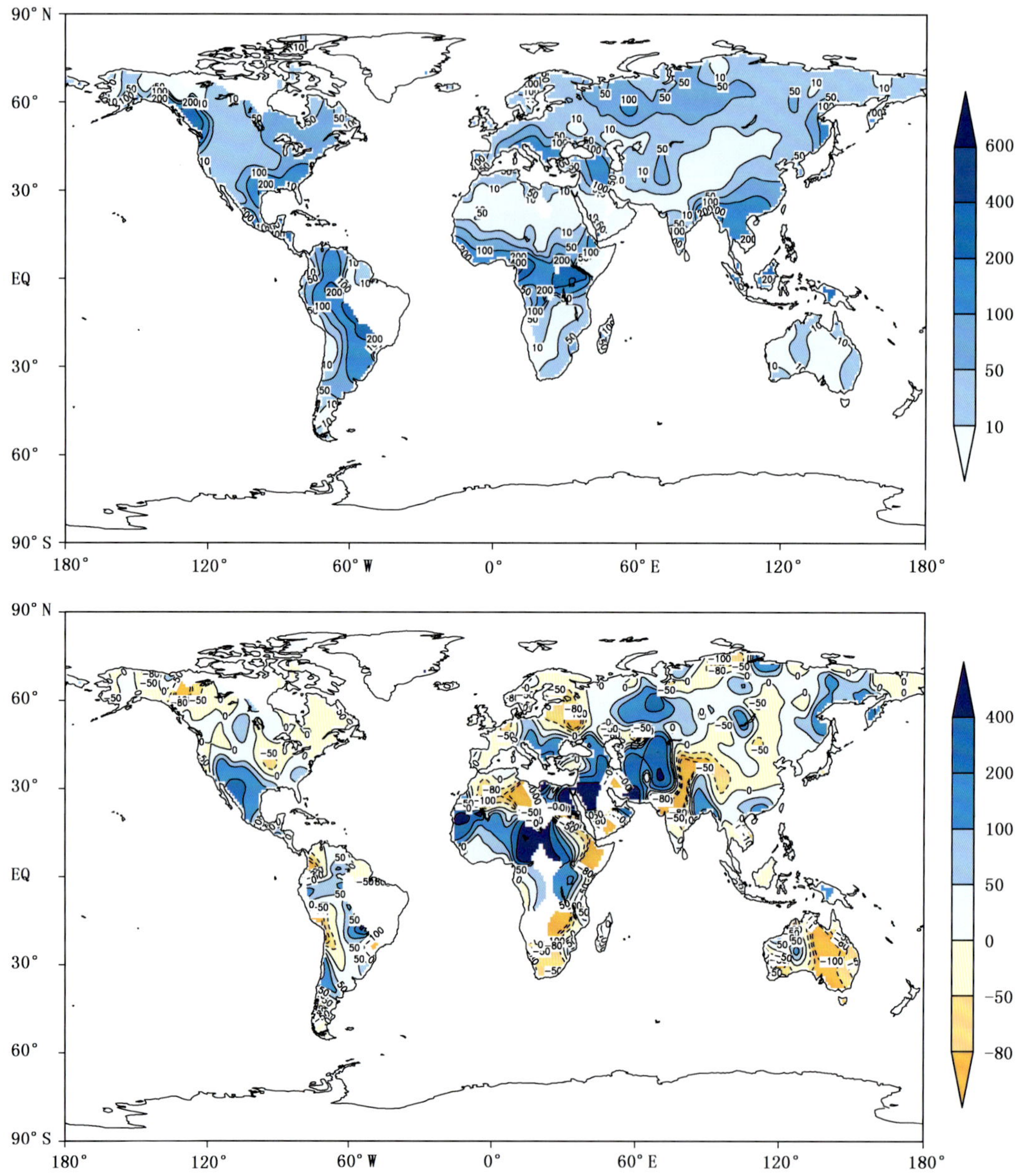

2015 年 10 月

图 1.12　2015 年全球逐月降水量(上,单位:mm)及距平百分率(下,单位:%)分布图(续 9)

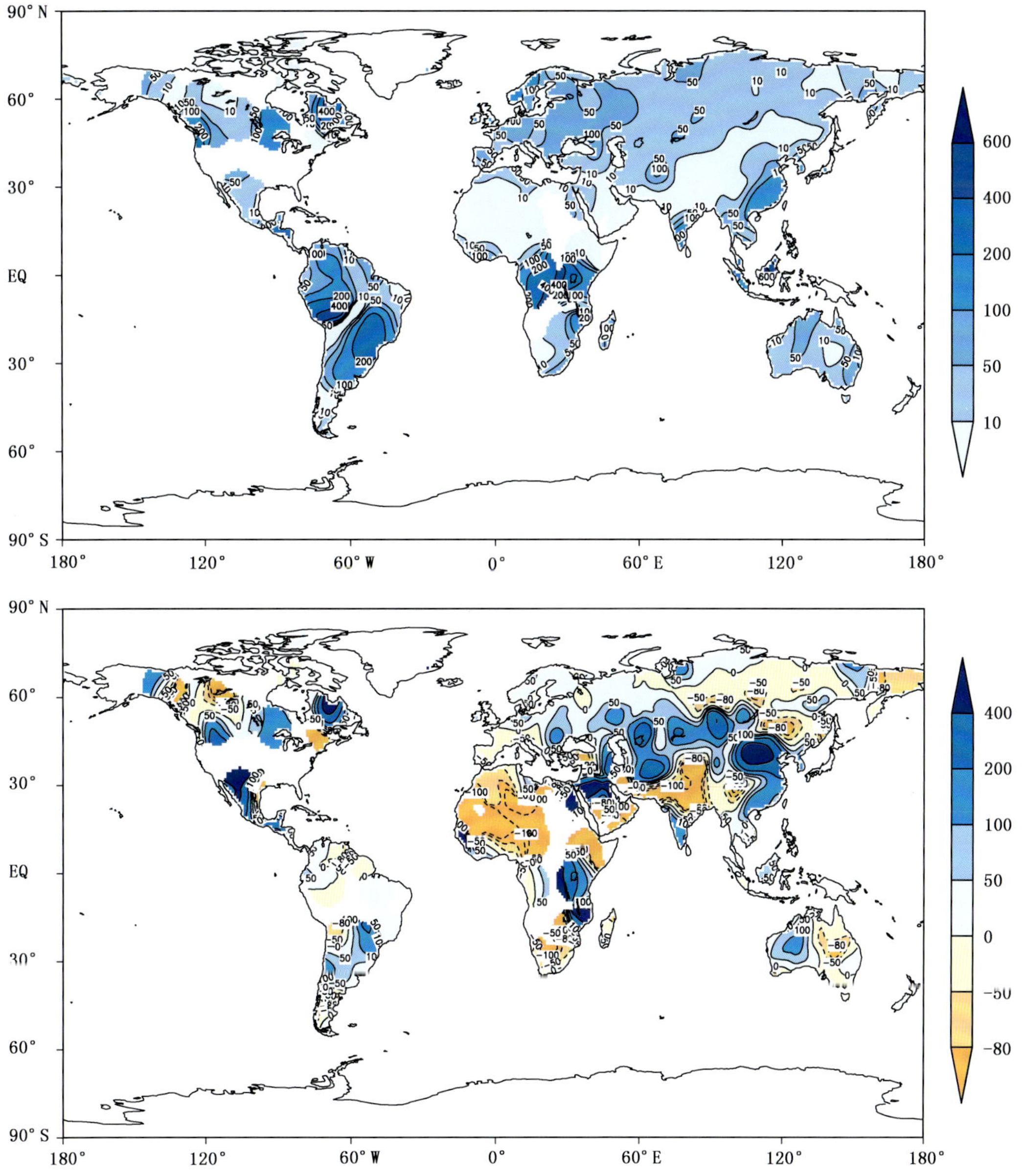

2015 年 11 月

图 1.12　2015 年全球逐月降水量(上，单位：mm)及距平百分率(下，单位：%)分布图(续 10)

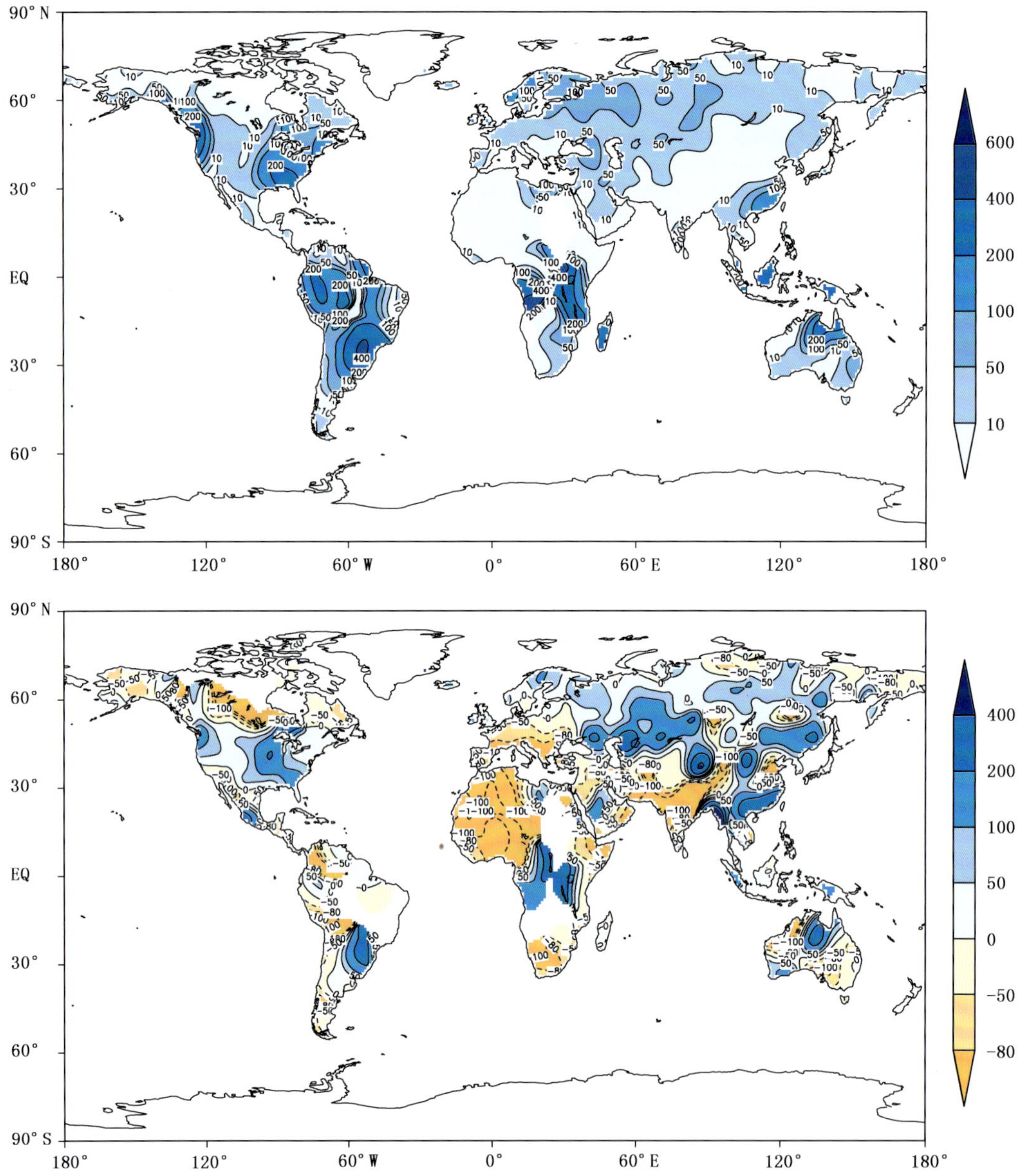

2015 年 12 月

图 1.12　2015 年全球逐月降水量(上,单位:mm)及距平百分率(下,单位:%)分布图(续 11)

1.2 中国气候

2015 年，中国年平均气温较常年显著偏高，与 2007 年并列为 1961 年以来最暖年；四季气温均偏高。中国年平均降水量偏多，降水时空分布不均，江淮、江南东部、广西西部和新疆明显偏多；冬季和夏季降水量均偏少，春季接近常年同期，秋季偏多。

1.2.1 气温

2015 年，中国年平均气温为 10.5℃，较常年（9.6℃）偏高 0.9℃，较 2014 年偏高 0.4℃，与 2007 年并列为 1961 年以来最暖年（图 1.13）。从空间分布来看，全国大部地区气温偏高 0.5℃以上，其中黑龙江北部、内蒙古东北部和中西大部、甘肃中部、宁夏、青海北部、新疆北部和西南部、西藏西北部、山东大部、江苏东部、四川东部、广西西部局部和海南北部等地偏高 1～2℃（图 1.14）。

2014/2015 年冬季，全国平均气温为 −2.3℃，较常年同期（−3.4℃）偏高 1.1℃，较 2014 年同期偏高 0.5℃（图 1.15）。从空间分布来看，全国大部分地区气温偏高或接近常年，内蒙古、华北东部、黄淮、华中大部、贵州东部、江西大部、新疆北部、青海中东部等地气温偏高 1～2℃，其中内蒙古东部地区偏高 2℃以上；而西藏西部局部、青海南部局部和海南南部等地气温偏低 0.5～2℃（图 1.16）。

2015 年春季，全国平均气温为 11.4℃，较常年同期（10.4℃）偏高 1.0℃，与 2013 年和 2014 年并列为 1961 年以来历史同期第二高值，仅次于 2008 年（图 1.17）。从空间分布来看，全国大部分地区气温偏高或接近常年，其中新疆、甘肃、青海北部、内蒙古西部局部和东南局部、黑龙江东部局部、辽宁西部、京津地区、江苏南部、西南地区、广西等地区气温偏高 1～2℃（图 1.18）。

2015 年夏季，全国平均气温为 21.2℃，较常年同期（20.9℃）偏高 0.3℃，较 2014 年同期偏高 0.1℃（图 1.19），但较近十年的平均值相对偏低。从空间分布来看，中东部偏冷，西部偏暖。新疆北部和西南部局部、内蒙古东部局部和黑龙江北部局部等地气温偏高 1～2℃；而河北北部、江淮、江南北部大部地区气温偏低 0.5～1℃（图 1.20）。

2015 年秋季，全国平均气温为 10.6℃，较常年同期（9.9℃）偏高 0.7℃，较 2014 年同期偏低 0.1℃（图 1.21）。从空间分布来看，全国大部分地区气温接近常年同期或偏高，其中西藏大部、新疆南部局部、青海、甘肃中部和南部、宁夏南部、陕西北部和西南部、山西西部、四川大部、贵州西部、云南东部、海南大部、广东中东部和福建东南部等地区偏高 1～2℃，青海中南部等地偏高 2～4℃；仅内蒙古东南部局地和辽宁西部局地偏低 0.5～1℃（图 1.22）。

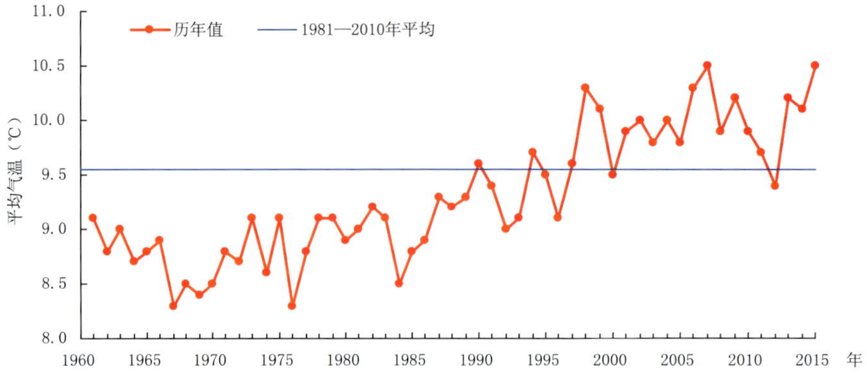

图 1.13　1961—2015 年中国年平均气温变化图

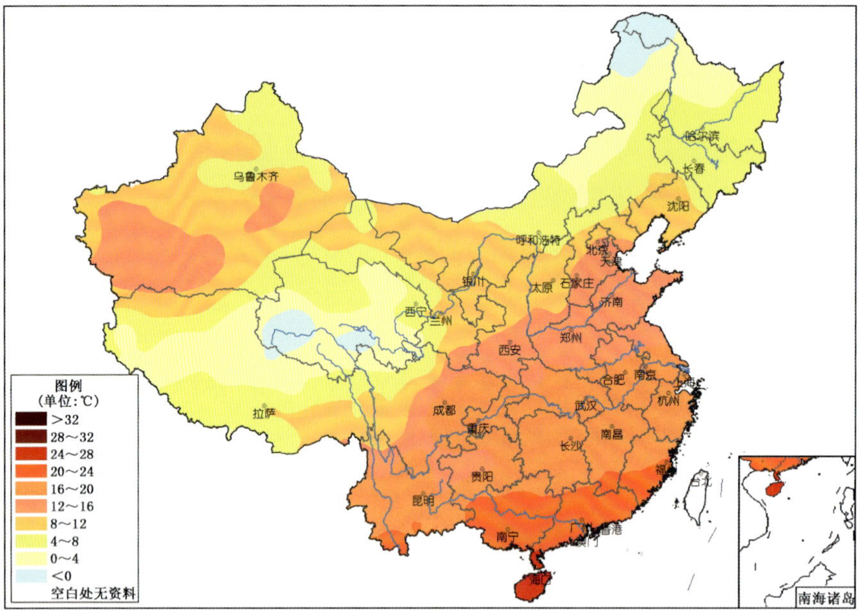

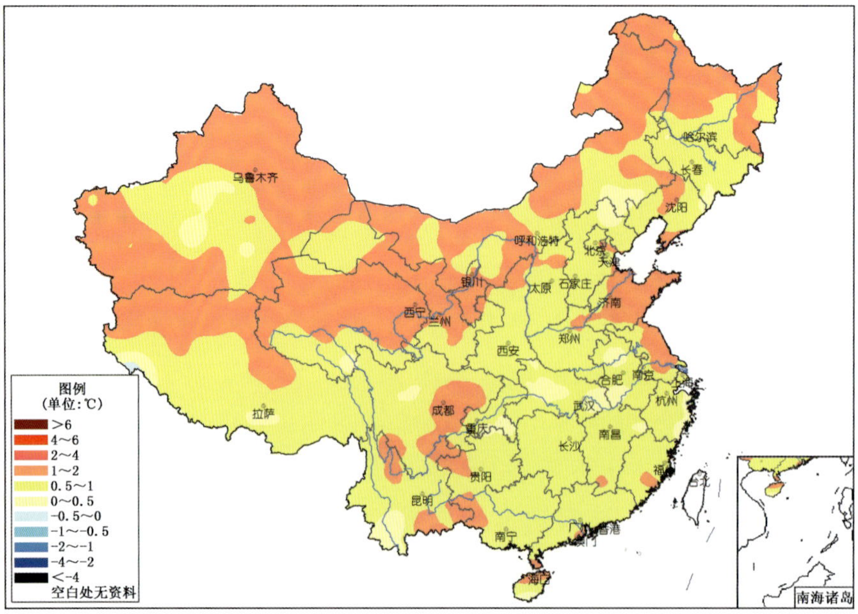

图 1.14　2015 年中国年平均气温(上)及其距平(下)分布图

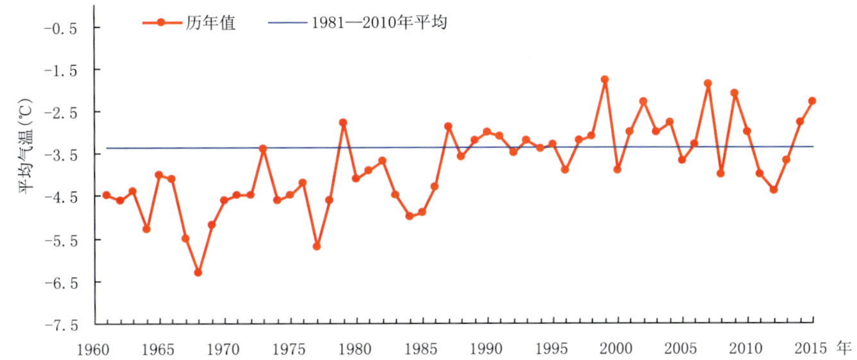

图 1.15　1961—2015 年中国冬季平均气温变化图

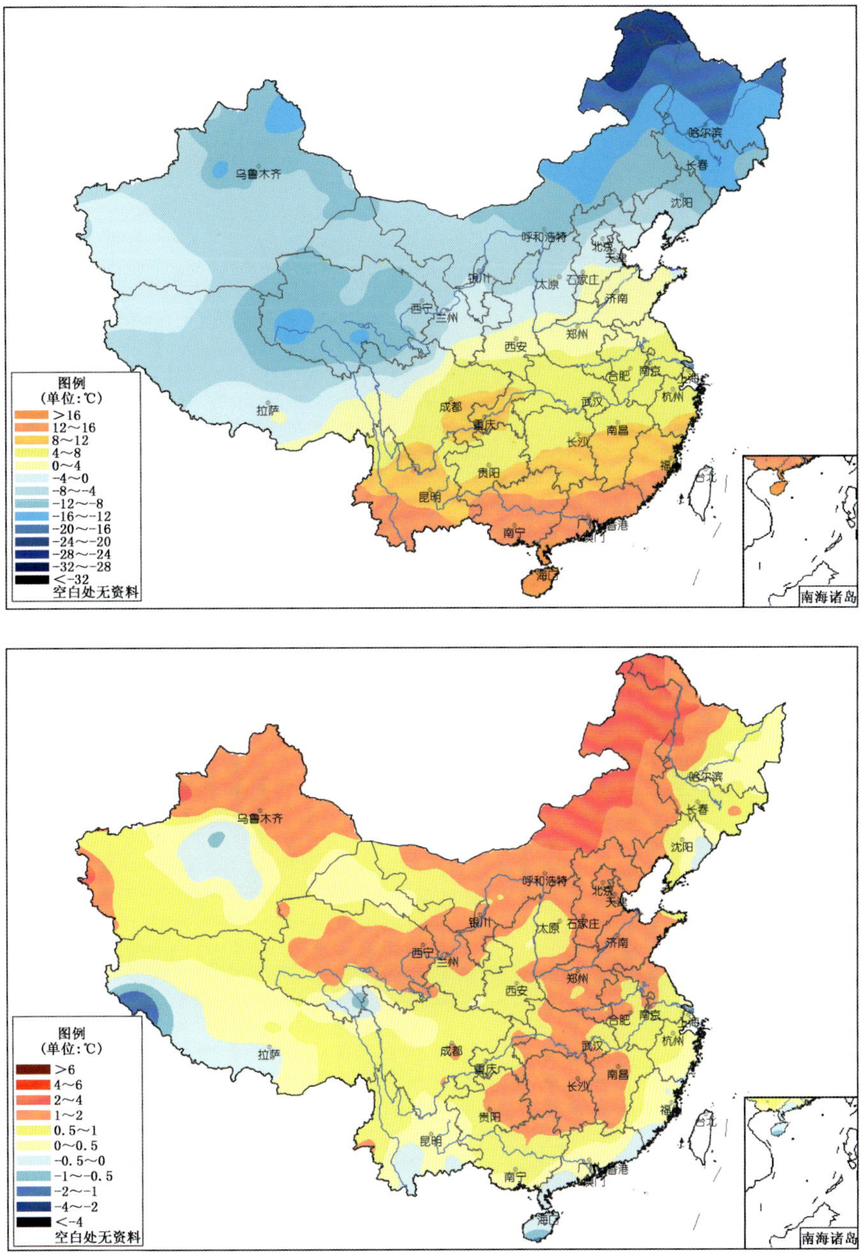

图 1.16　2014/2015 年中国冬季平均气温(上)及其距平(下)分布图

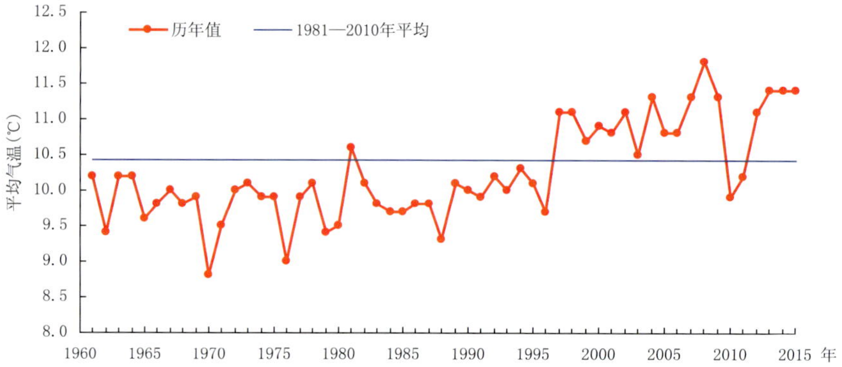

图 1.17　1961—2015 年中国春季平均气温变化图

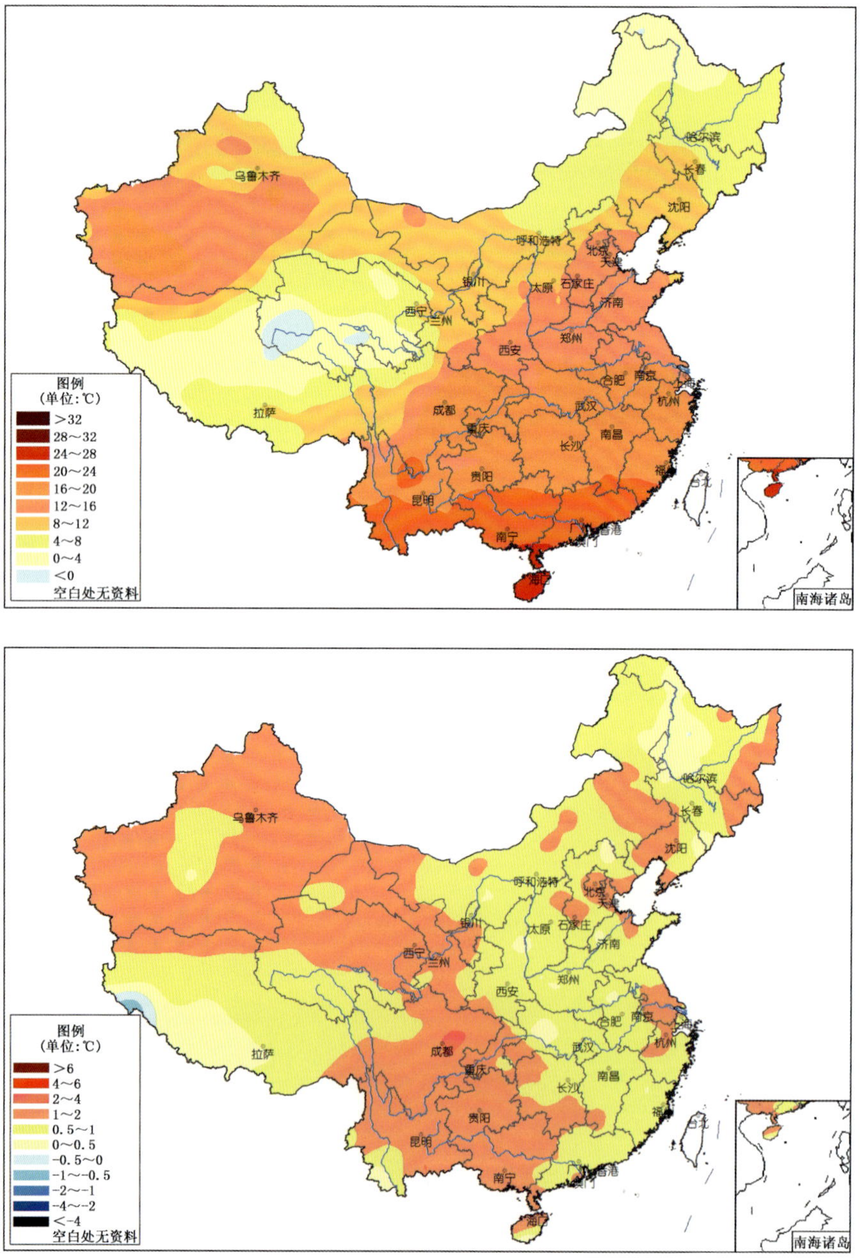

图 1.18　2015 年中国春季平均气温(上)及其距平(下)分布图

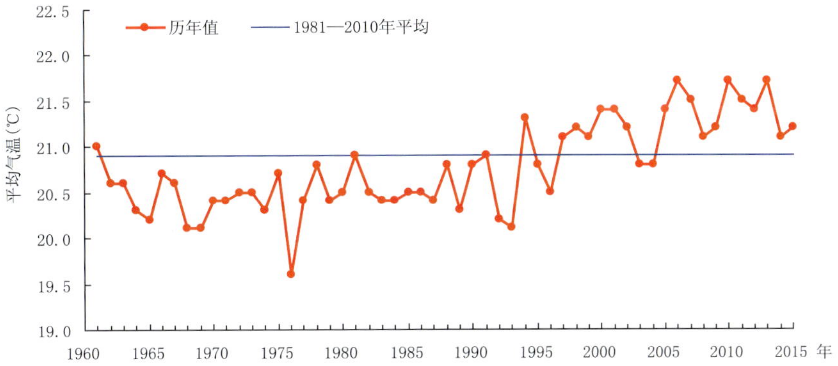

图 1.19　1961—2015 年中国夏季平均气温变化图

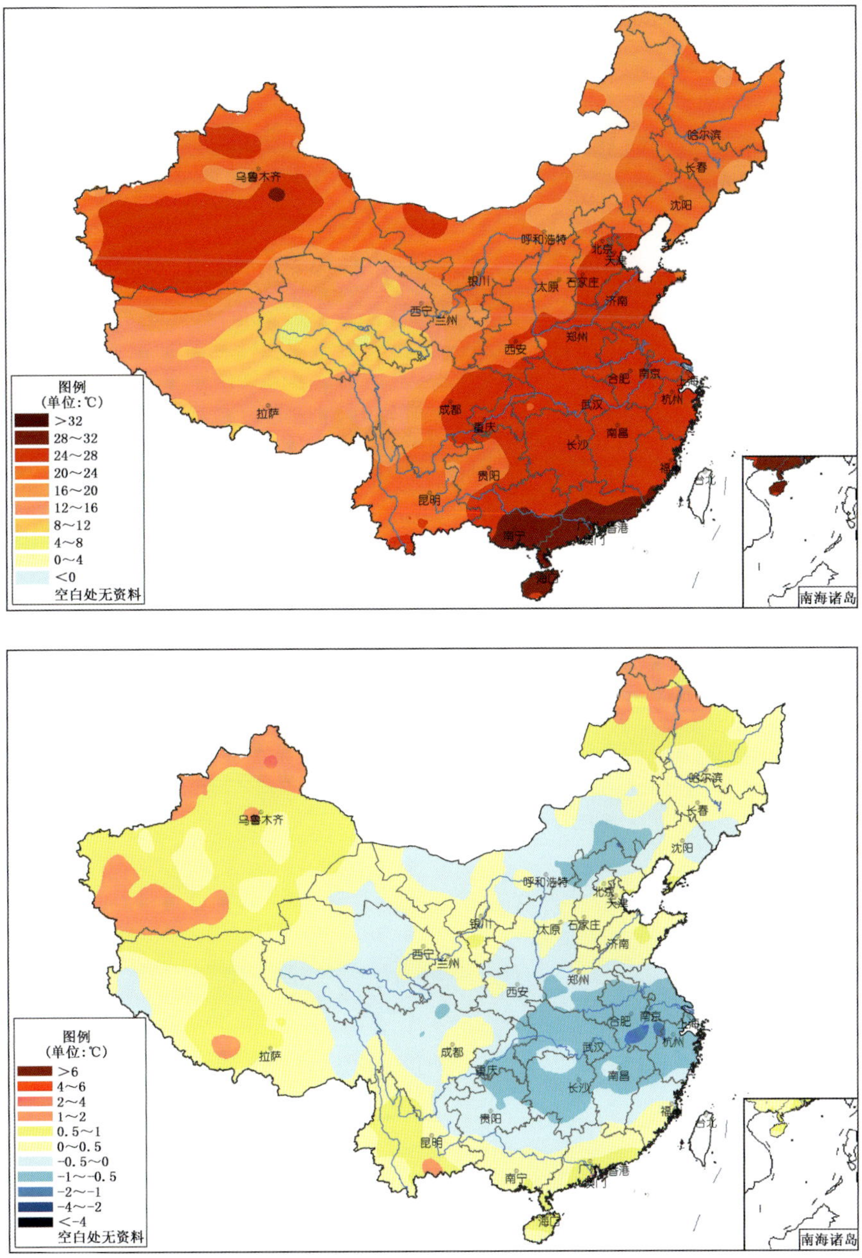

图 1.20　2015 年中国夏季平均气温(上)及其距平(下)分布图

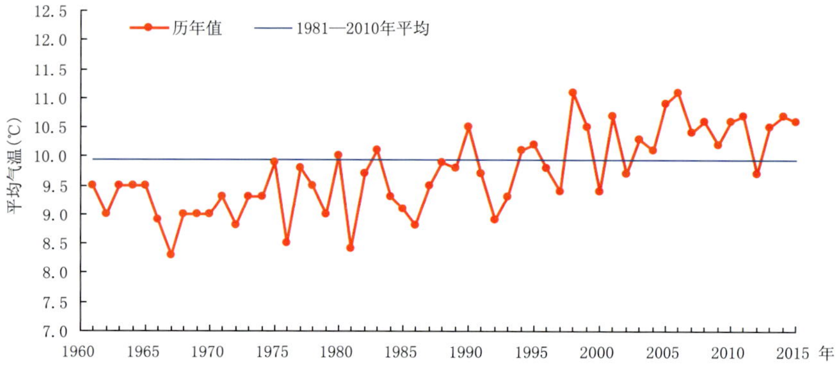

图 1.21　1961—2015 年中国秋季平均气温变化图

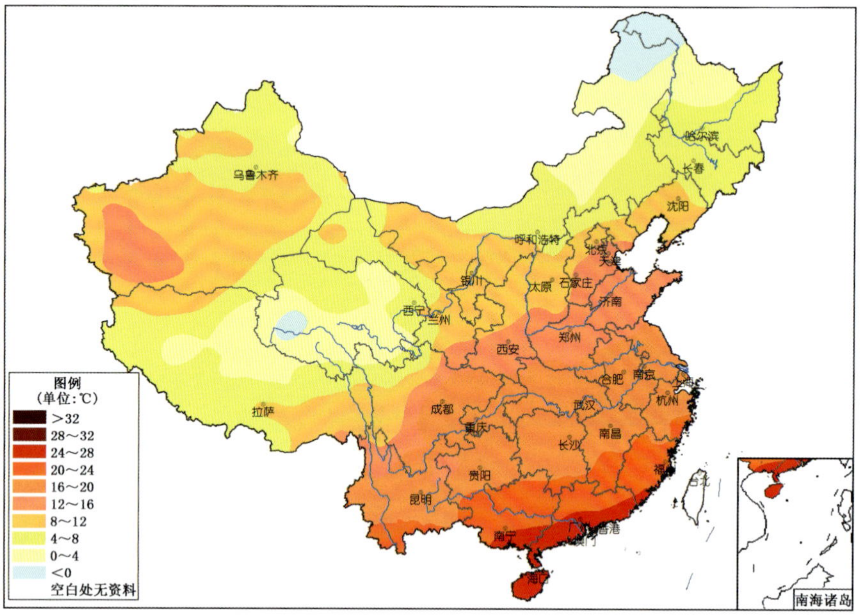

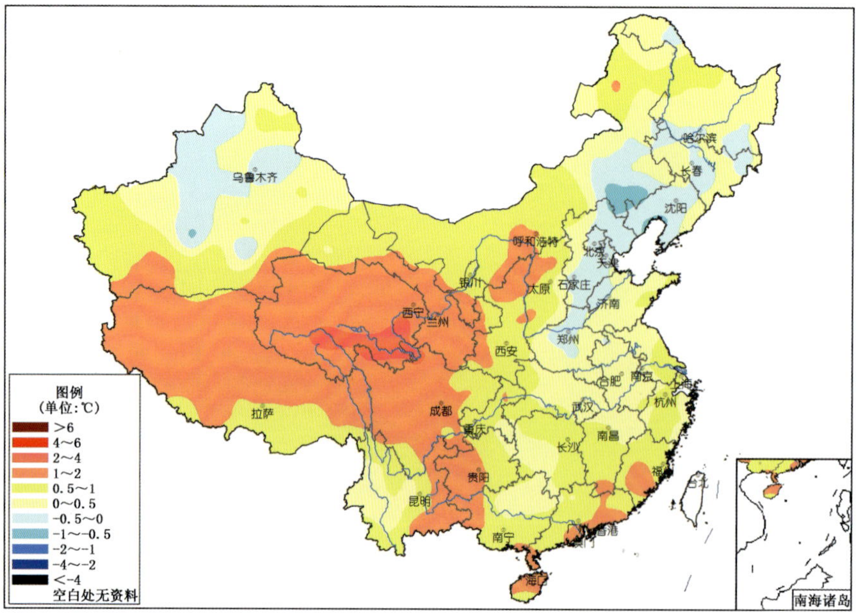

图 1.22　2015 年中国秋季平均气温(上)及其距平(下)分布图

1.2.2 降水

2015 年，中国年平均降水量为 649.1 mm，较常年(629.9 mm)偏多 3.0%(图 1.23)。降水空间分布不均，与常年相比，西北地区西部和南方地区偏多，黄淮地区及东北地区降水偏少，其中新疆东部、青海西北部、西藏西部、内蒙古西北局部、江苏南部、安徽南部、浙江中西大部、江西大部、福建西北部、贵州南部和广西北部等地降水量偏多 20%～50%；西藏中部、辽宁中部、海南等地偏少 20%～50%，其余地区接近常年(图 1.24)。

2014/2015 年冬季，全国平均降水量为 38.5 mm，较常年同期(40.8 mm)偏少 5.6%(图 1.25)。从空间分布来看，中东部大部地区以降水偏少为主，除内蒙古东南部、东北、新疆东南部、青海中部、西藏中部、云南和华南南部等地降水偏多 50%至 2 倍，部分地区偏多 2 倍以上外，全国其余大部降水接近常年或偏少，其中内蒙古西部、河南西部、安徽北部、江苏北部、新疆西南局部等地偏少 50%～80%，局部偏少 80%以上(图 1.26)。

2015 年春季，全国平均降水量为 145 mm，略多于常年同期(143.7 mm)(图 1.27)。从空间分布来看，内蒙古西部和东北部、东北中西部、河北南部、山东西部、河南、陕西南部、湖北西部、江苏南部、新疆中部和南部、青海中部和南部、广东中部等地降水偏多 20%～50%，部分地区偏多 50%以上；新疆西部、西藏西部、内蒙古中南局部、西南地区南部、广西南部至海南等地降水偏少 20%～50%，部分地区偏少 50%以上(图 1.28)。

2015 年夏季，全国平均降水量为 297.6 mm，较常年同期(325.2 mm)偏少 8.5%(图 1.29)。从空间分布来看，我国中东大部地区降水总体呈“北少南多”分布型。华北大部、西北地区东部、黄淮大部、东北地区西南部、内蒙古中西大部、西藏中部、青海南部、广东西部和海南等地降水偏少 20%～50%，局部偏少 50%以上；江淮、江南东北部、贵州东南部、新疆东部和西部部分地区、西藏西部局部等地降水偏多 20%～50%，局部偏多 50%以上(图 1.30)。

2015 年秋季，全国平均降水量为 150.4 mm，较常年同期(119.8 mm)偏多 25.7%(图 1.31)。从空间分布来看，我国大部分地区降水接近常年同期或偏多，其中新疆大部、青海西北部、甘肃西北部、内蒙古大部、宁夏北部、陕西北部、华北大部、江南中东部和华南大部等地降水偏多 50%至 2 倍，部分地区偏多 2 倍以上；而西藏大部、新疆西部、青海西南部、内蒙古东北部局部、黑龙江东部、吉林东北部、辽宁西部、河南南部、广东东南部和海南西部等地降水偏少 20%～80%，部分地区偏少 80%以上(图 1.32)。

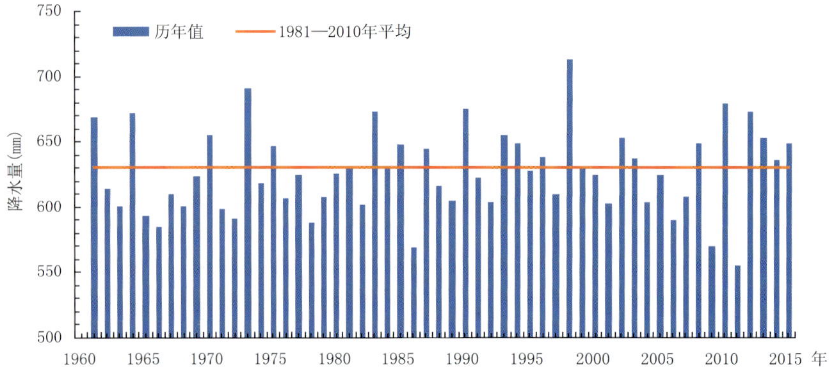

图 1.23　1961—2015 年中国年降水量变化图

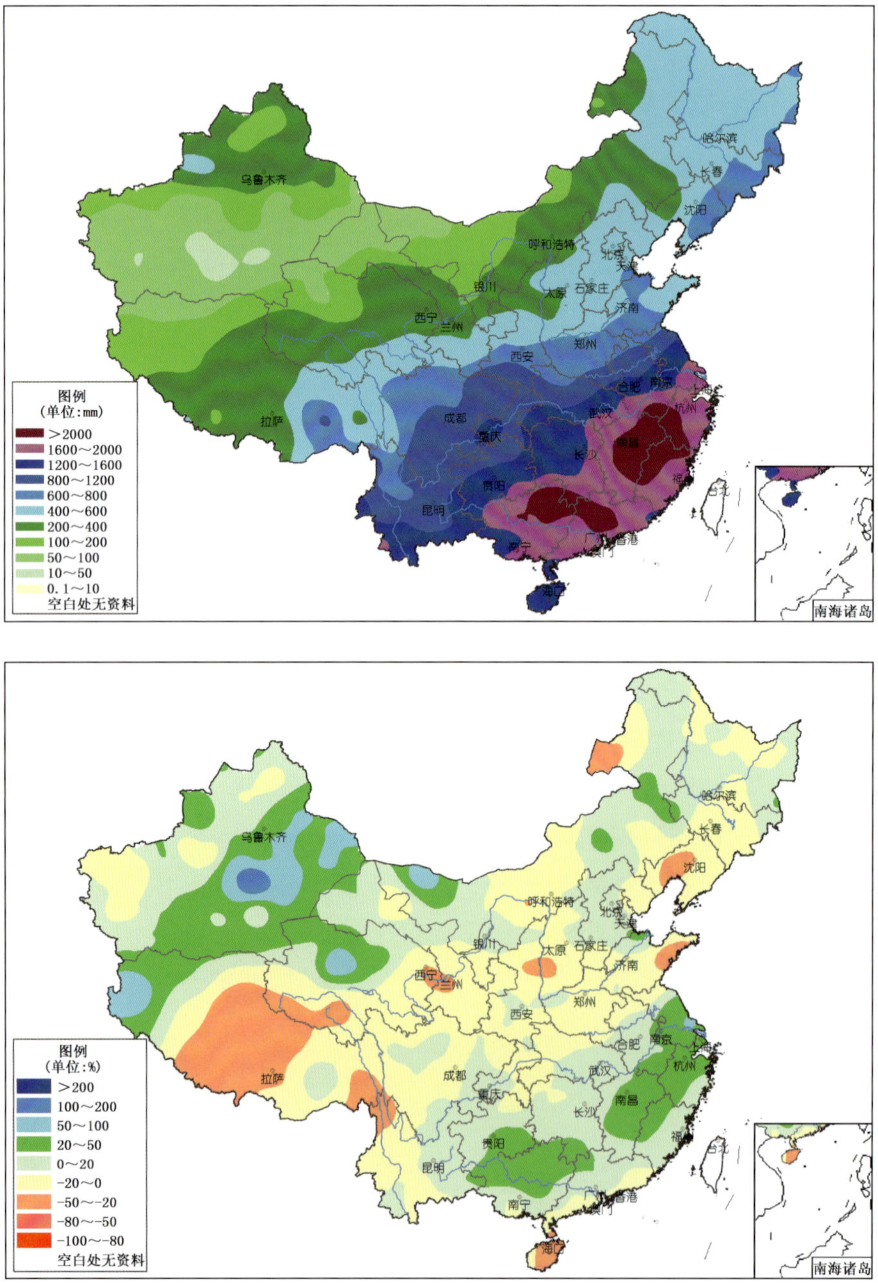

图 1.24　2015 年中国年降水量(上)及其距平百分率(下)分布图

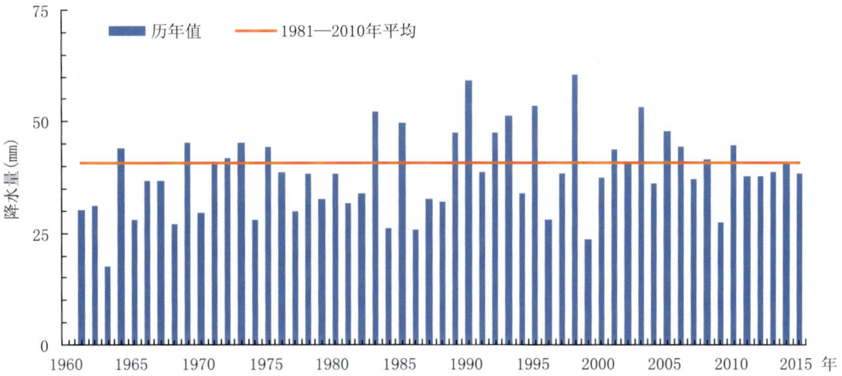

图 1.25　1961—2015 年中国冬季降水量变化图

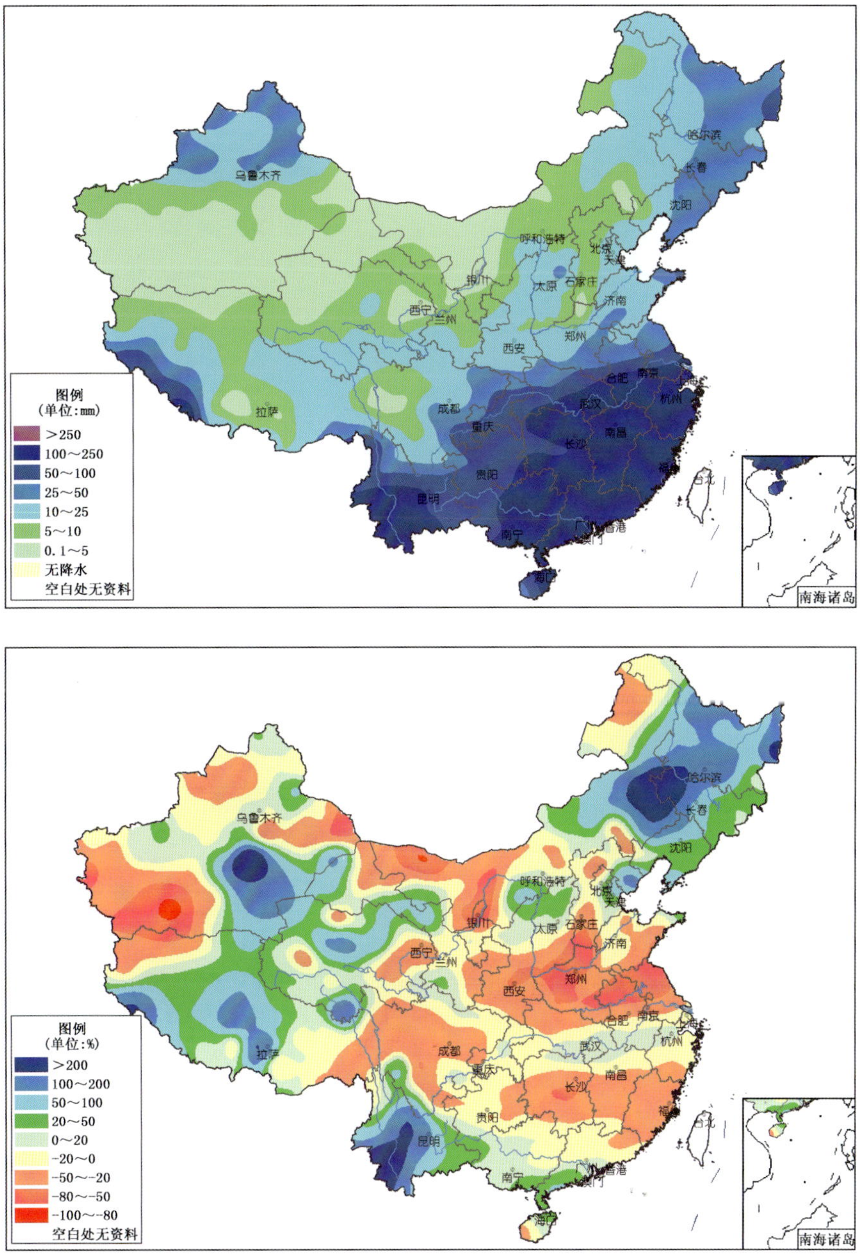

图 1.26　2014/2015 年中国冬季降水量(上)及其距平百分率(下)分布图

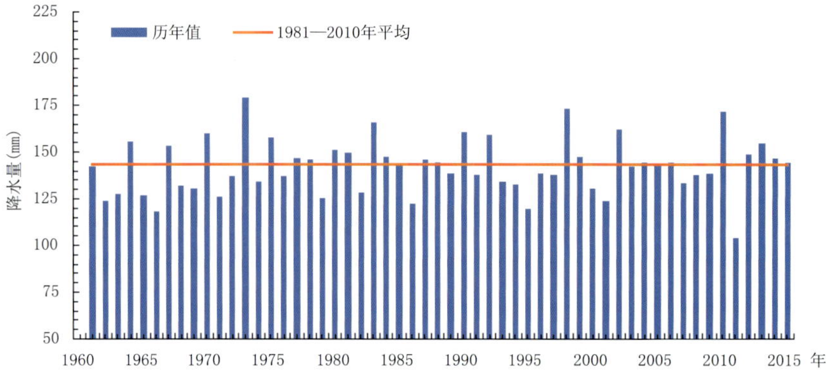

图 1.27　1961—2015 年中国春季降水量变化图

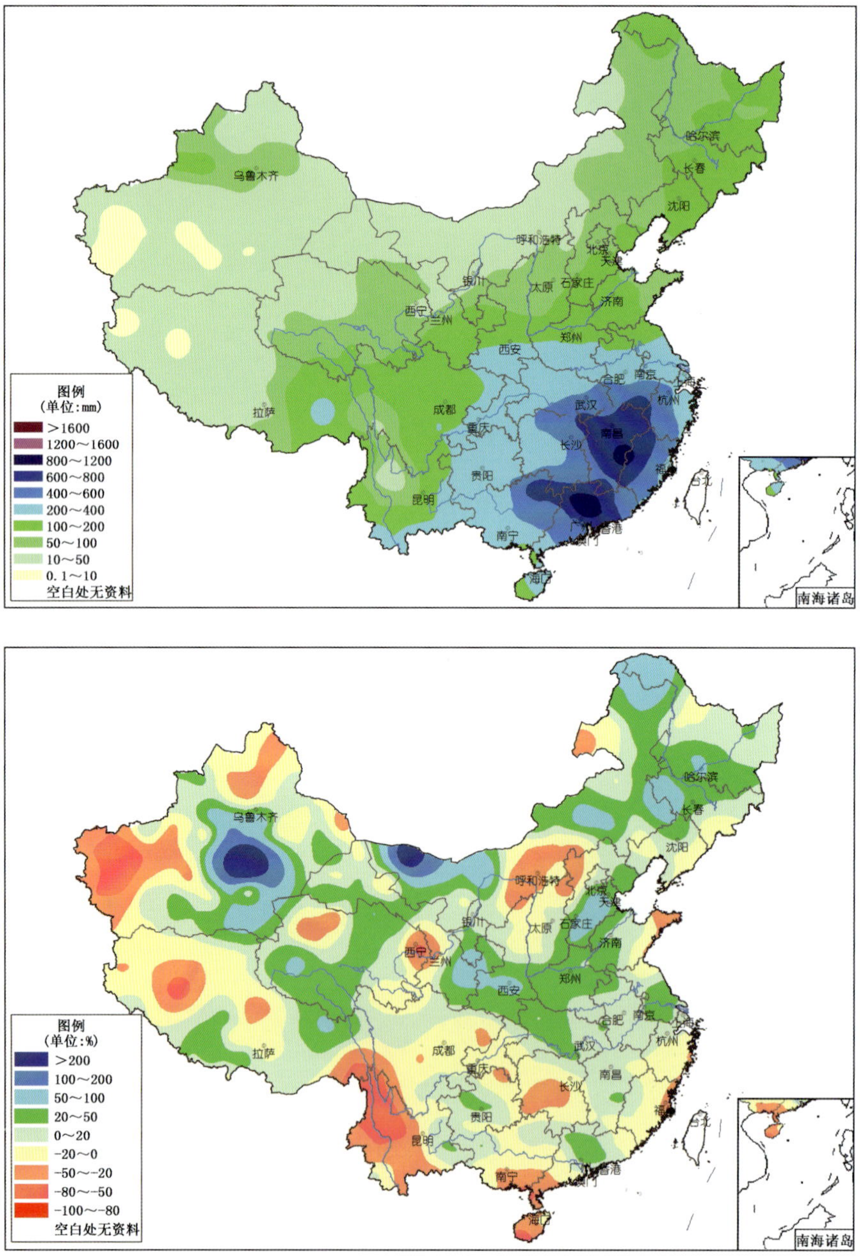

图 1.28　2015 年中国春季降水量(上)及其距平百分率(下)分布图

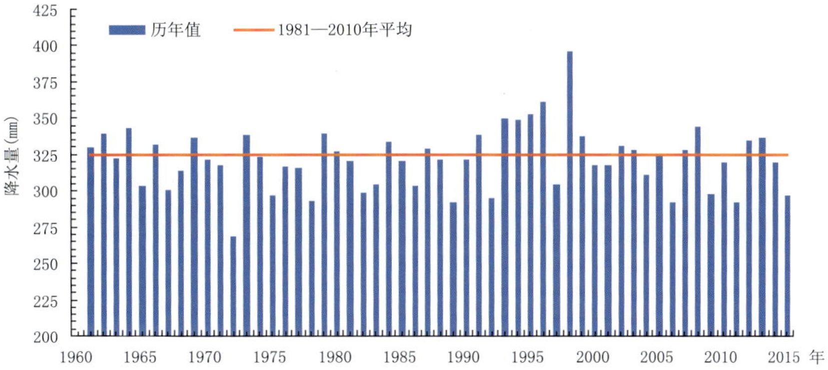

图 1.29　1961—2015 年中国夏季降水量变化图

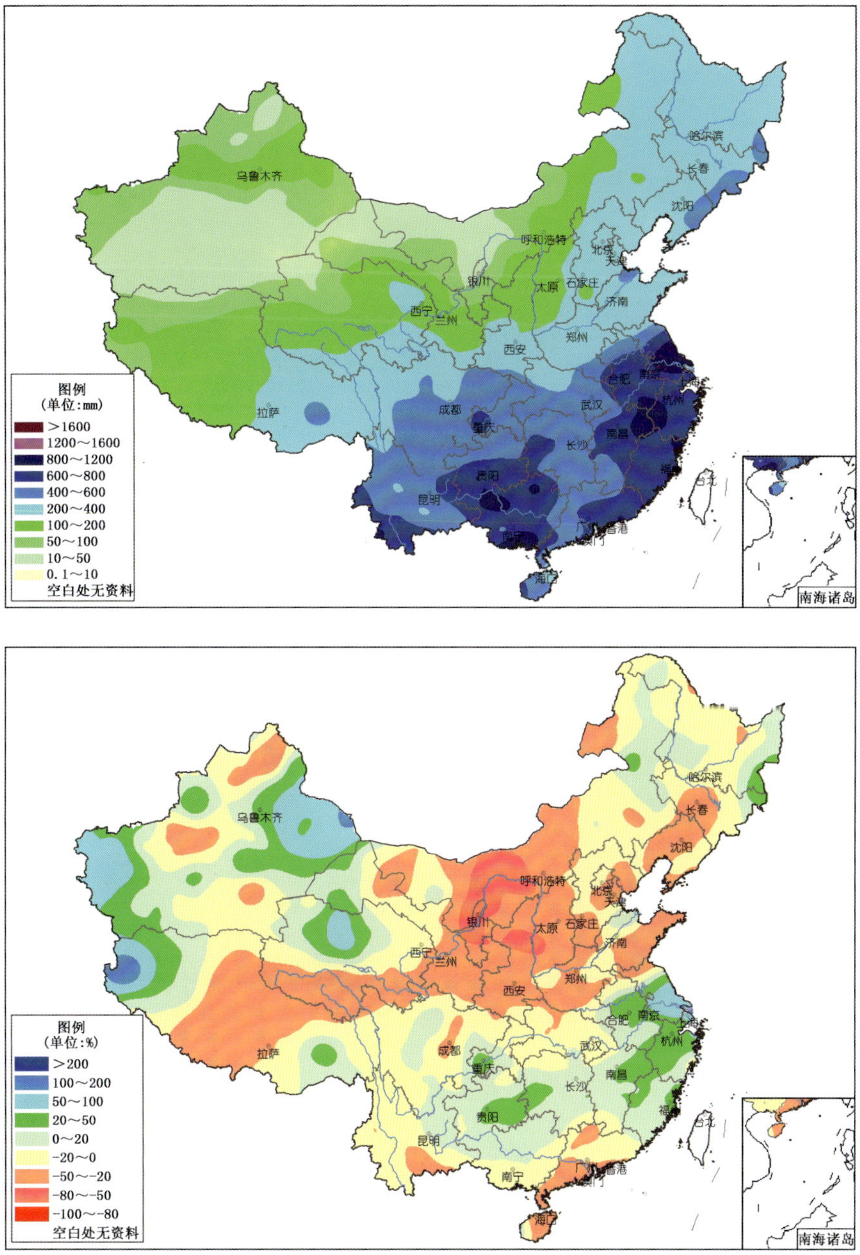

图 1.30　2015 年中国夏季降水量(上)及其距平百分率(下)分布图

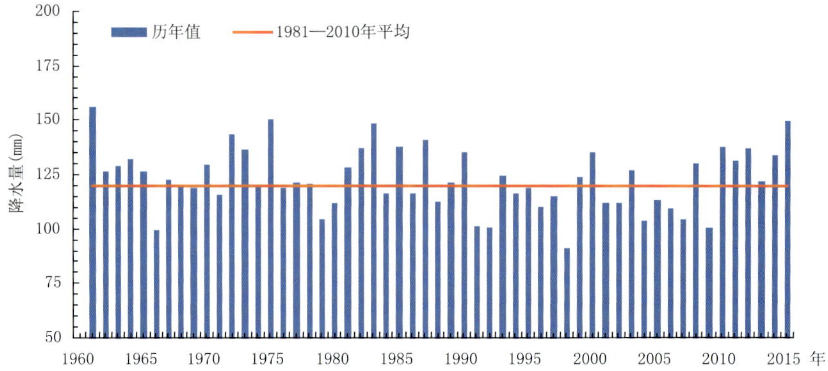

图 1.31　1961—2015 年中国秋季降水量变化图

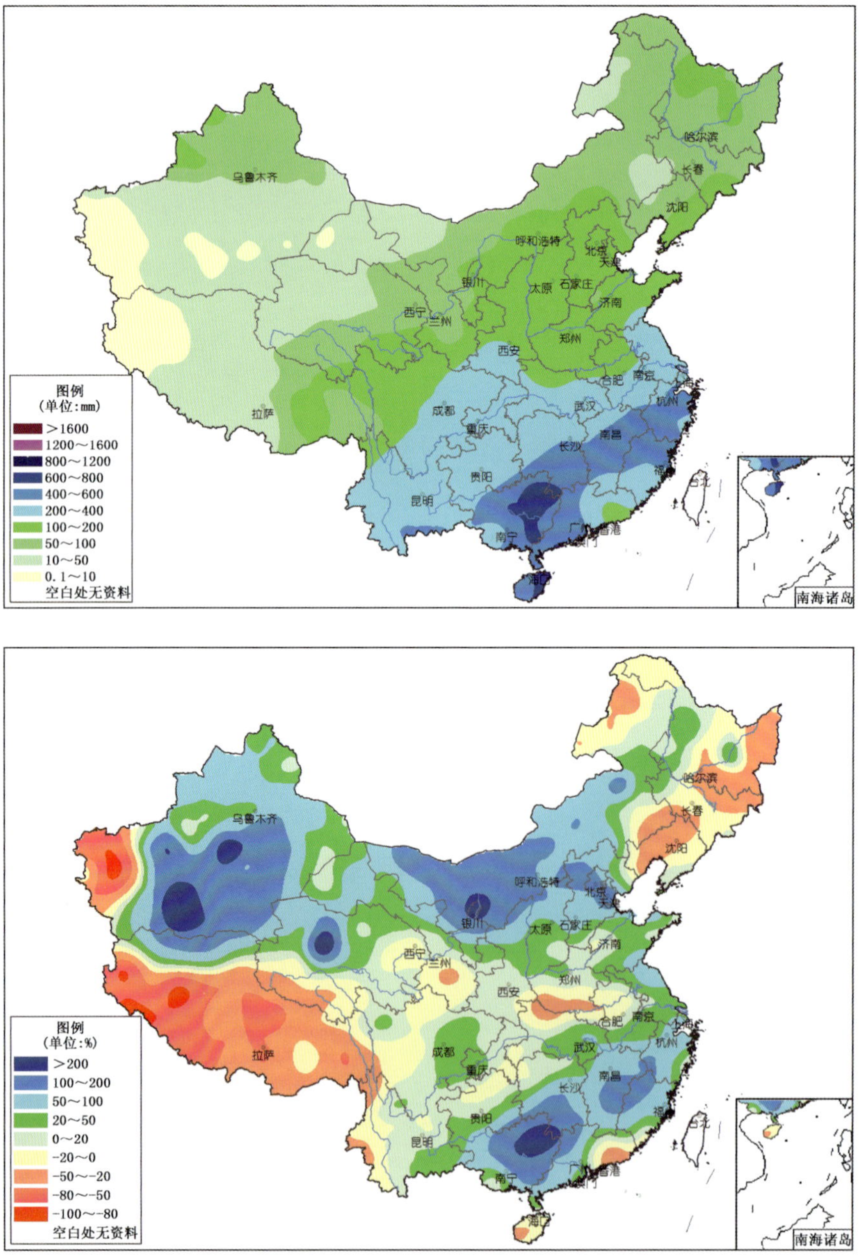

图 1.32　2015 年中国秋季降水量(上)及其距平百分率(下)分布图

1.2.3 极端天气气候事件

2015 年，中国极端强降水事件较常年略偏多；极端高温事件、极端连续高温日数事件和极端连续降温事件较常年偏多；而极端连续无降水日数事件和极端低温事件较常年偏少。

1.2.3.1 极端强降水事件

2015 年，全国共有 221 站的日降水量达到或超过极端事件阈值，其中 39 站达到或突破历史极值，福建清流（367.9 mm）、广东澄海（339.8 mm）和广西金秀（331.4 mm）等 9 站日降水量超过 300 mm。在暴雨少发地区，多站日降水量突破历史极值，如新疆巩留（94.8 mm）、青海乌兰（43.9 mm）等地（图 1.33）。2015 年，中国发生极端强降水事件的站次比为 0.11，略高于常年值 0.10（图 1.34）。

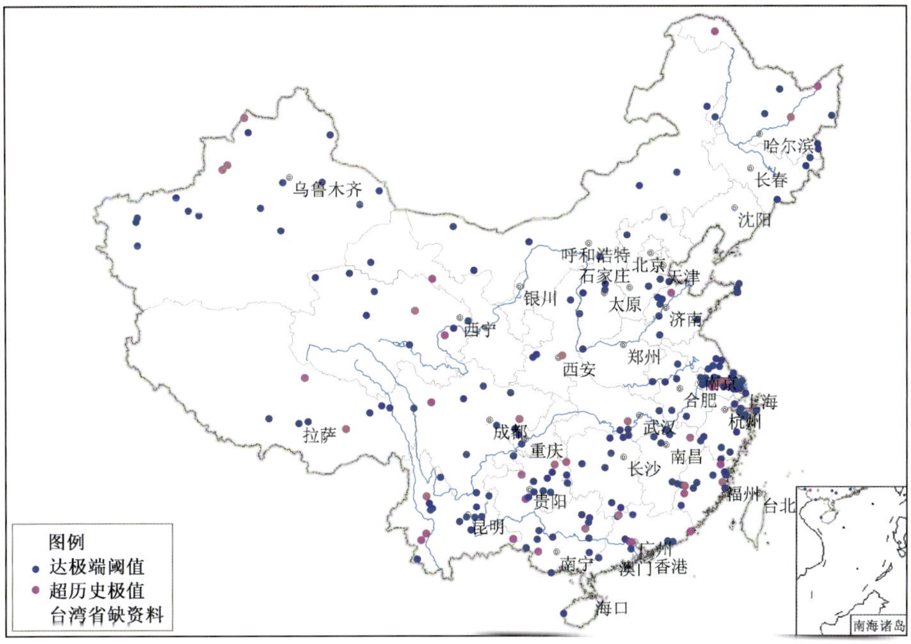

图 1.33 2015 年发生极端强降水事件的站点分布图

1.2.3.2 极端连续降水日数事件

2015 年，全国共有 218 站连续降水日数达极端事件监测标准，其中 25 站突破历史极值，主要分布在河北、新疆等地（图 1.35）。2015 年，中国极端连续降水日数事件站次比为 0.10，与常年同期（0.13）相比偏少 0.03（图 1.36）。

1.2.3.3 极端连续无降水日数事件

2015 年，全国共有 67 站连续无降水日数达极端事件监测标准，主要分布在黑龙江、辽宁、河北、河南、安徽、四川、云南等地（图 1.37），其中 5 站达到或突破历史极值。全年极端连续无降水日数事件的站次比为 0.03，明显少于常年（0.07）（图 1.38）。

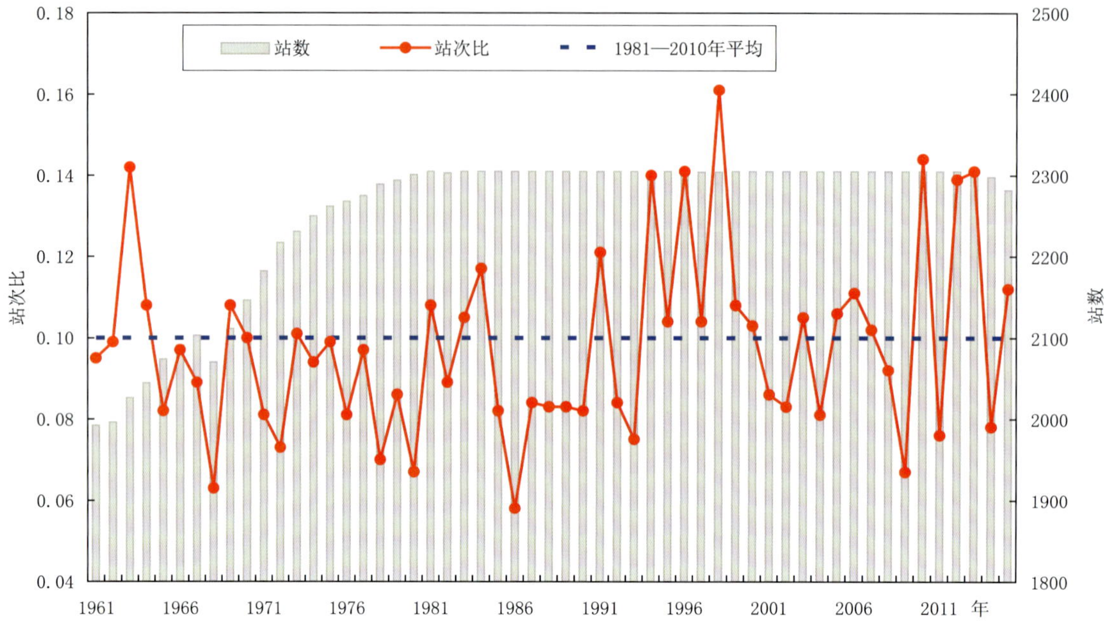

图 1.34　1961—2015 年中国极端强降水事件站次比序列图

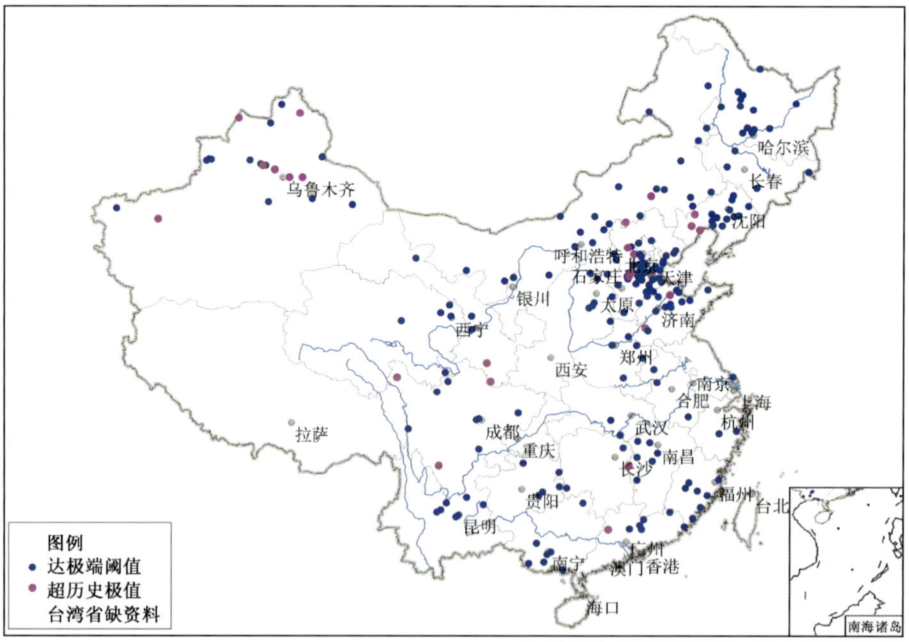

图 1.35　2015 年发生极端连续降水日数事件的站点分布图

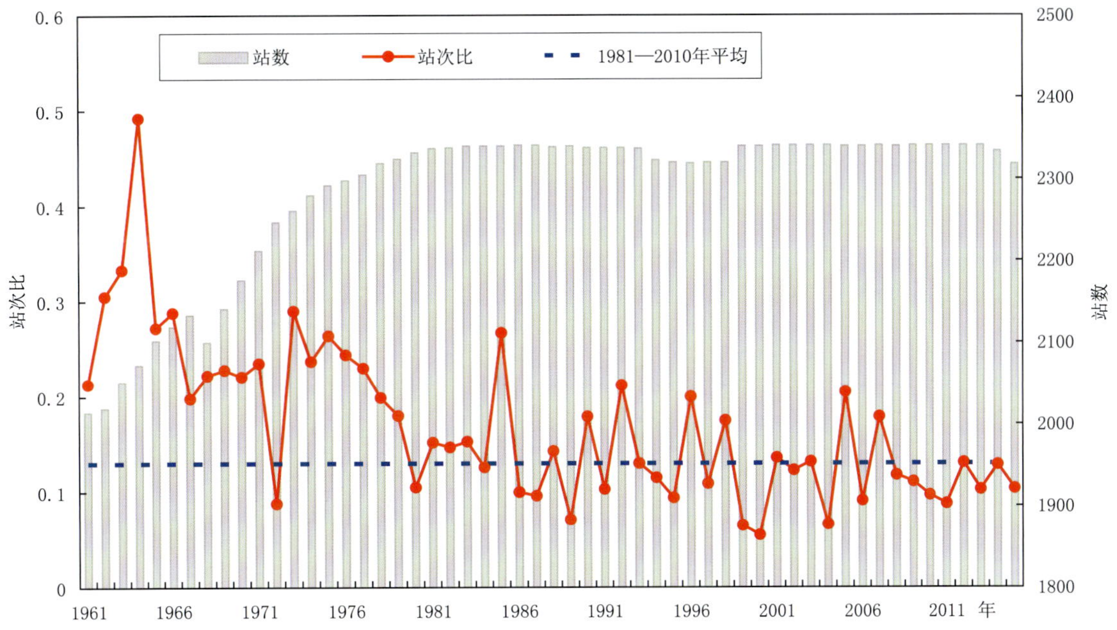

图 1.36 1961—2015 年中国极端连续降水日数事件站次比序列图

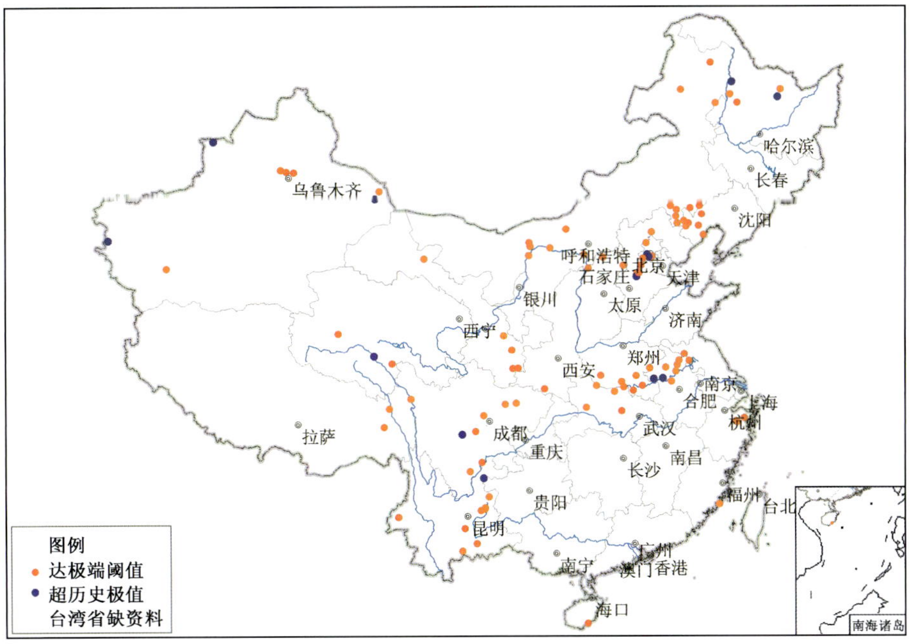

图 1.37 2015 年发生极端连续无降水日数事件的站点分布图

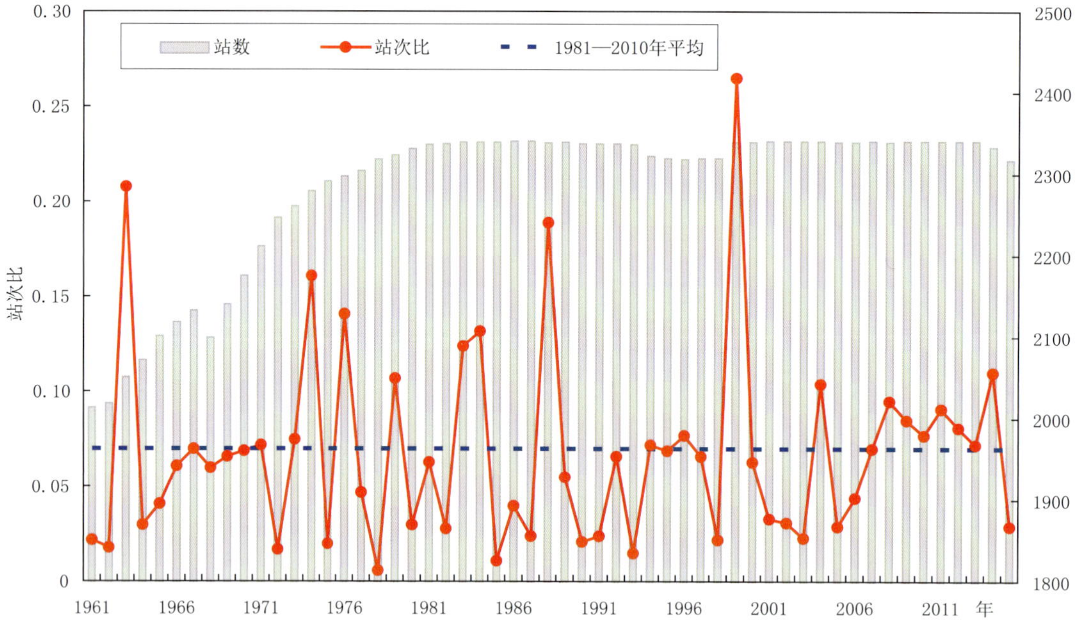

图 1.38　1961—2015 年中国极端连续无降水日数事件站次比序列图

1.2.3.4　极端高温和极端连续高温日数事件

2015 年，全年共有 263 站日最高气温达极端事件监测标准，其中 67 站达到或突破历史极值，主要分布在新疆、宁夏、辽宁、四川、云南、广西、海南等省(区、市)，其中吉林榆树最高气温达 41.7℃(图 1.39)。2015 年，极端高温事件站次比为 0.19，较常年同期(0.12)偏多，但较 2013 年(0.80)和 2014 年(0.35)明显偏少(图 1.40)。

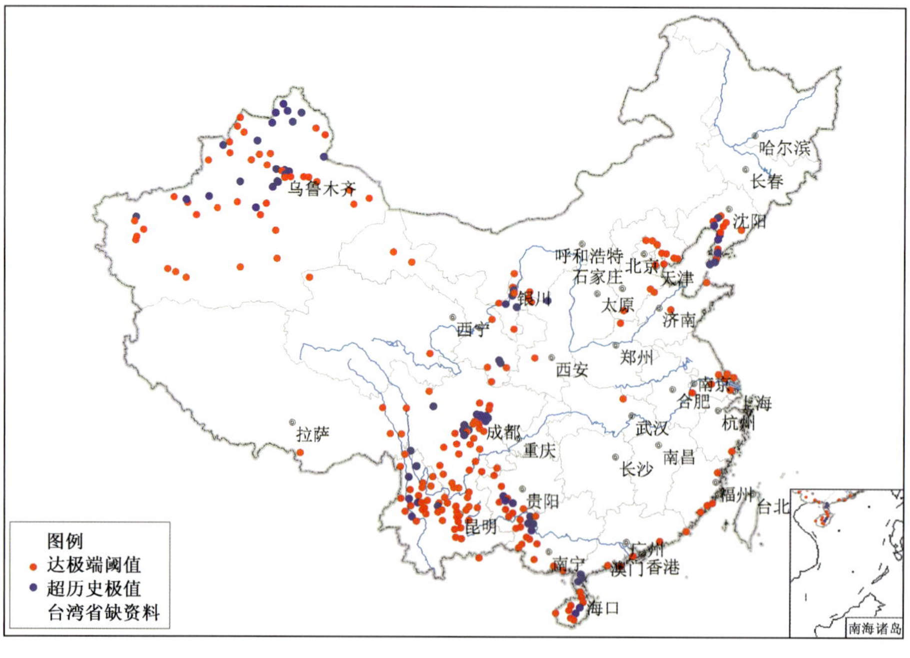

图 1.39　2015 年发生极端高温事件的站点分布图

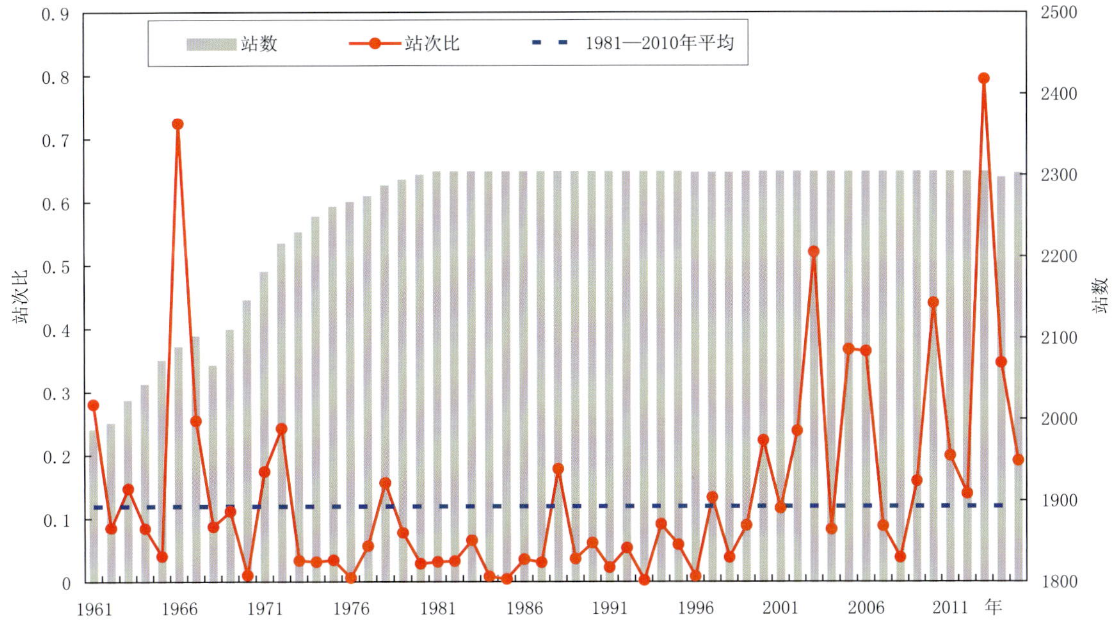

图 1.40　1961—2015 年中国极端高温事件站次比序列图

此外，西北地区东部、长三角及新疆、四川东部、海南等地共有 216 站发生极端连续高温日数事件，其中 80 站的连续高温日数达到或突破历史极值（图 1.41）。2015 年，极端连续高温日数事件站次比为 0.16，较常年同期（0.13）偏多（图 1.42）。

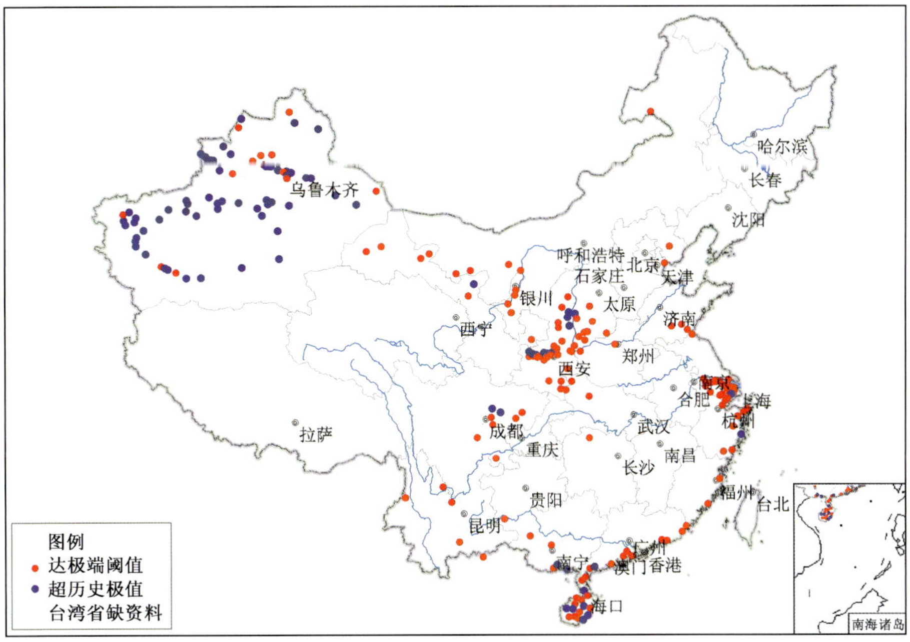

图 1.41　2015 年发生极端连续高温日数事件的站点分布图

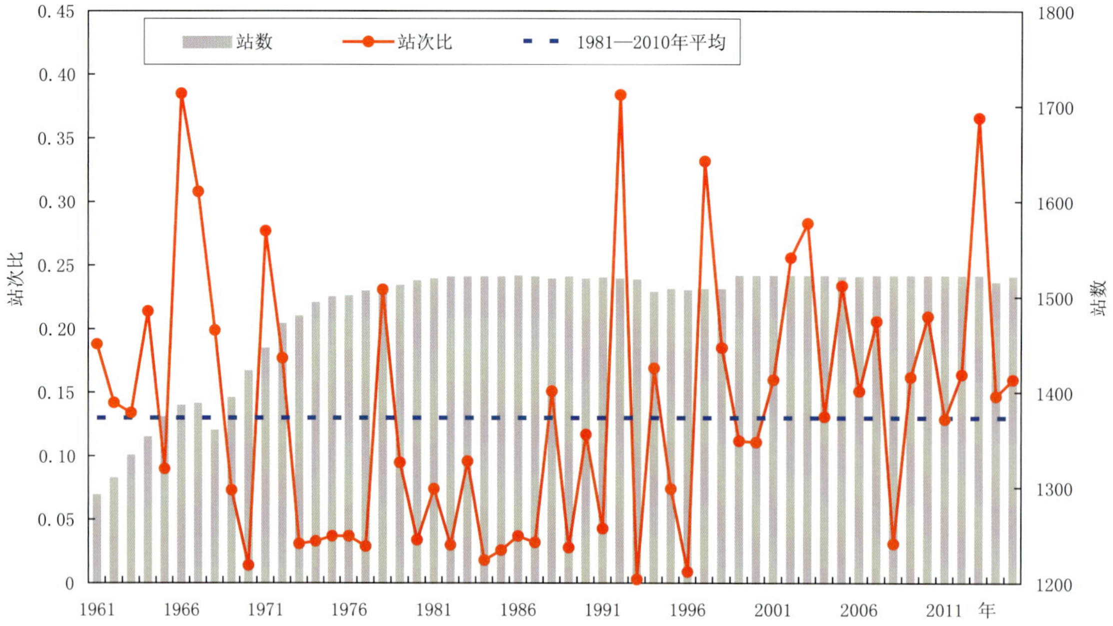

图 1.42　1961—2015 年中国极端连续高温日数事件站次比序列图

1.2.3.5　极端低温事件

2015 年，全国仅有 12 站的日最低气温达极端低温事件监测标准，主要分布在黄淮北部、青海南部、西藏中部等地，其中青海清水河(−45.9℃)和达日(−35.6℃)的日最低气温突破历史极小值(图 1.43)。2015 年，中国极端低温事件的站次比为 0.01，较常年(0.11)明显偏低(图 1.44)。

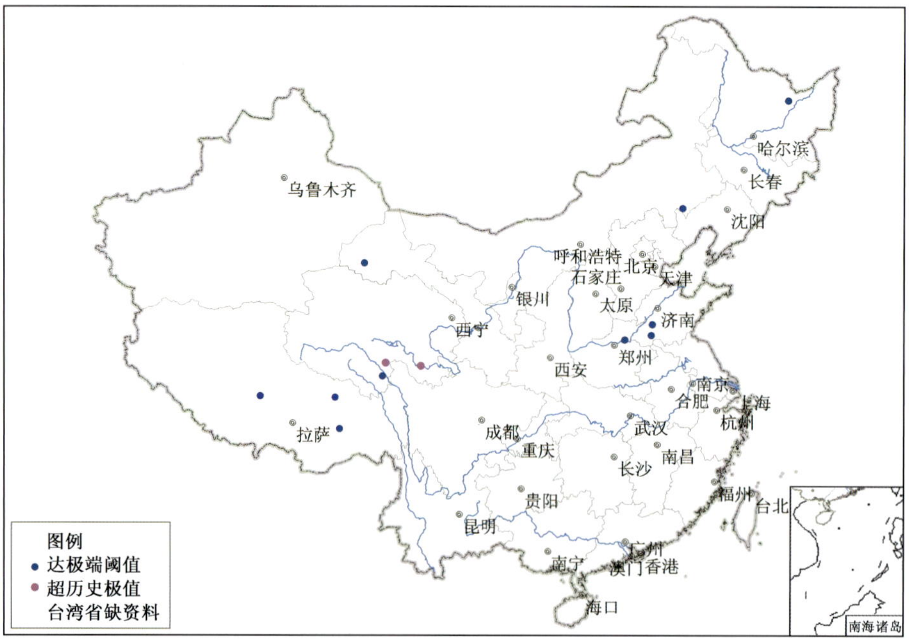

图 1.43　2015 年发生极端低温事件的站点分布图

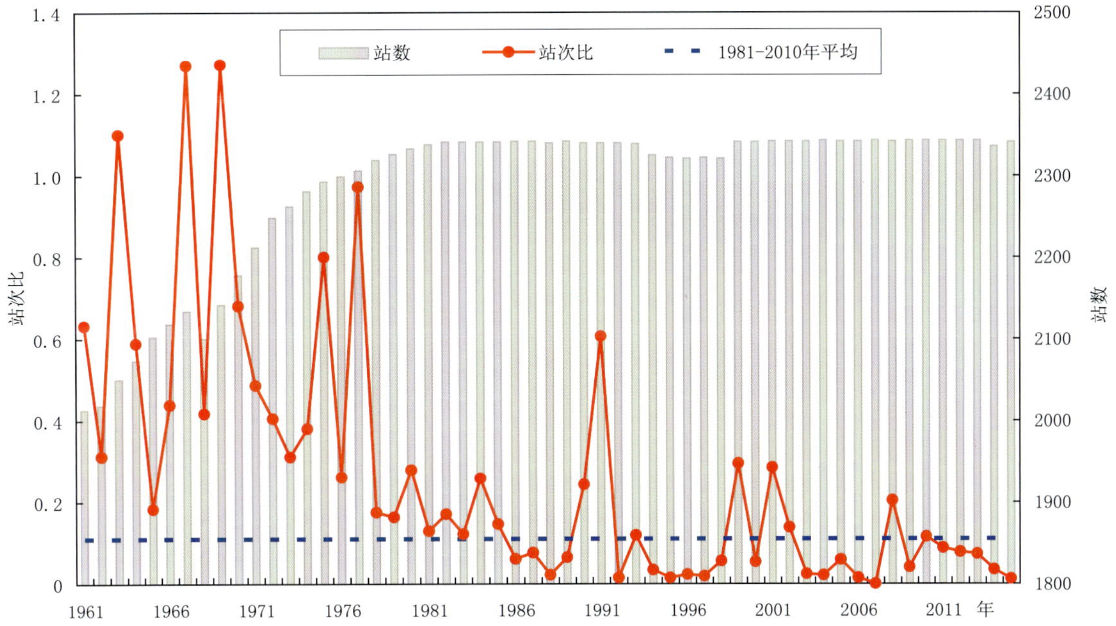

图 1.44　1961—2015 年中国极端低温事件站次比序列图

1.2.3.6　极端连续降温事件

2015 年，华北东南部、黄淮东部、江淮东部、江南中部及东北北部等地共 435 站的连续降温幅度达极端事件监测标准，其中 79 站的连续降温幅度达到或突破历史记录(图 1.45)。2015 年我国极端连续降温事件站次比为 0.20，明显高于常年(0.10)(图 1.46)。

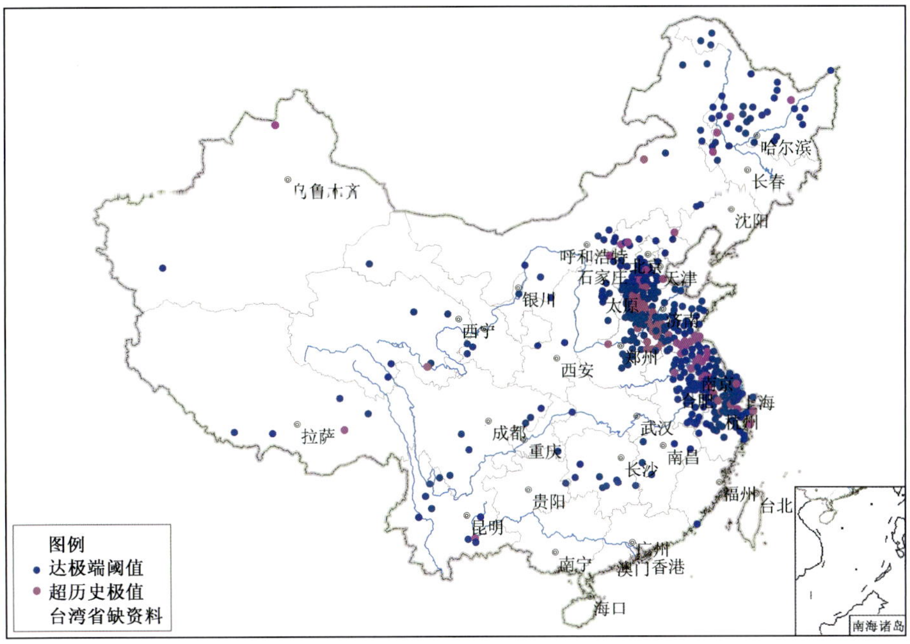

图 1.45　2015 年发生极端连续降温事件的站点分布图

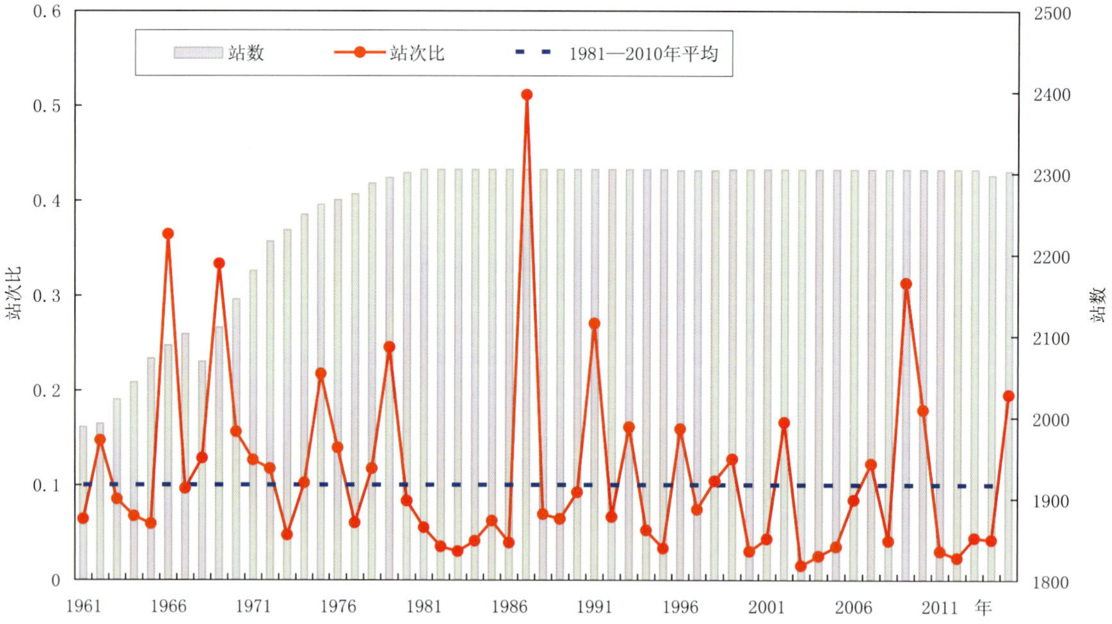

图 1.46 1961—2015 年中国极端连续降温事件站次比序列图

第2章 大气环流与亚洲季风

2.1 大气环流

2.1.1 北半球冬季(2014.12—2015.2)

北半球:500 hPa位势高度距平场上,北大西洋北部和东西伯利亚经北太平洋北部至北美西部地区为高于40 gpm的正距平。北太平洋东部及格陵兰岛附近为低于−40 gpm的负距平。季内,东亚大槽位置由偏东转为偏西,印缅槽由弱转强,西太副高面积偏大,强度偏强,脊线位置偏南,西伸脊点偏西,北极涛动由负位相转为正位相。海平面气压距平场分布特征显示,欧亚大陆中高纬总体为负距平,北太平洋东部亦为负距平。在850 hPa纬向风场距平场上,赤道太平洋地区为西风距平控制。

南半球:500 hPa位势高度距平场上,南印度洋、南太平洋东南部及西南部的局部地区为高于40 gpm的正高度距平。极区附近和南太平洋中部的局部地区为低于−40 gpm的负高度距平。

2.1.2 北半球春季(2015.3—2015.5)

北半球:500 hPa位势高度距平场上,欧洲西部、北太平洋西北部及东北部局部等地为高于40 gpm的正距平。而北大西洋北部−格陵兰岛附近为低于−40 gpm的负距平。季内,北极涛动持续正位相,东亚大槽位置偏东,印缅槽强度较常年同期偏弱,西太副高面积偏大,强度偏强,脊线位置略偏北,西伸脊点异常偏西。海平面气压距平场分布特征显示,欧亚中高纬为负距平,北美为正高度距平。在850 hPa纬向风场距平场上,赤道太平洋为异常西风距平控制,赤道东印度洋为弱东风异常。

南半球:500 hPa位势高度距平场上,南印度洋中部为高于40 gpm的正高度距平。而南太平洋东南部和南印度洋南部等地为低于−40 gpm的负高度距平。

2.1.3 北半球夏季(2015.6—2015.8)

北半球:500 hPa位势高度距平场上,极区中心至北美东北部局部、欧洲中部、俄罗斯中南部等地为高于40 gpm的正距平。而北大西洋东北部、俄罗斯西北部部分地区为低于−40 gpm的负距平中心。季内,北极涛动由正位相转为负位相,西太副高面积偏大、强度偏强、西伸脊点偏西、脊线位置偏南。海平面气压距平场分布特征显示，欧亚大陆、北太平洋及北美地区为负高度距平。850 hPa 赤道太平洋为异常西风距平控制。

南半球：500 hPa 位势高度距平场上，南印度洋东南部、南太平洋西南部、南大西洋中南部为高于 40 gpm 的正高度距平。而南极洲西部至南美洲南部局部等地为低于－40 gpm的负高度距平。

2.1.4 北半球秋季(2015.9—2015.11)

北半球：500 hPa 位势高度距平场上，欧亚大陆高纬地区、白令海至阿拉斯加湾西部、北美洲东北部部分地区等地上空为高于 40 gpm 的正距平。中亚北部、格陵兰南部及周边海域、北极点附近海域为低于－40 gpm 的负高度距平。季内，北极涛动由弱的负位相转为正位相，东亚大槽维持偏东，印缅槽偏弱，西太副高偏强、西伸脊点偏西、脊线位置偏南。海平面气压距平场分布特征显示，欧亚大陆为负距平，北太平洋为弱的正距平。

南半球：500 hPa 位势高度距平场上，南太平洋东南部、澳大利亚南部及其以南的中纬度海区等地上空为高于 40 gpm 的正高度距平。南太平洋中纬度部分海域、威德尔海上空为低于－40 gpm 的负高度距平。

本节相应图表如下：

北半球 500 hPa 各季平均位势高度及距平分布见图 2.1。

南半球 500 hPa 各季平均位势高度及距平分布见图 2.2。

北半球 500 hPa 逐月平均位势高度及距平分布见图 2.3。

南半球 500 hPa 逐月平均位势高度及距平分布见图 2.4。

2015 年逐月平均海平面气压及距平分布见图 2.5。

2015 年各季平均海平面气压及距平分布见图 2.6。

2015 年逐月平均 850 hPa 纬向风及距平分布见图 2.7。

2015 年各季平均 850 hPa 纬向风及距平分布见图 2.8。

月平均北半球极涡面积、欧亚纬向和经向环流指数序列见图 2.9。

月平均亚洲极涡面积、亚洲纬向和经向环流指数序列见图 2.10。

月平均东亚大槽位置、青藏高原指数、印缅槽指数序列见图 2.11。

月平均北极涛动和南极涛动指数序列见图 2.12。

逐月平均西太副高面积指数、强度指数、脊线位置和西伸脊点变化曲线见图 2.13。

2015 年逐月北半球 500 hPa 环流特征量及太阳黑子相对数见表 2.1。

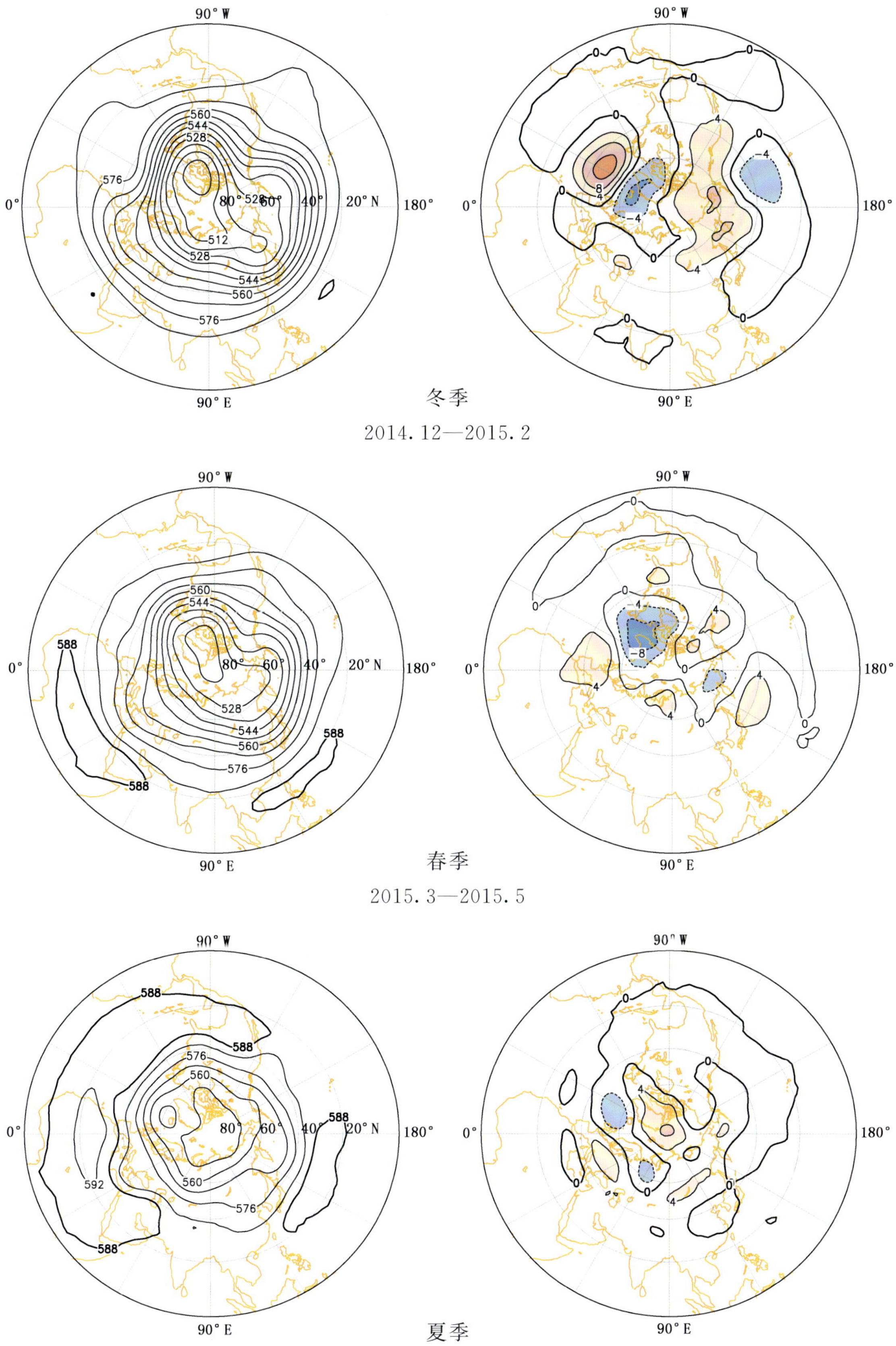

图 2.1　北半球 500 hPa 各季平均位势高度(左)及距平(右)分布图(单位:dagpm)

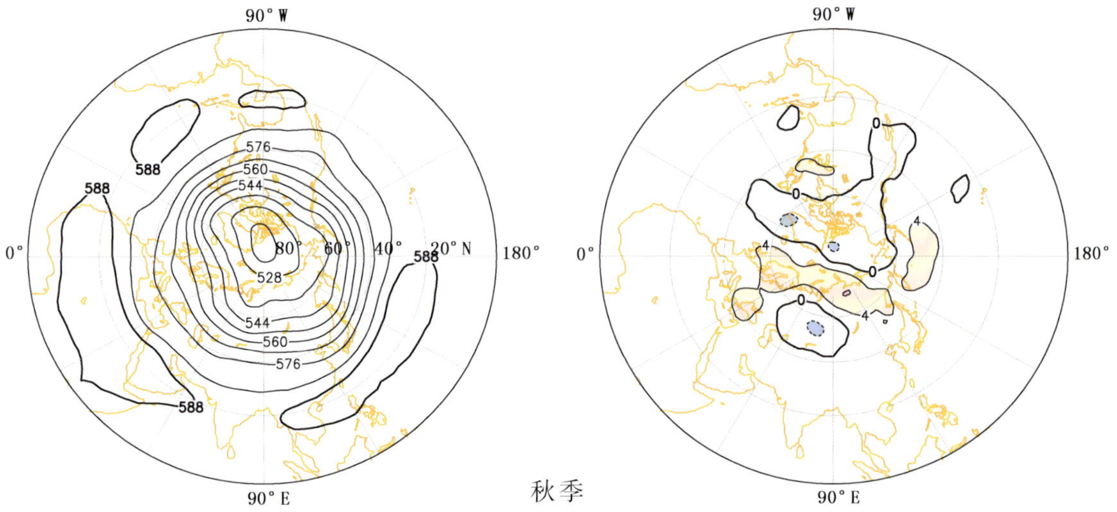

秋季

2015.9—2015.11

图 2.1　北半球 500 hPa 各季平均位势高度(左)及距平(右)分布图(单位:dagpm)(续)

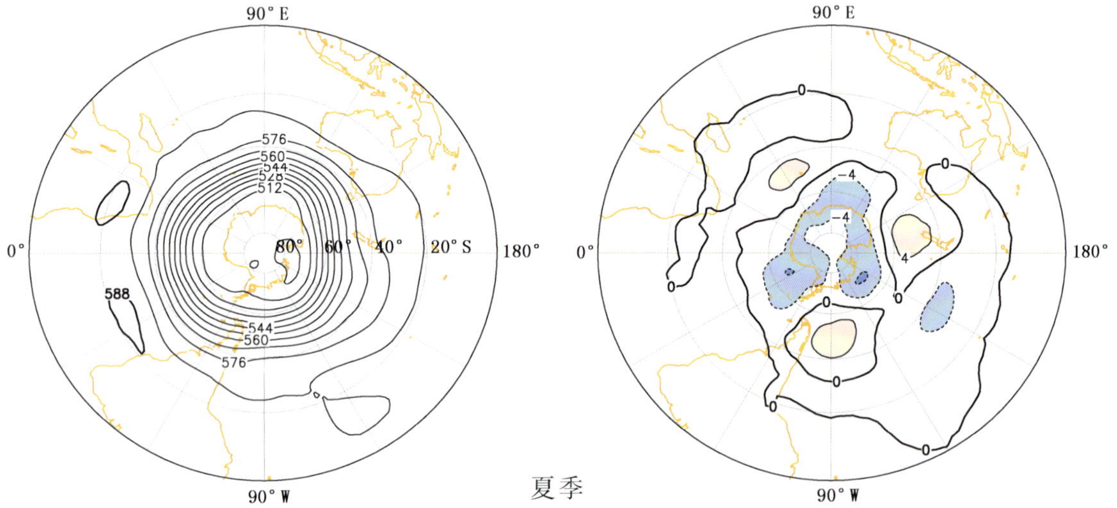

夏季

2014.12—2015.2

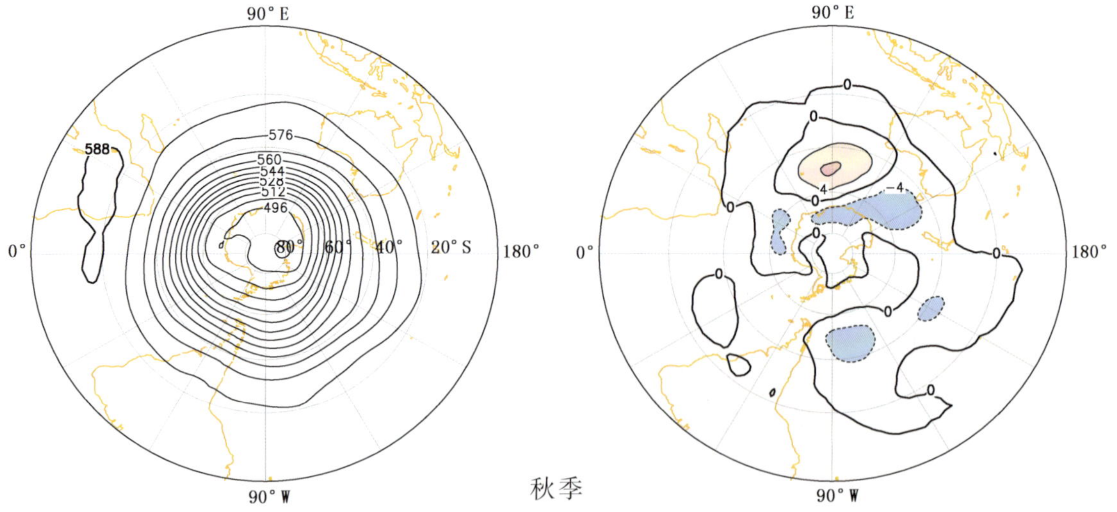

秋季

2015.3—2015.5

图 2.2　南半球 500 hPa 各季平均位势高度(左)及距平(右)分布图(单位:dagpm)

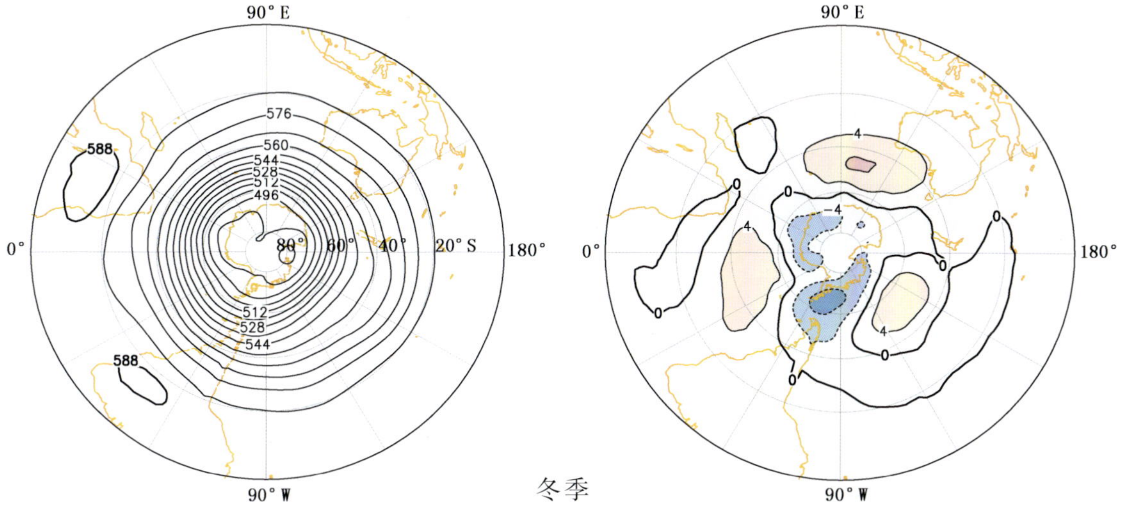

冬季

2015.6—2015.8

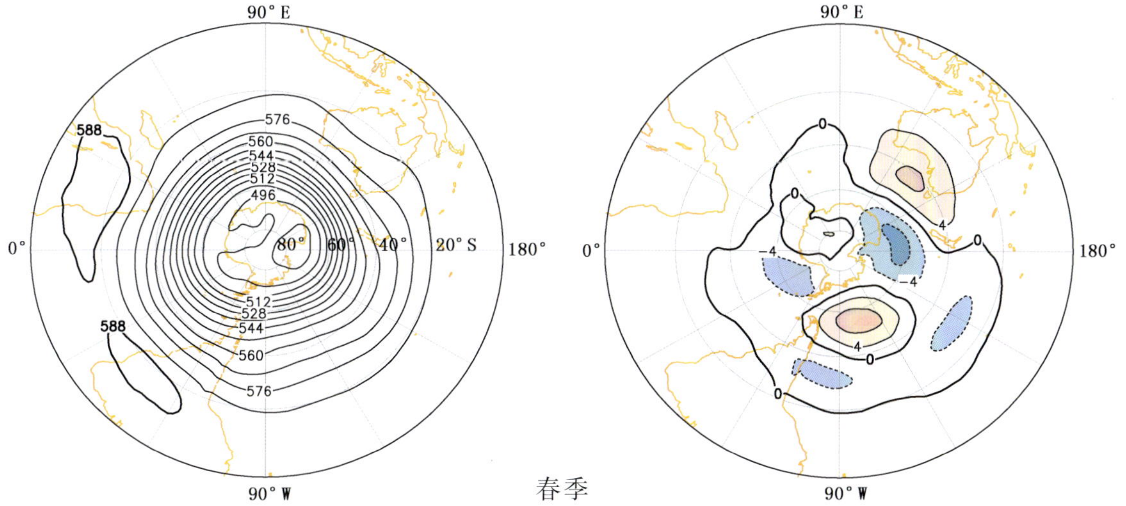

春季

2015.9—2015.11

图 2.2　南半球 500 hPa 各季平均位势高度(左)及距平(右)分布图(单位:dagpm)(续)

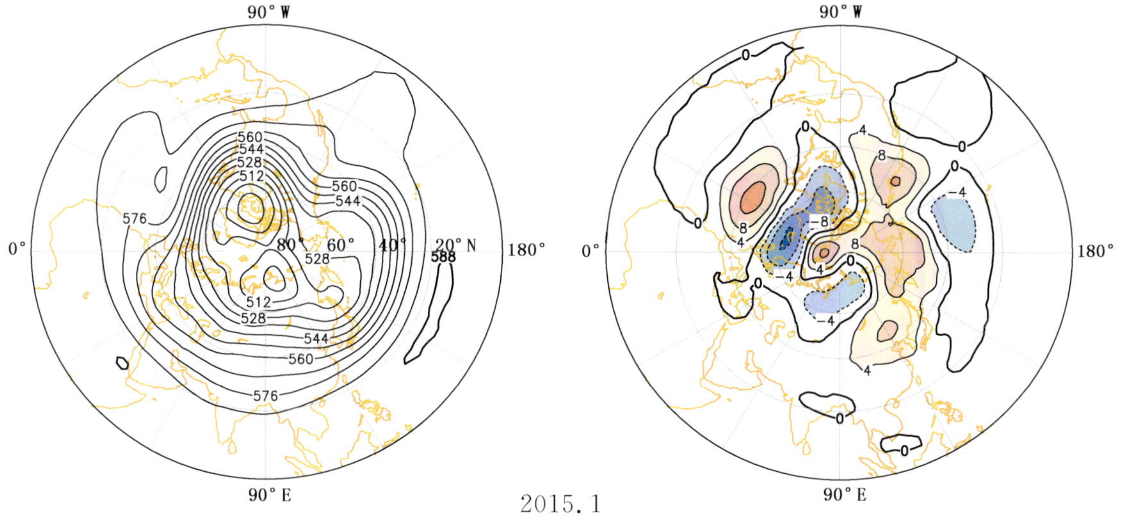

2015.1

图 2.3　北半球 500 hPa 逐月平均位势高度(左)及距平(右)分布图(单位:dagpm)

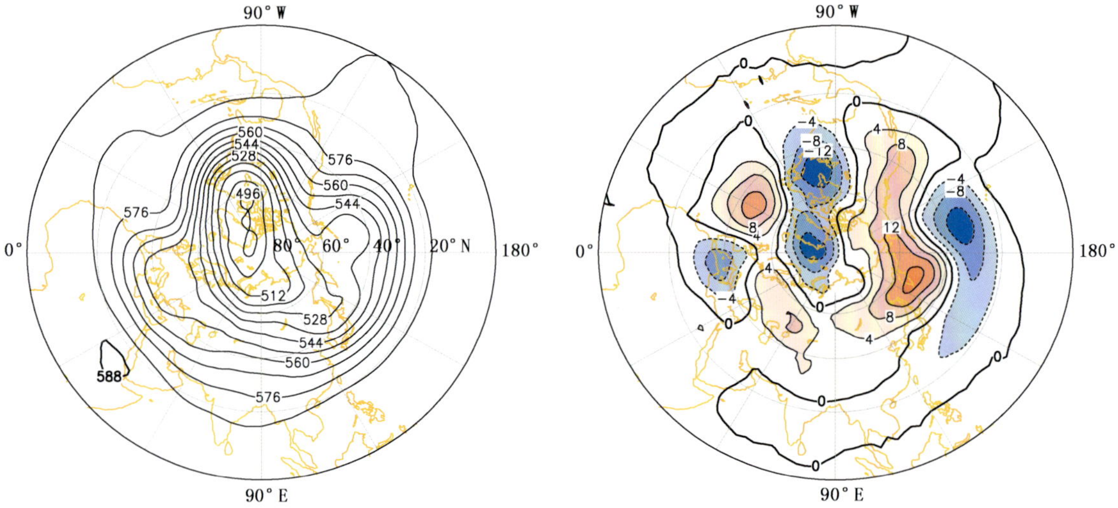

2015.2

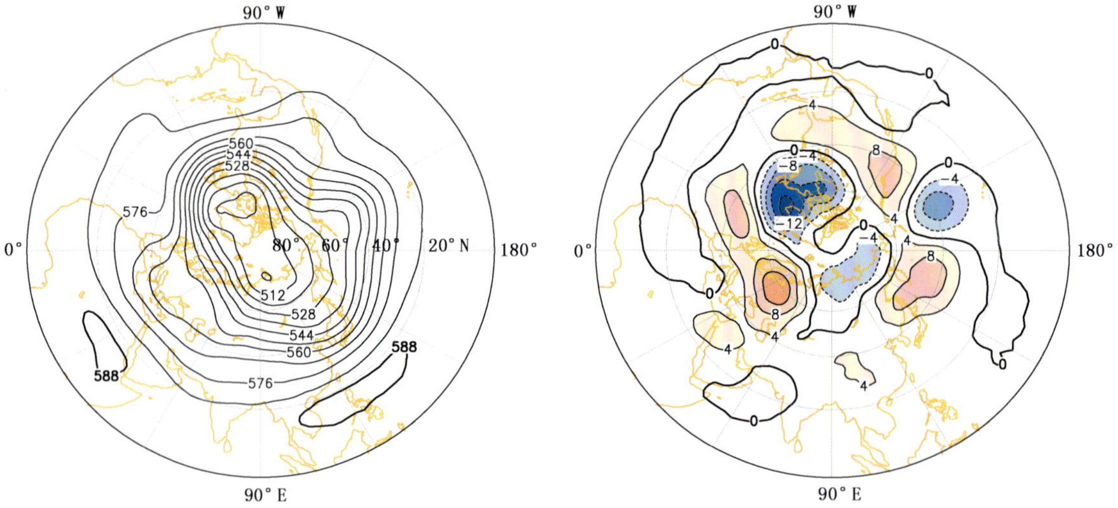

2015.3

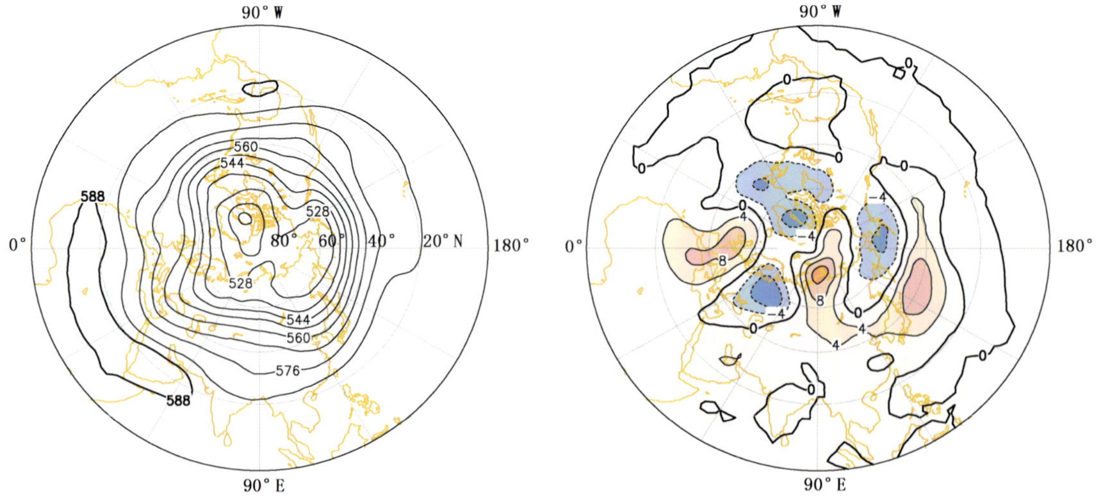

2015.4

图 2.3 北半球 500 hPa 逐月平均位势高度(左)及距平(右)分布图(单位:dagpm)(续 1)

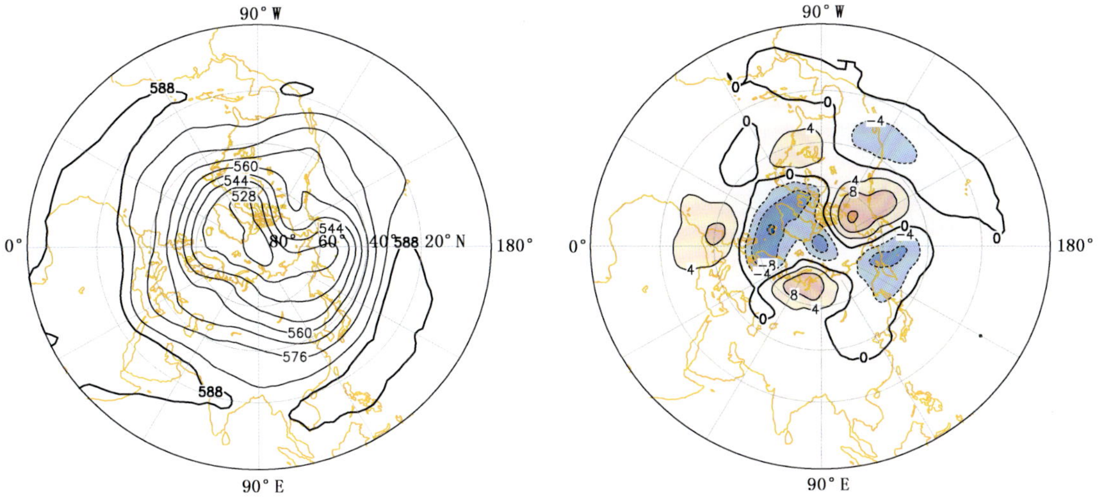

2015.5

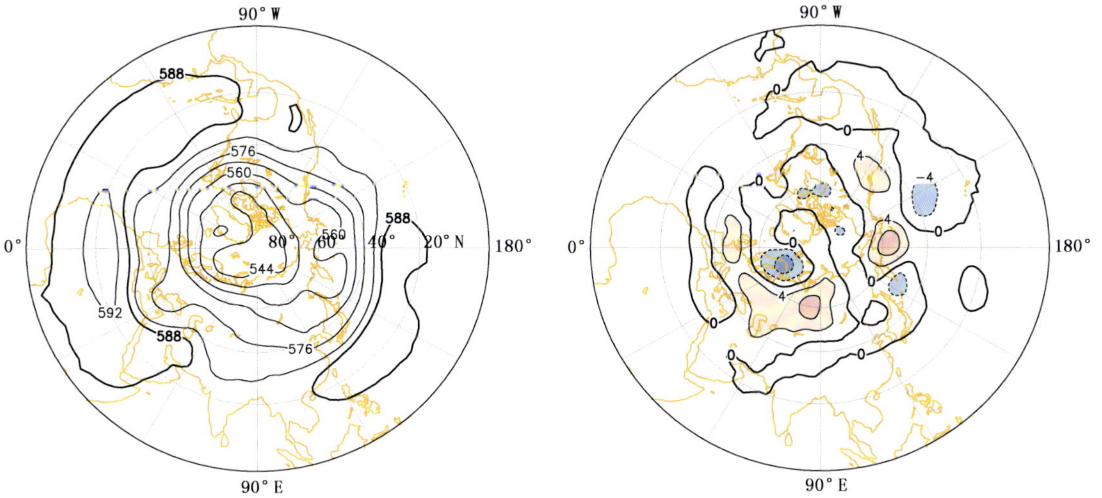

2015.6

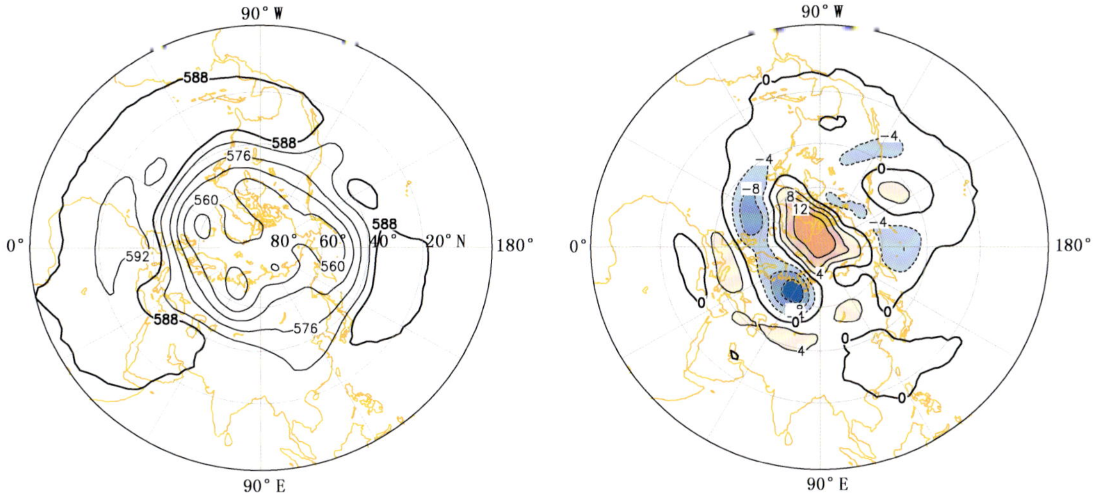

2015.7

图 2.3 北半球 500 hPa 逐月平均位势高度(左)及距平(右)分布图(单位:dagpm)(续 2)

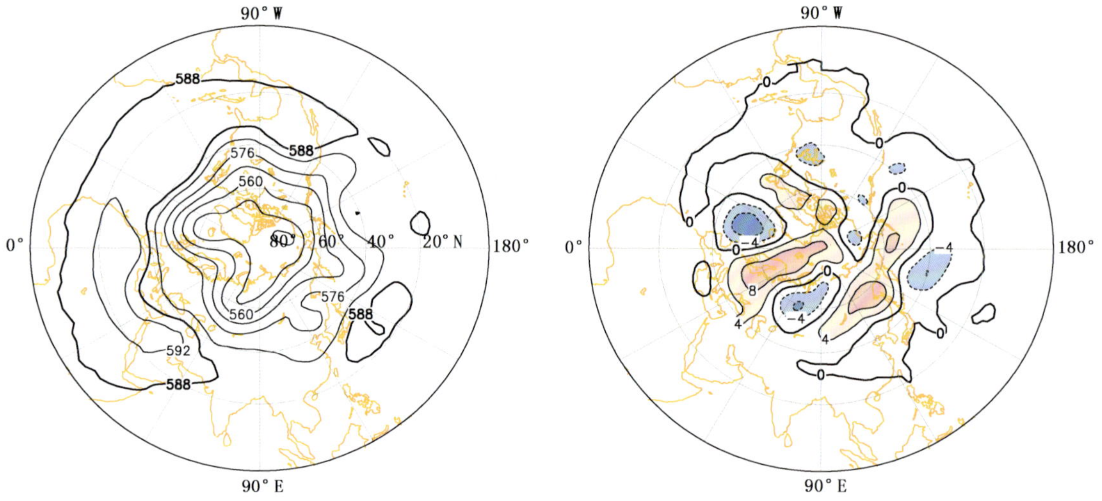

2015.8

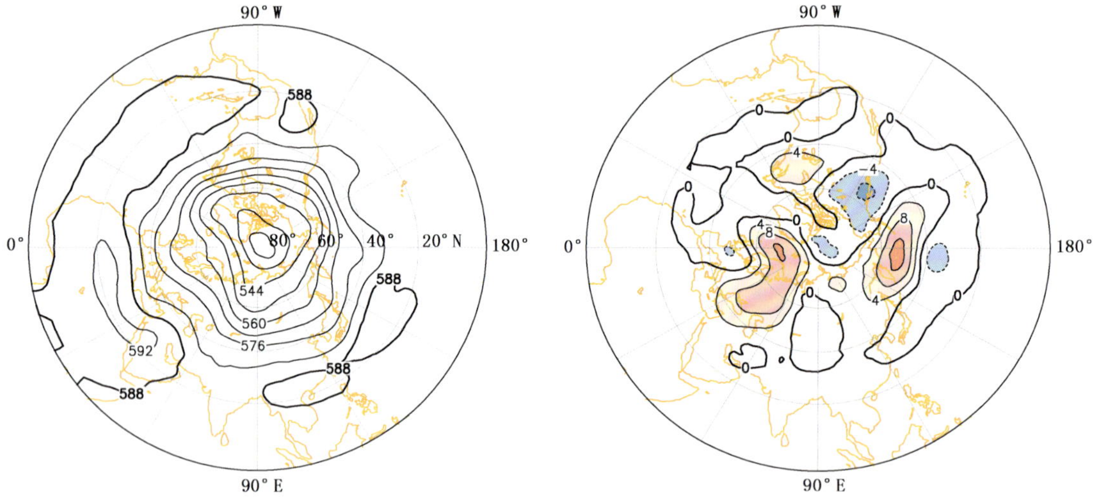

2015.9

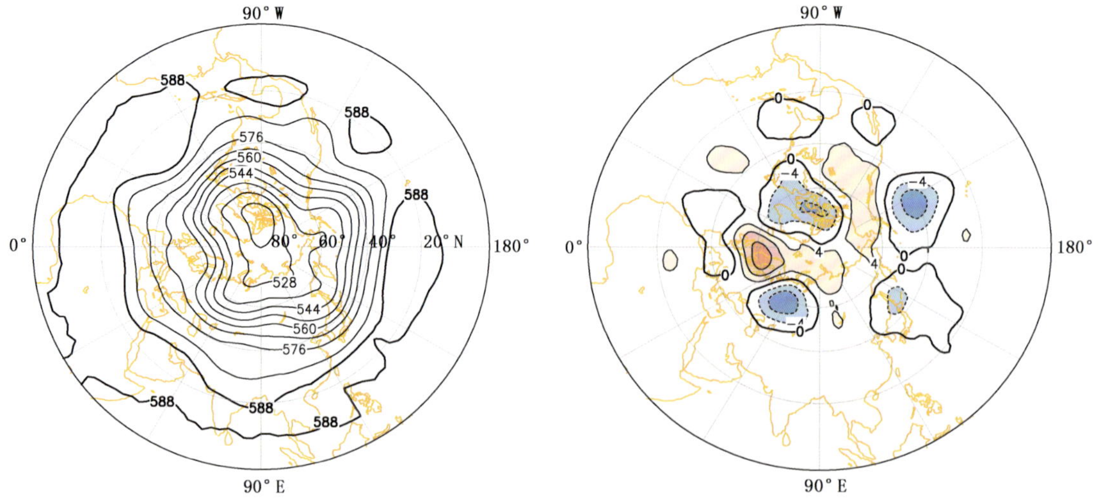

2015.10

图 2.3　北半球 500 hPa 逐月平均位势高度(左)及距平(右)分布图(单位:dagpm)(续 3)

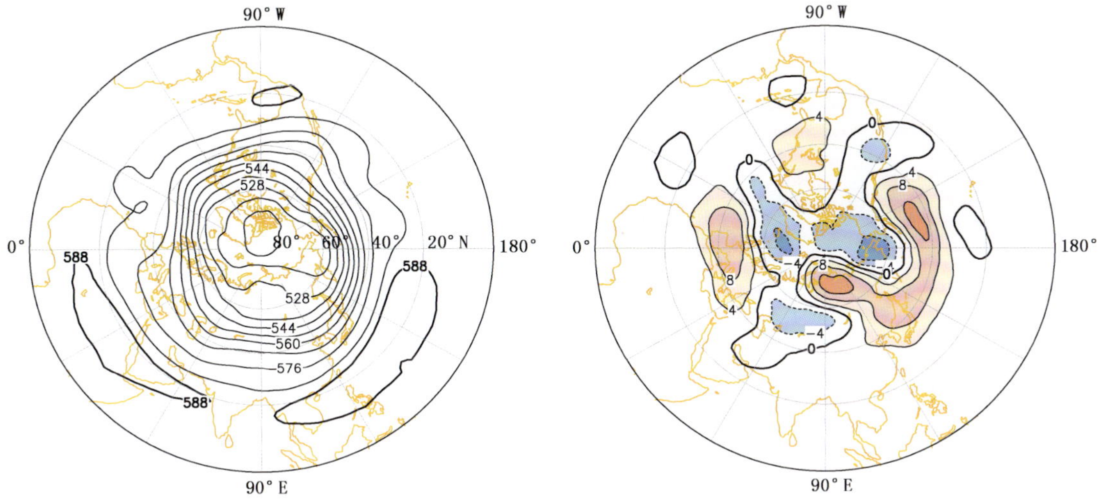

2015.11

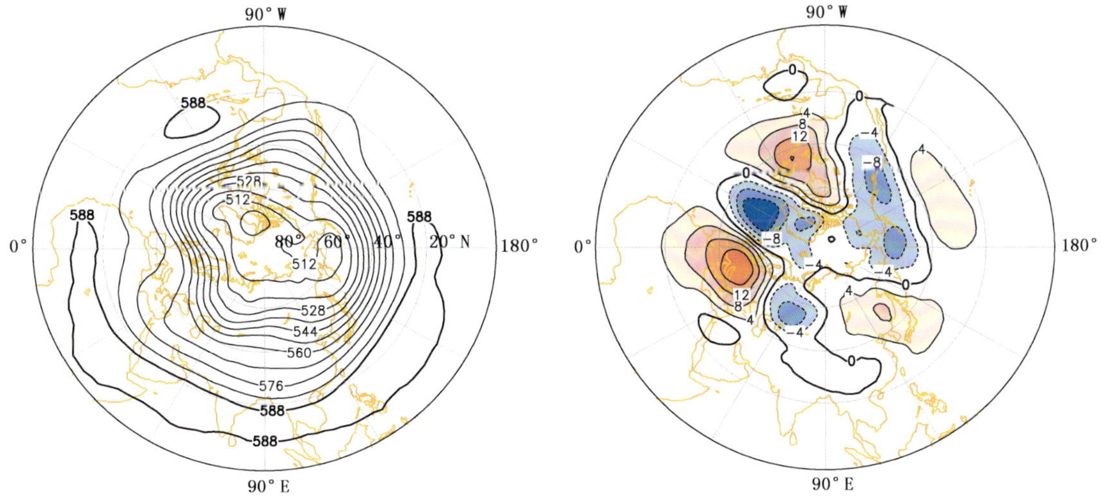

2015.12

图 2.3　北半球 500 hPa 逐月平均位势高度(左)及距平(右)分布图(单位:dagpm)(续 4)

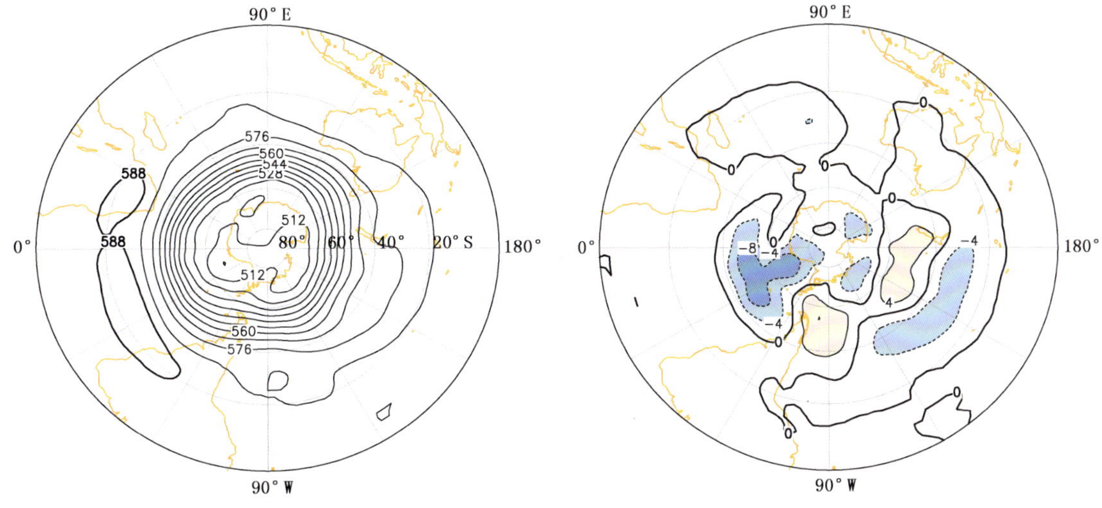

2015.1

图 2.4　南半球 500 hPa 逐月平均位势高度(左)及距平(右)分布图(单位:dagpm)

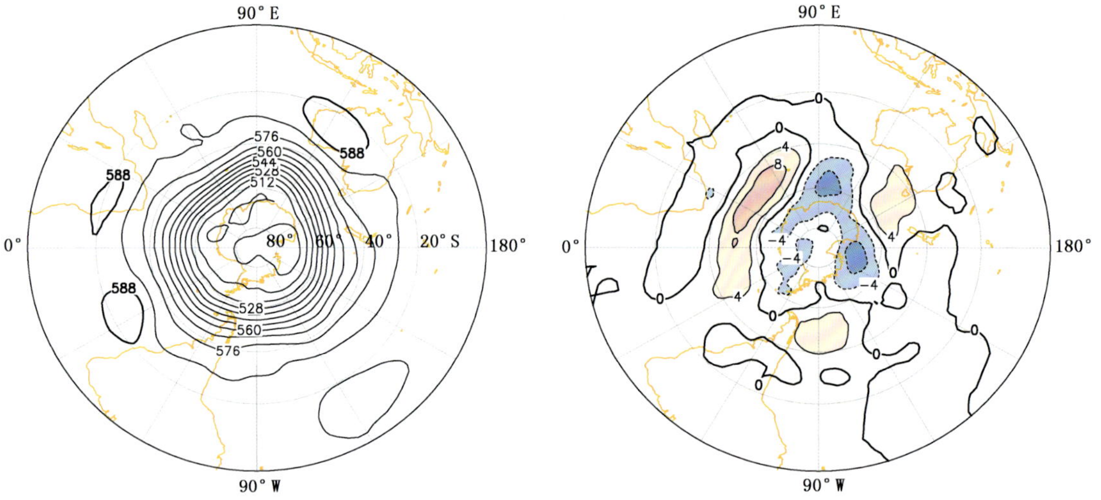

2015.2

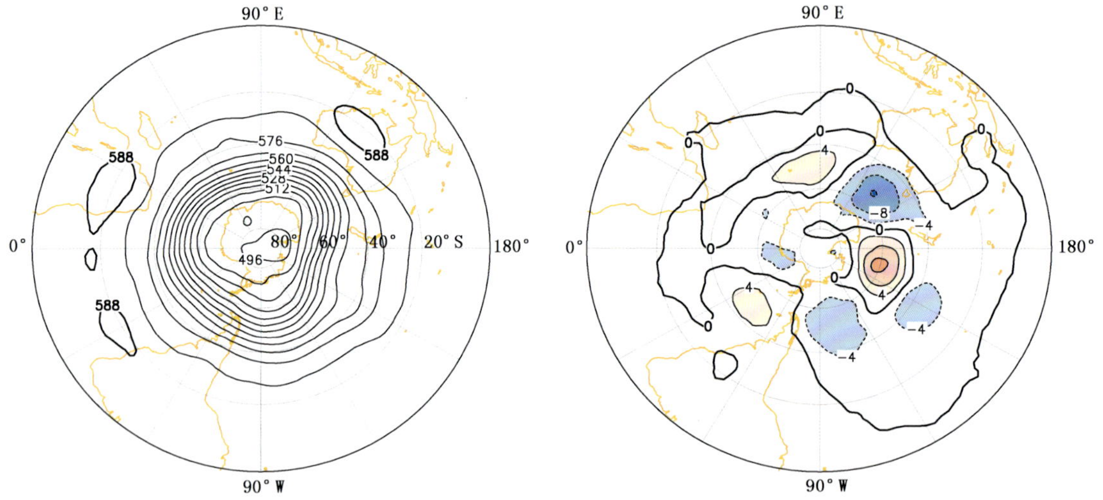

2015.3

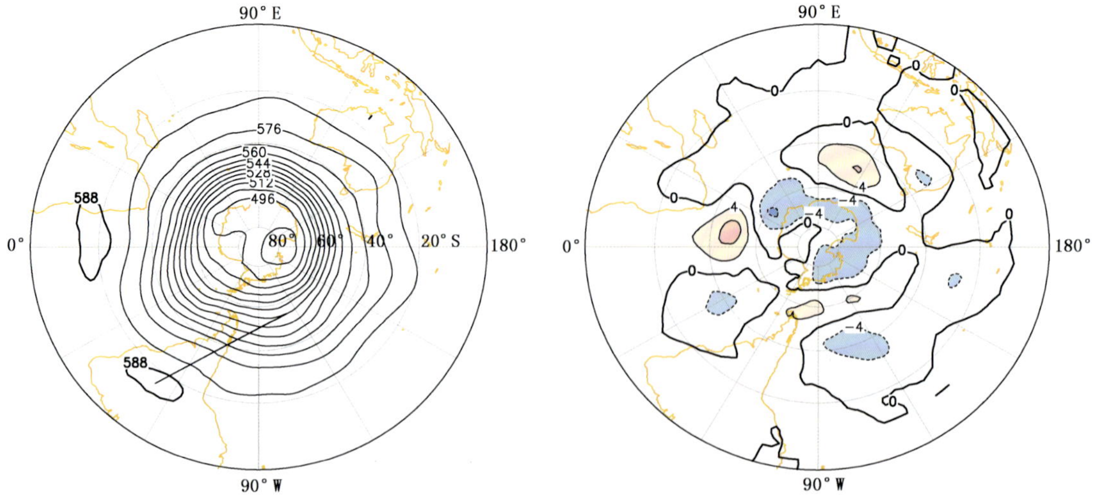

2015.4

图 2.4　南半球 500 hPa 逐月平均位势高度(左)及距平(右)分布图(单位:dagpm)(续 1)

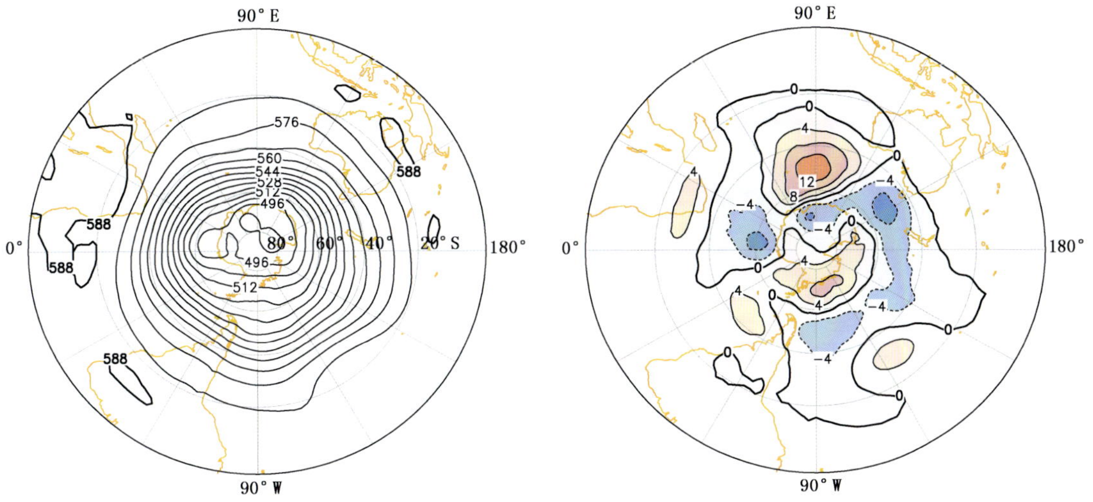

2015.5

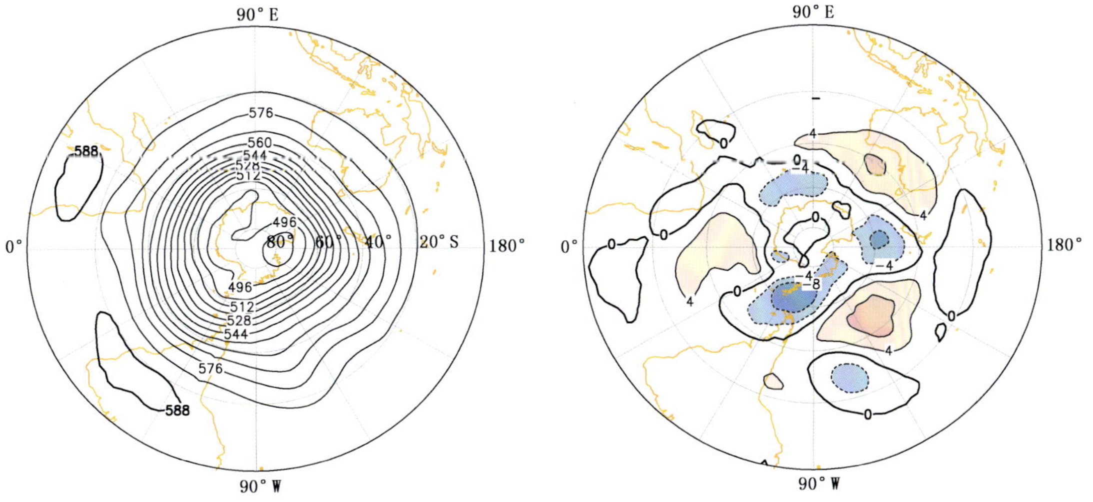

2015.6

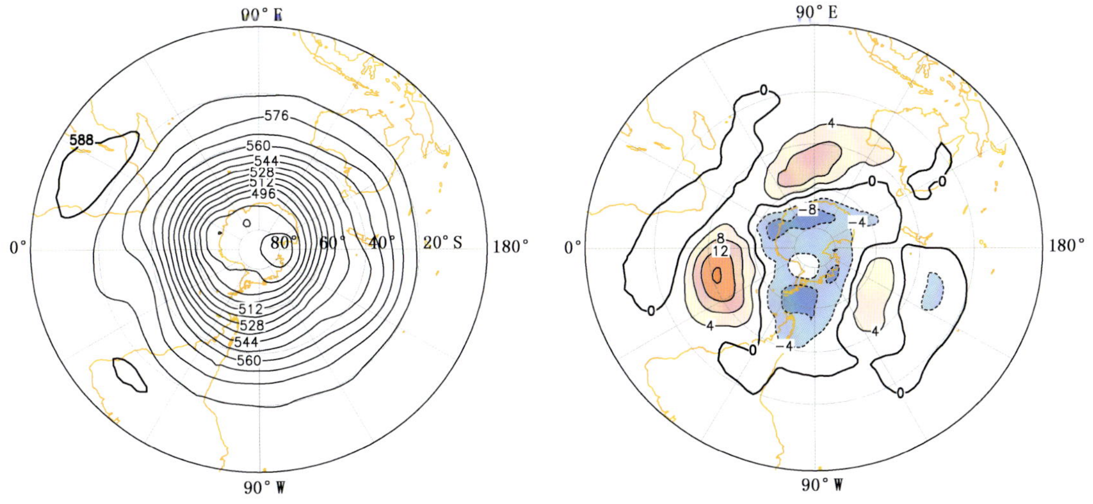

2015.7

图 2.4　南半球 500 hPa 逐月平均位势高度(左)及距平(右)分布图(单位:dagpm)(续 2)

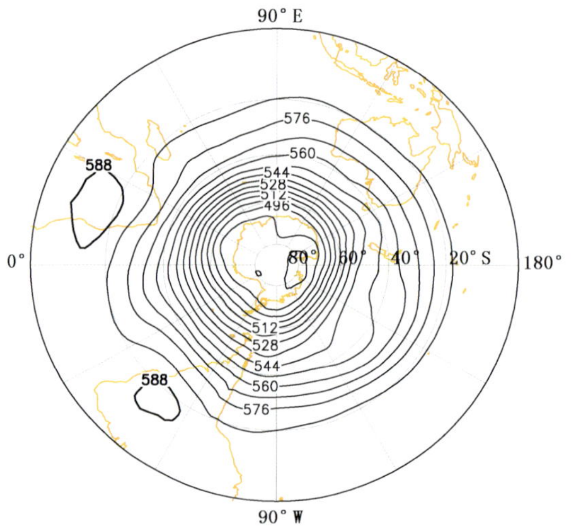

2015.8

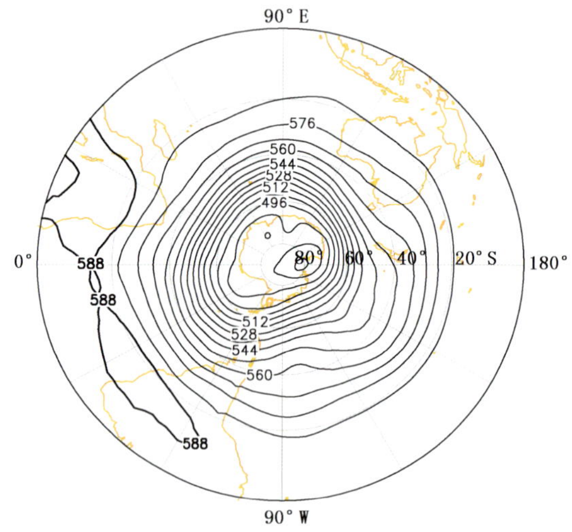

2015.9

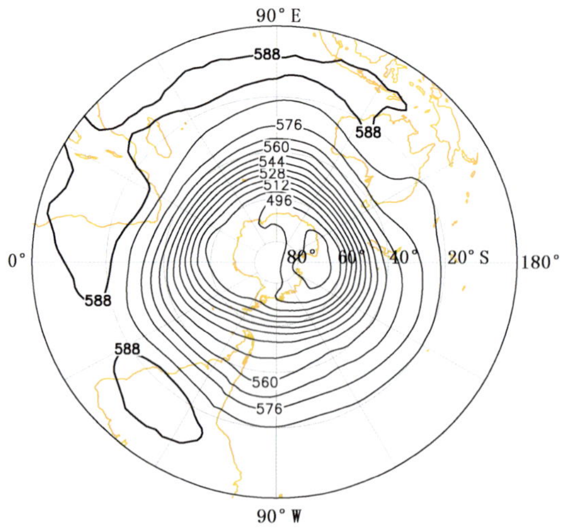

2015.10

图 2.4　南半球 500 hPa 逐月平均位势高度(左)及距平(右)分布图(单位:dagpm)(续 3)

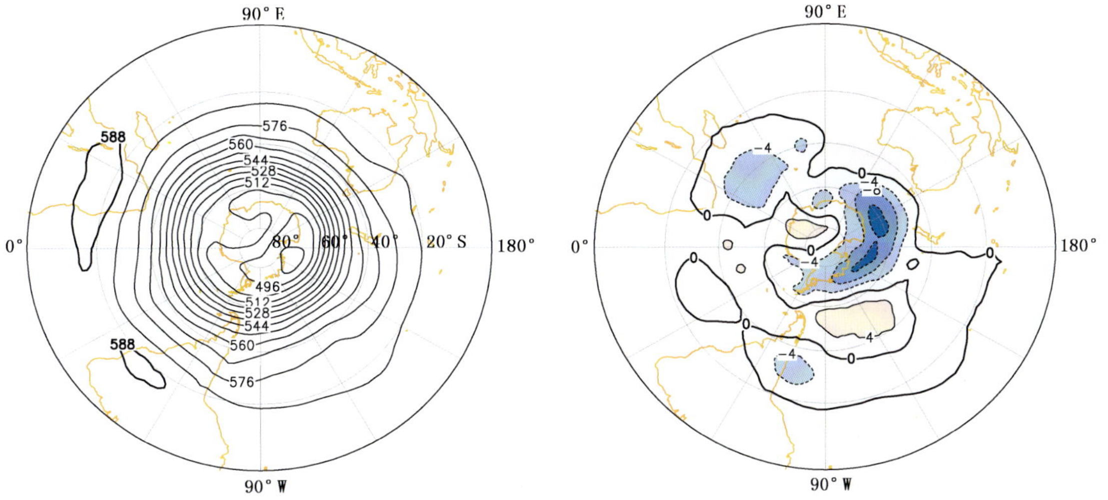

2015.11

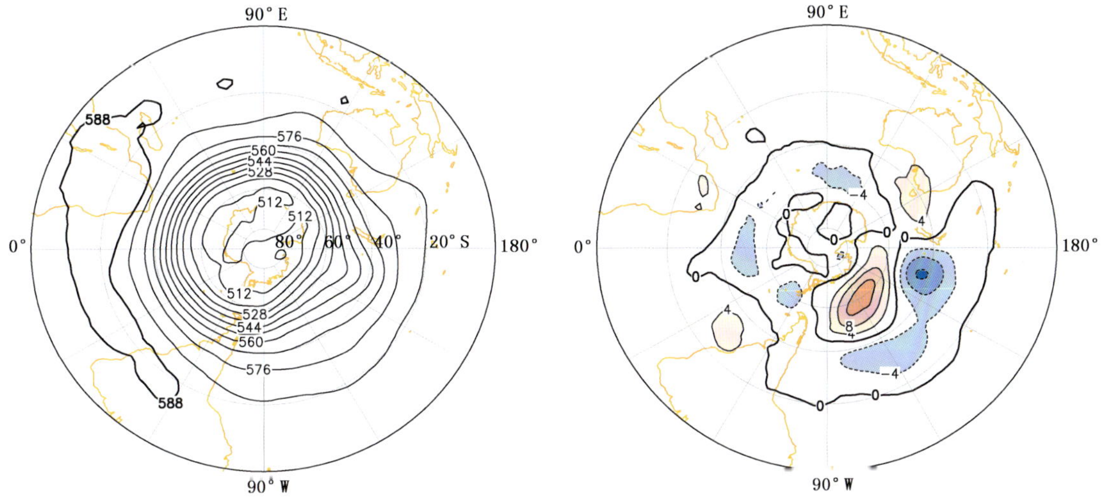

2015.12

图 2.4 南半球 500 hPa 逐月平均位势高度(左)及距平(右)分布图(单位:dagpm)(续 4)

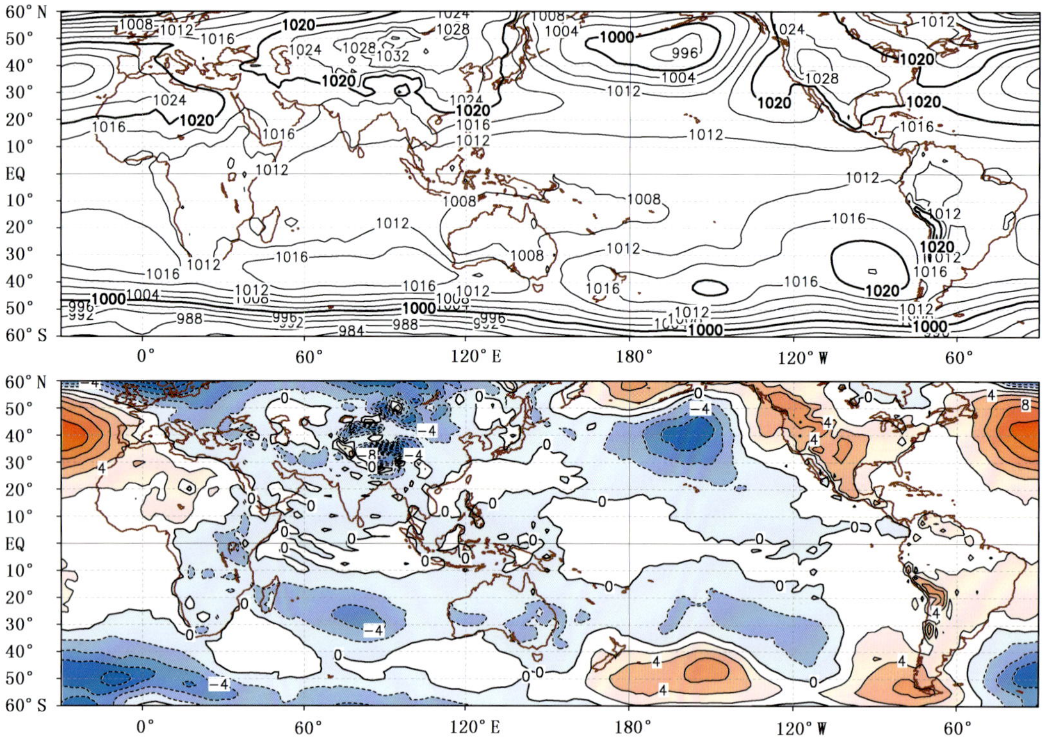

2015.1

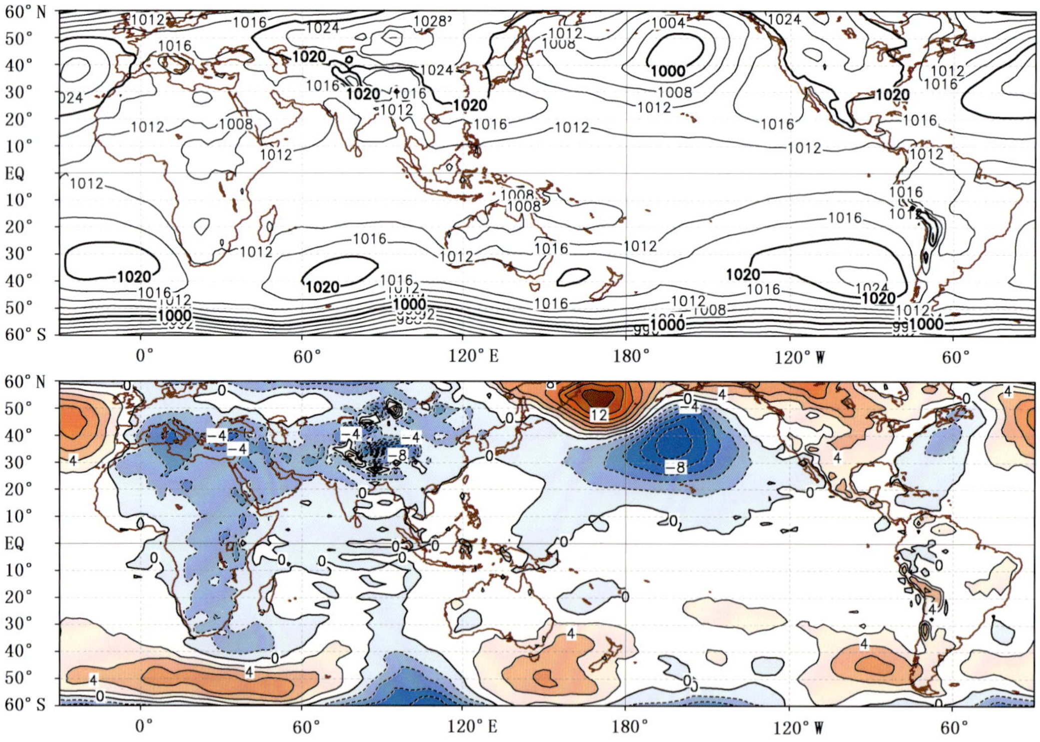

2015.2

图 2.5　2015 年逐月平均海平面气压(上)及距平(下)分布图(单位:hPa)

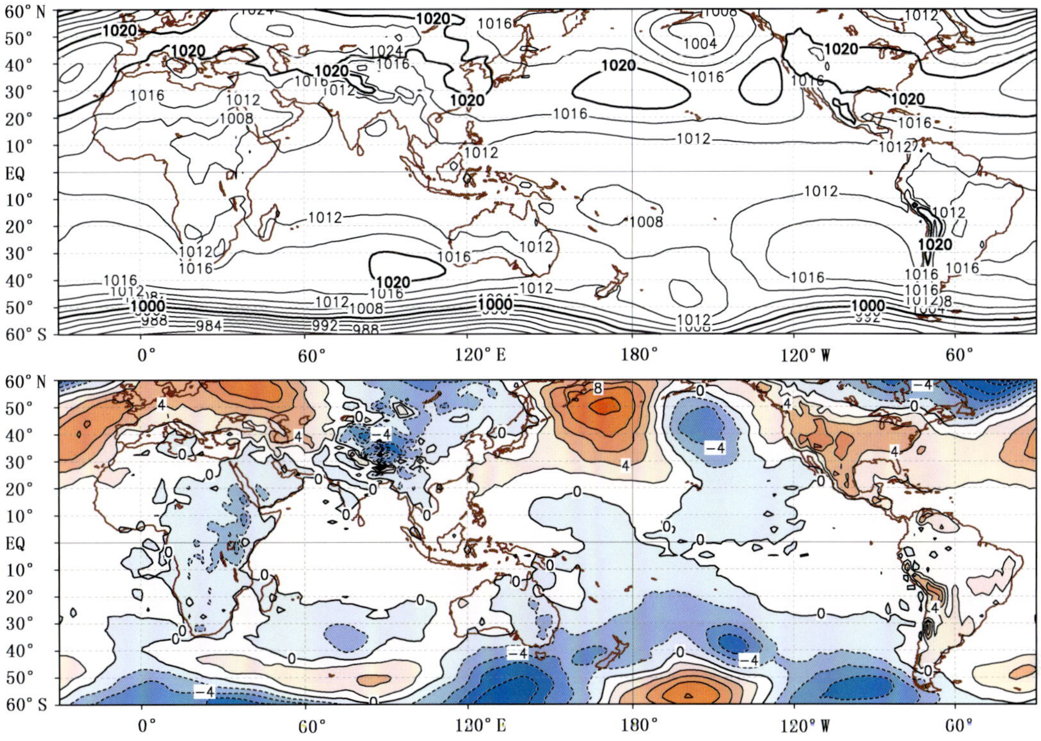

2015.3

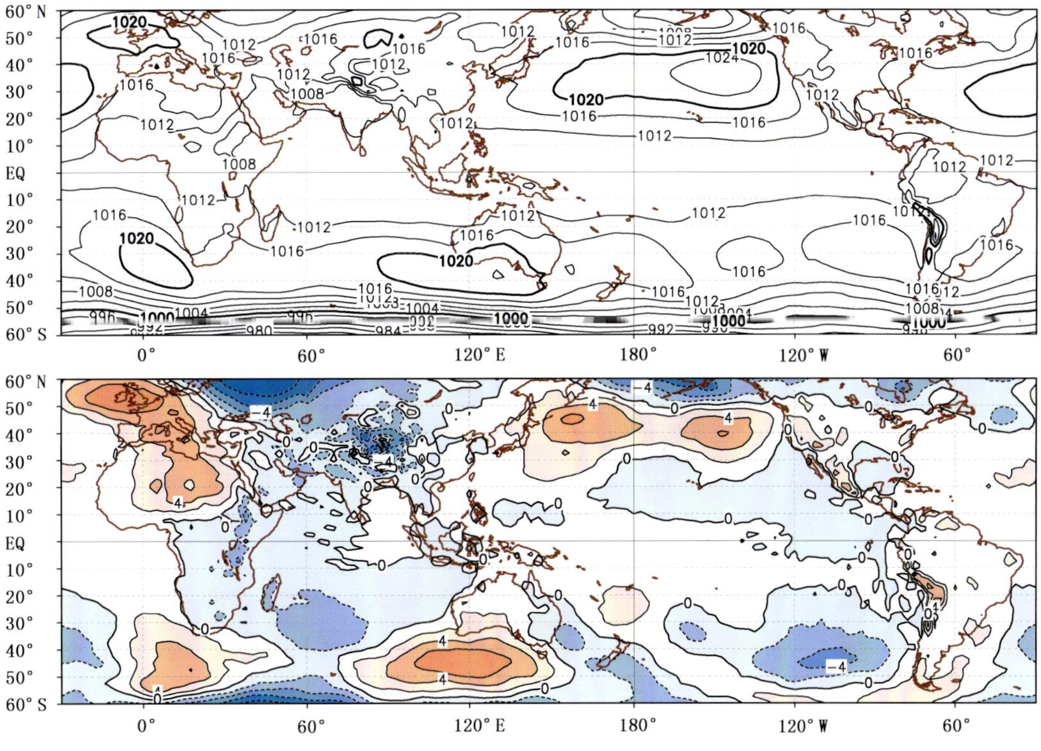

2015.4

图 2.5　2015 年逐月平均海平面气压(上)及距平(下)分布图(单位:hPa)(续 1)

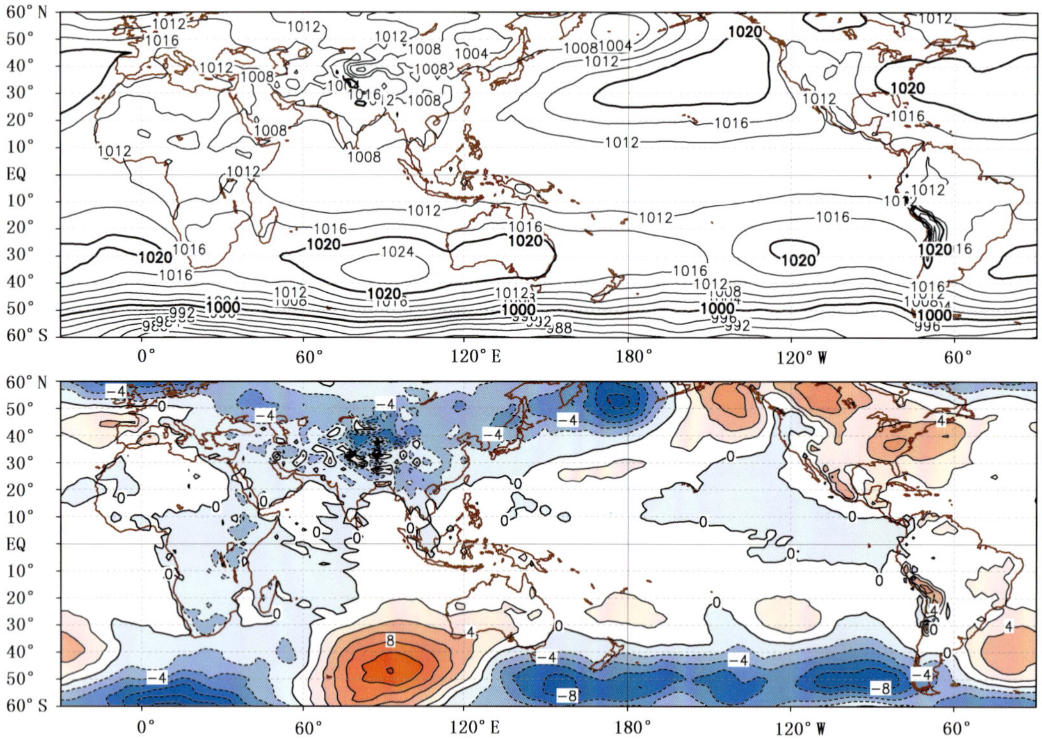

2015.5

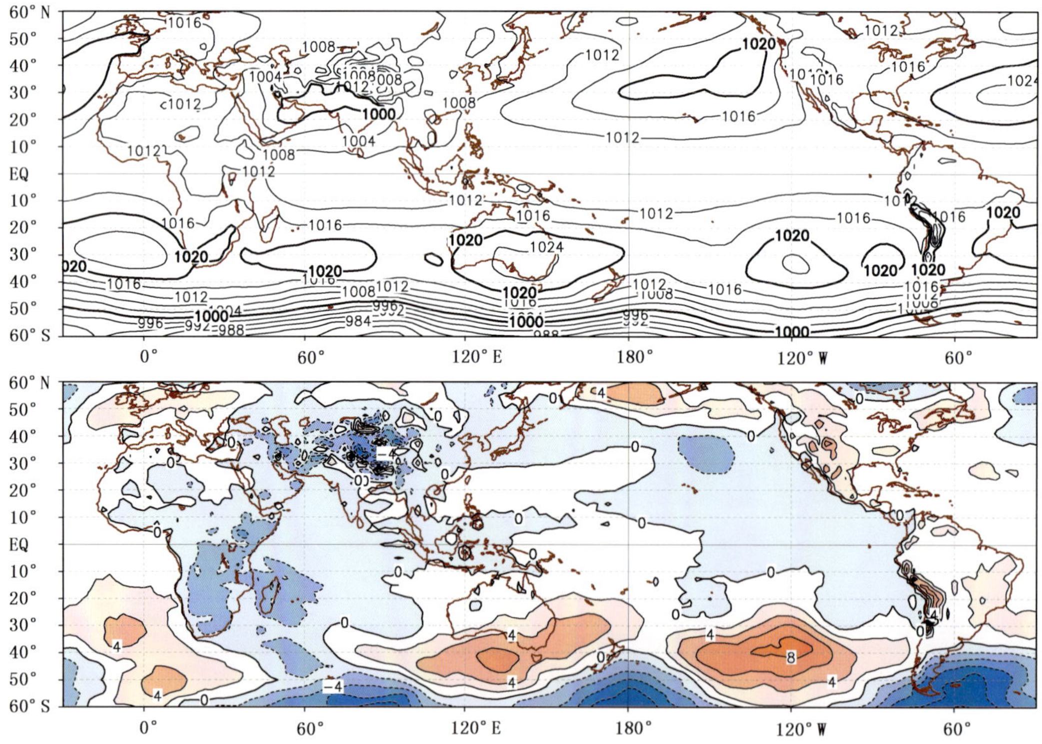

2015.6

图 2.5　2015 年逐月平均海平面气压(上)及距平(下)分布图(单位:hPa)(续 2)

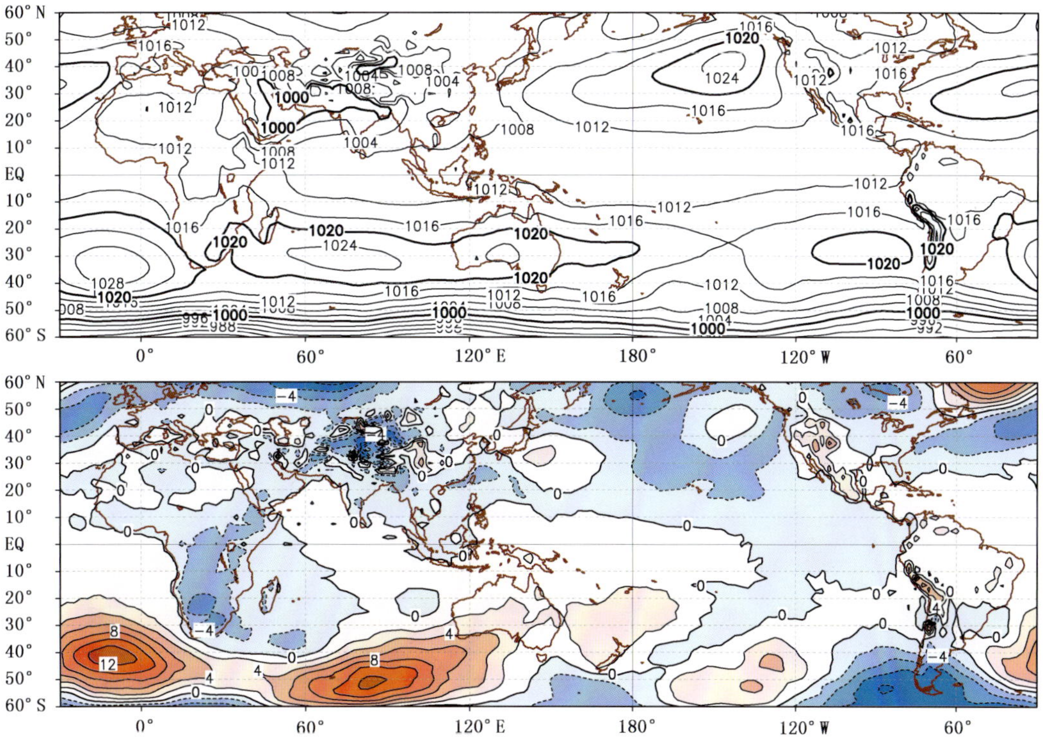

2015.7

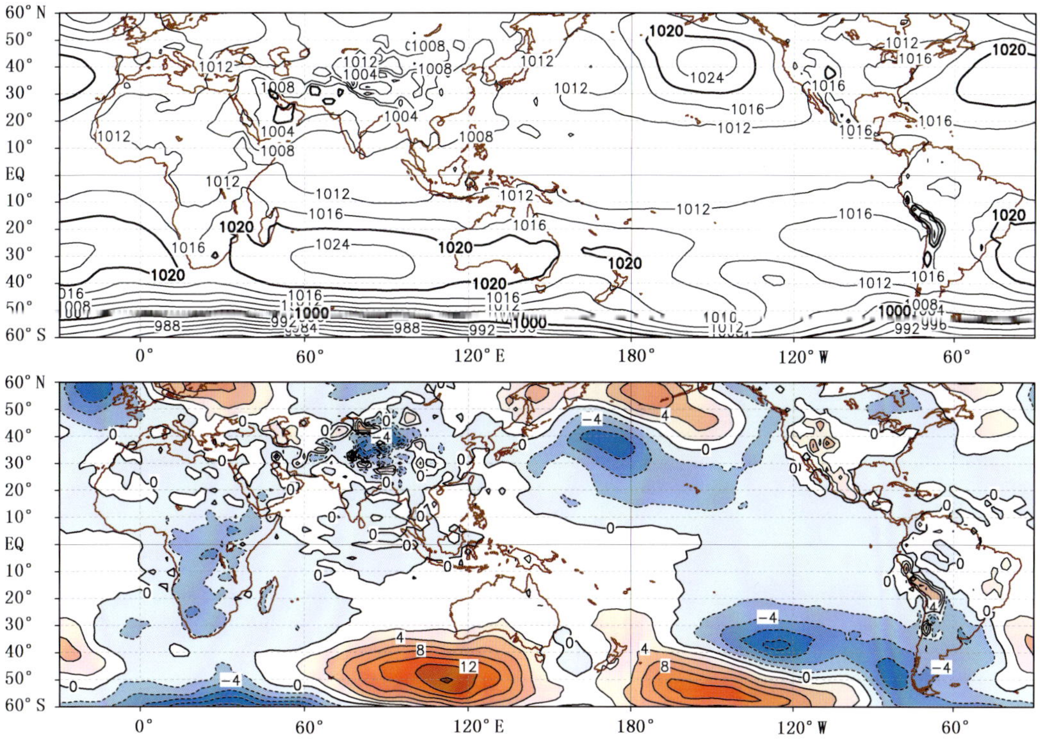

2015.8

图 2.5　2015 年逐月平均海平面气压(上)及距平(下)分布图(单位:hPa)(续 3)

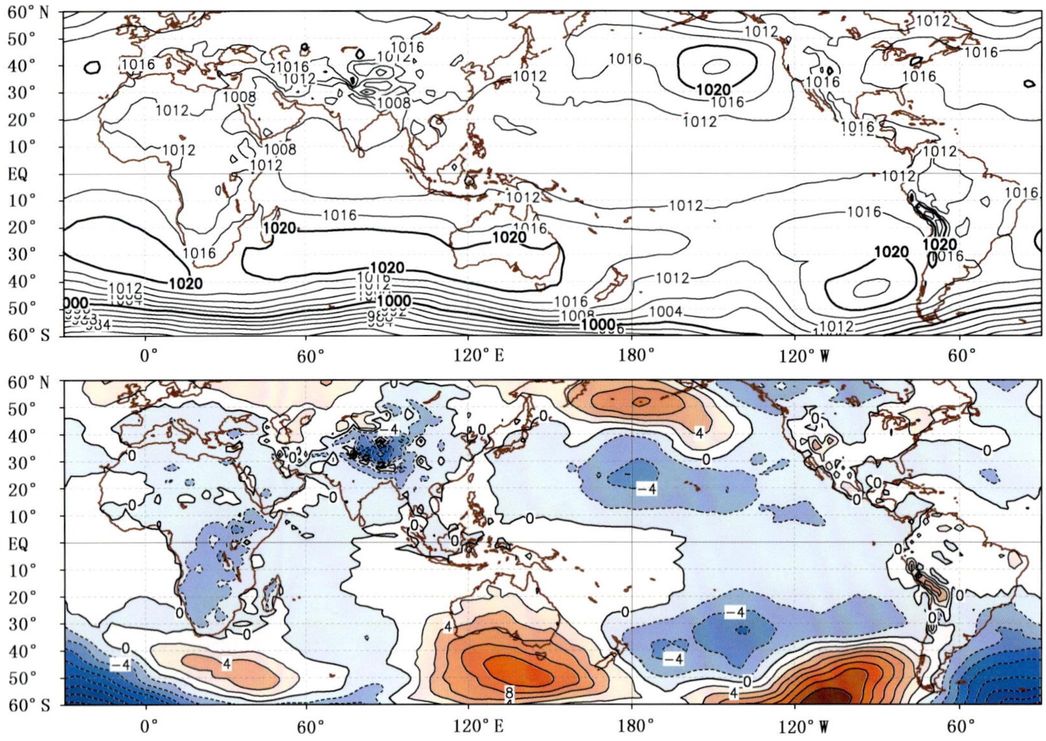

2015.9

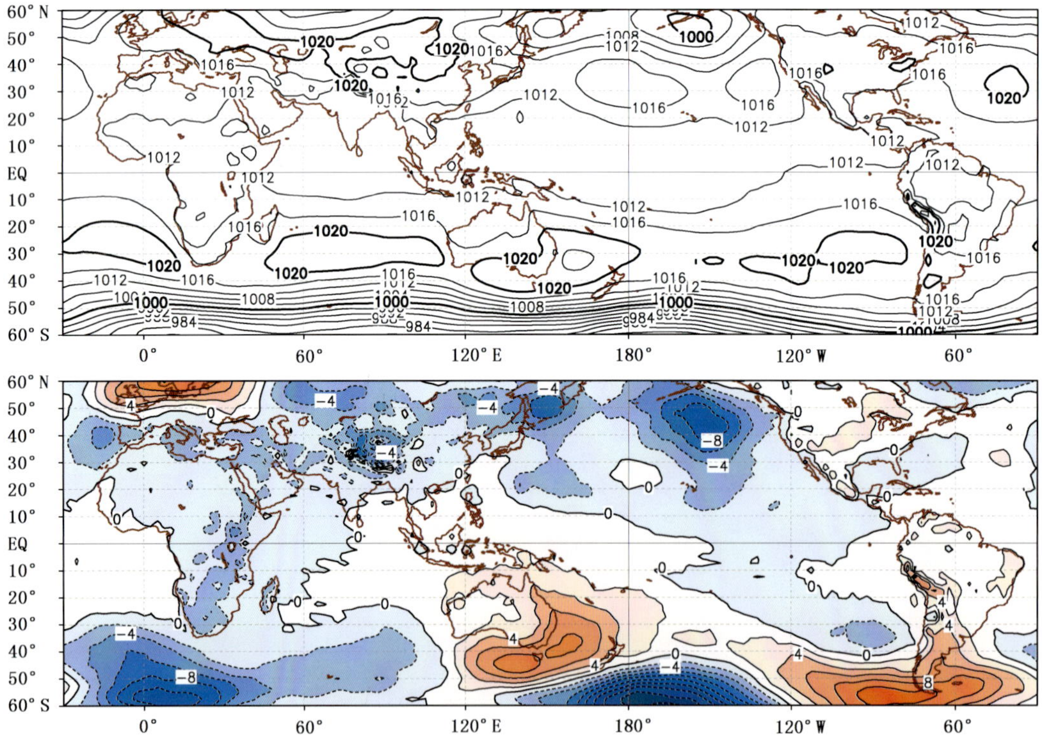

2015.10

图 2.5　2015 年逐月平均海平面气压(上)及距平(下)分布图(单位:hPa)(续 4)

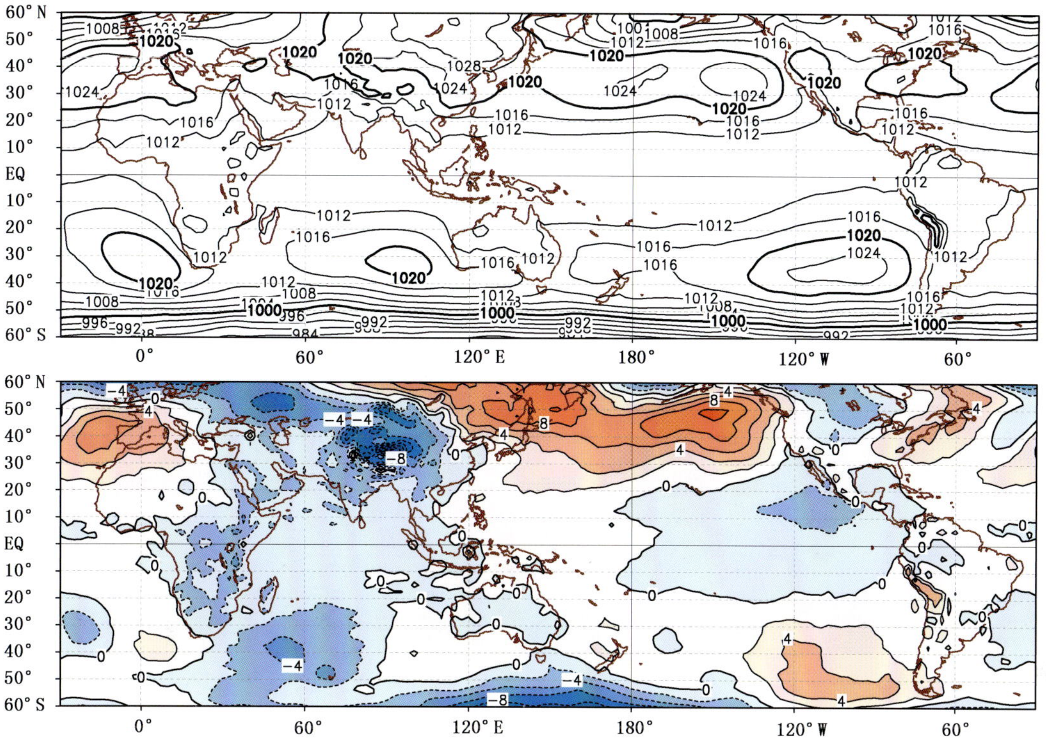

2015.11

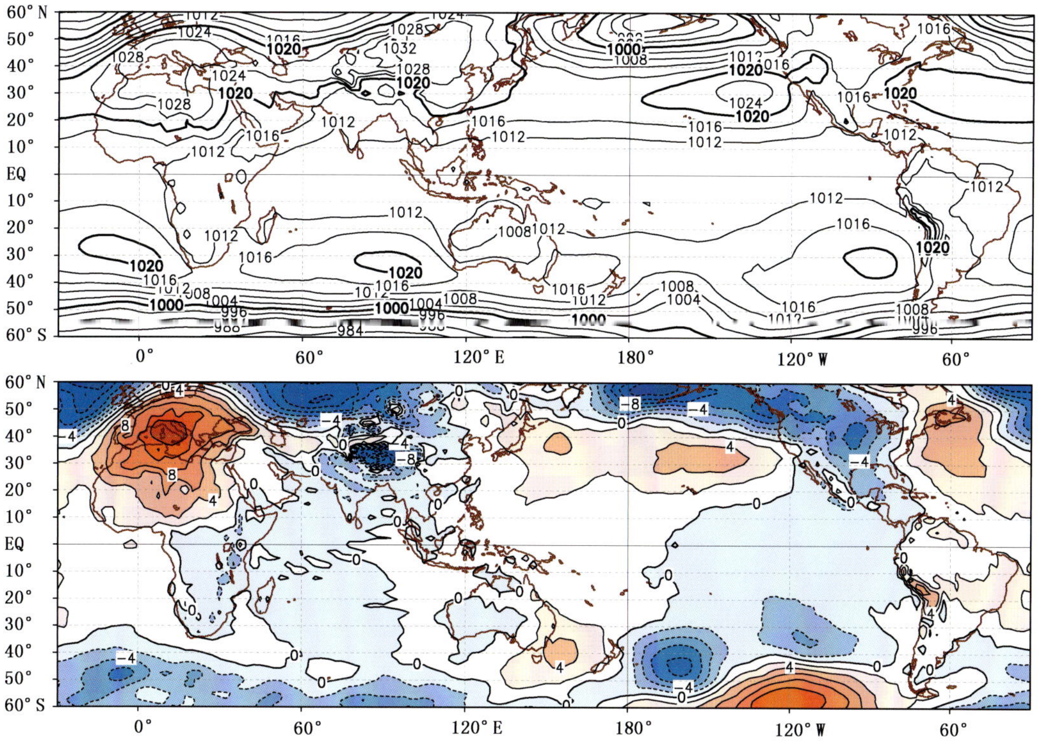

2015.12

图 2.5　2015 年逐月平均海平面气压(上)及距平(下)分布图(单位:hPa)(续 5)

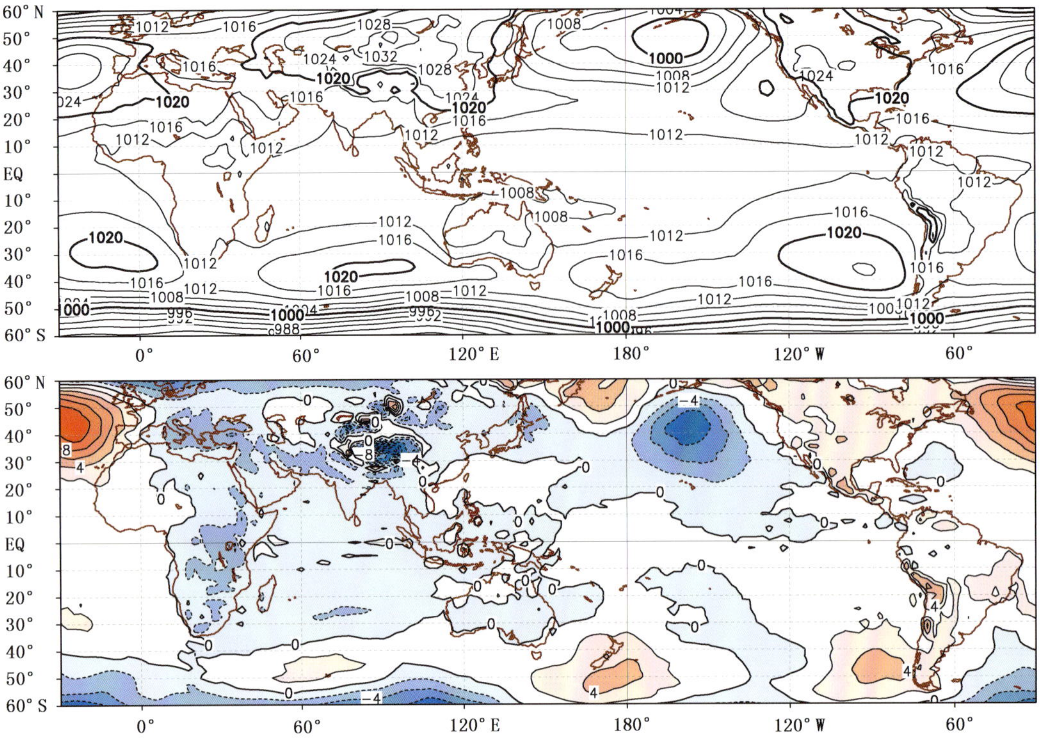

2014.12—2015.2

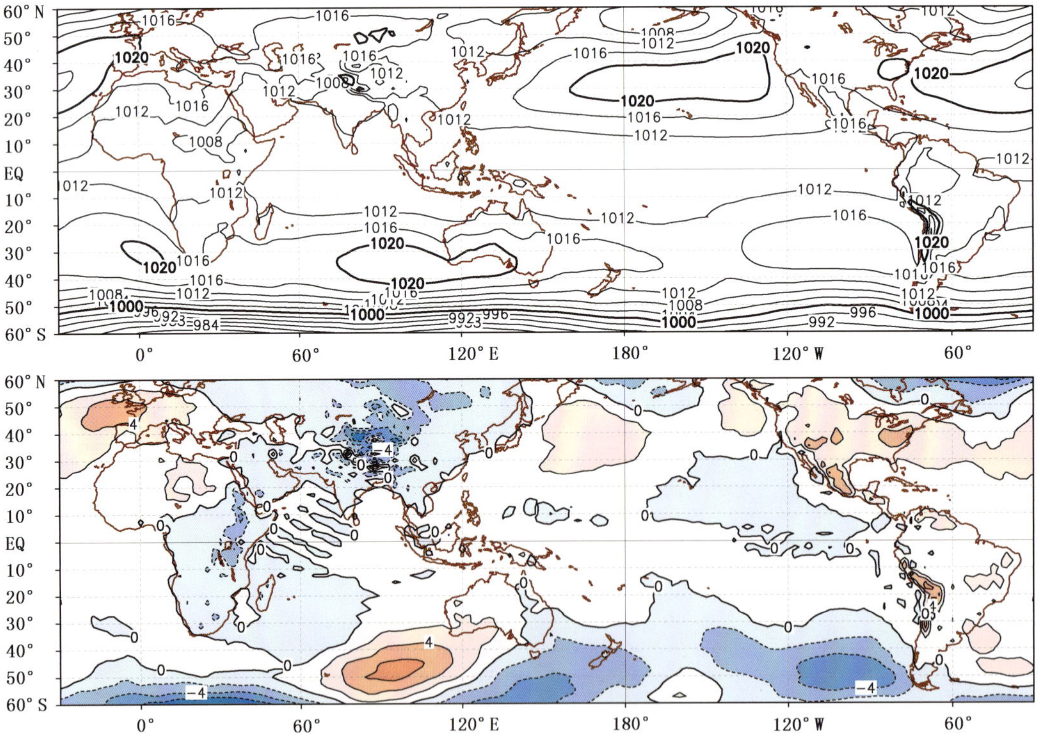

2015.3—2015.5

图 2.6　2015 年各季平均海平面气压(上)及距平(下)分布图(单位:hPa)

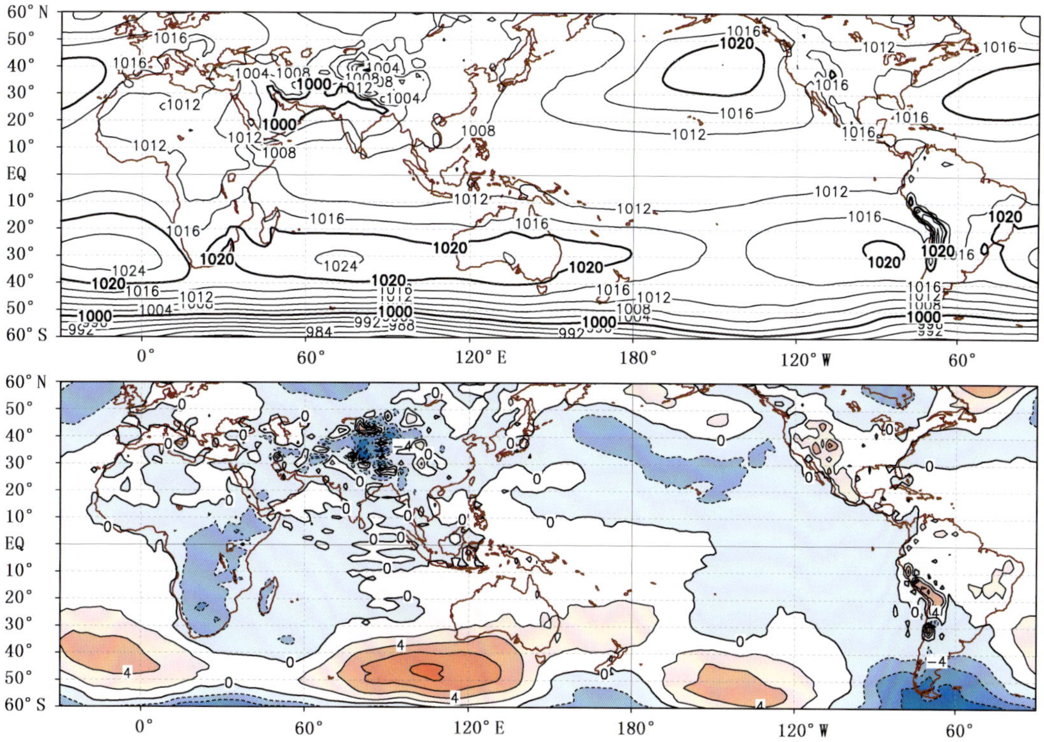

2015.6—2015.8

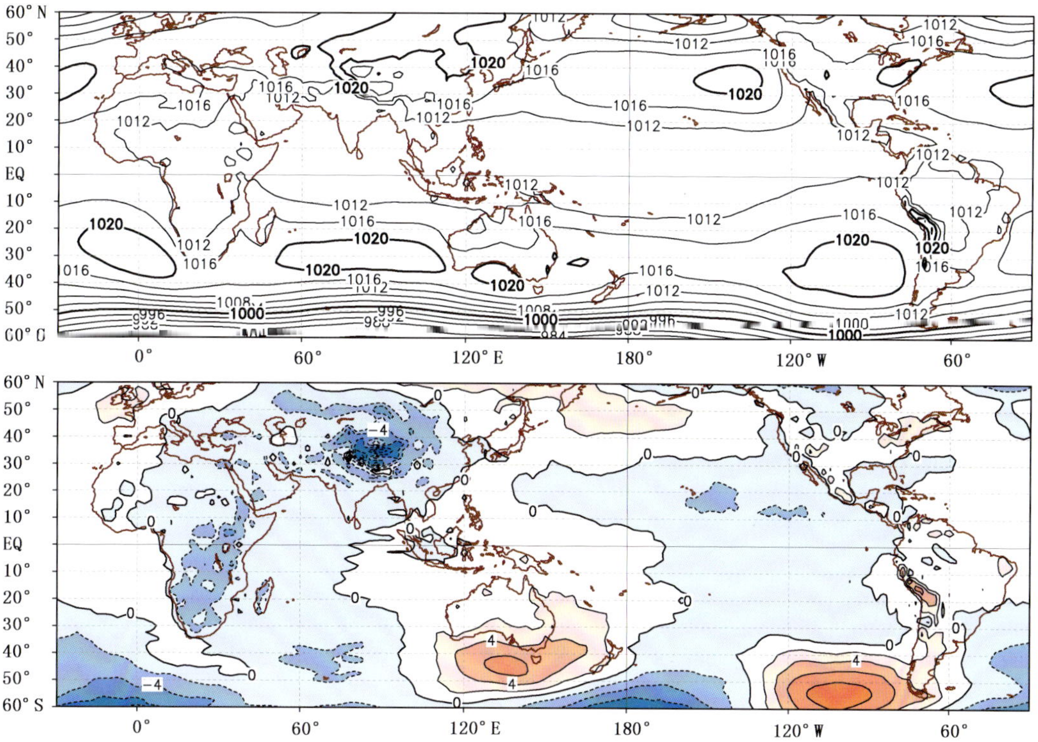

2015.9—2015.11

图 2.6　2015 年各季平均海平面气压(上)及距平(下)分布图(单位:hPa)(续)

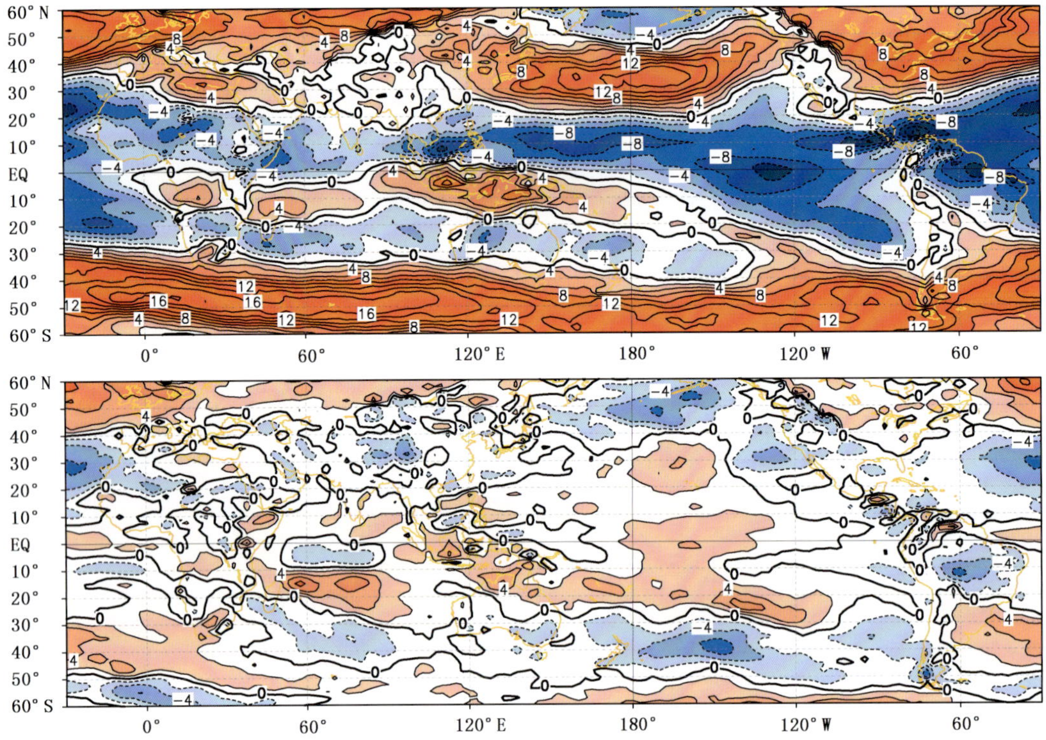

2015.1

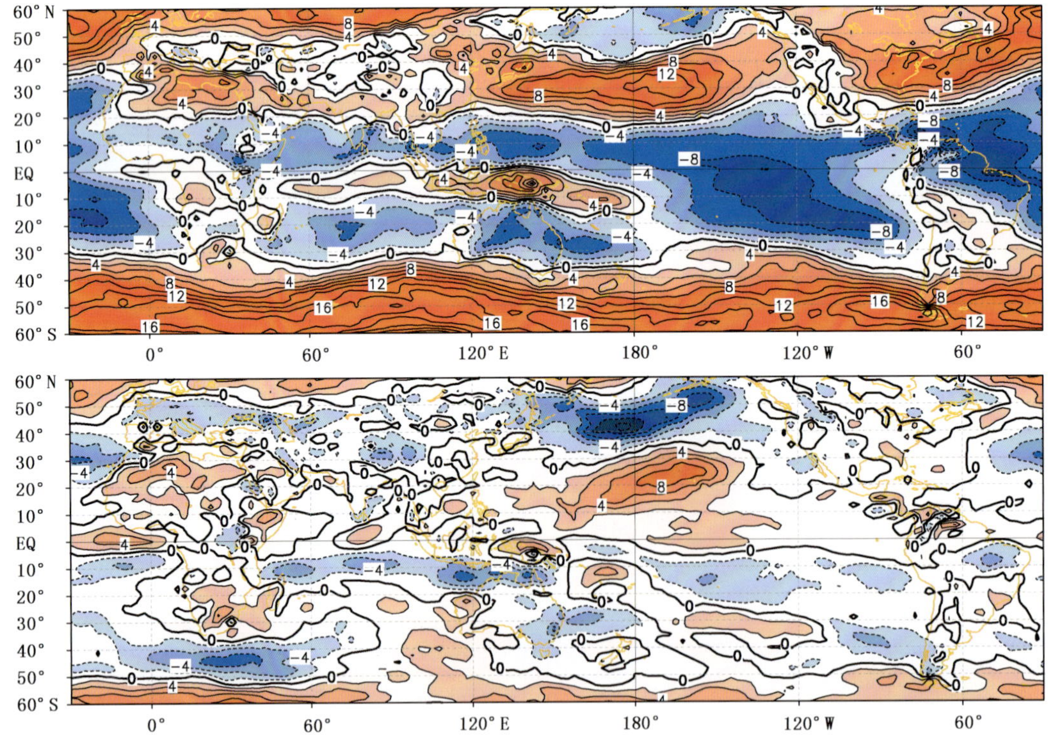

2015.2

图 2.7　2015 年逐月平均 850 hPa 纬向风(上)及距平(下)分布图(单位:m/s)

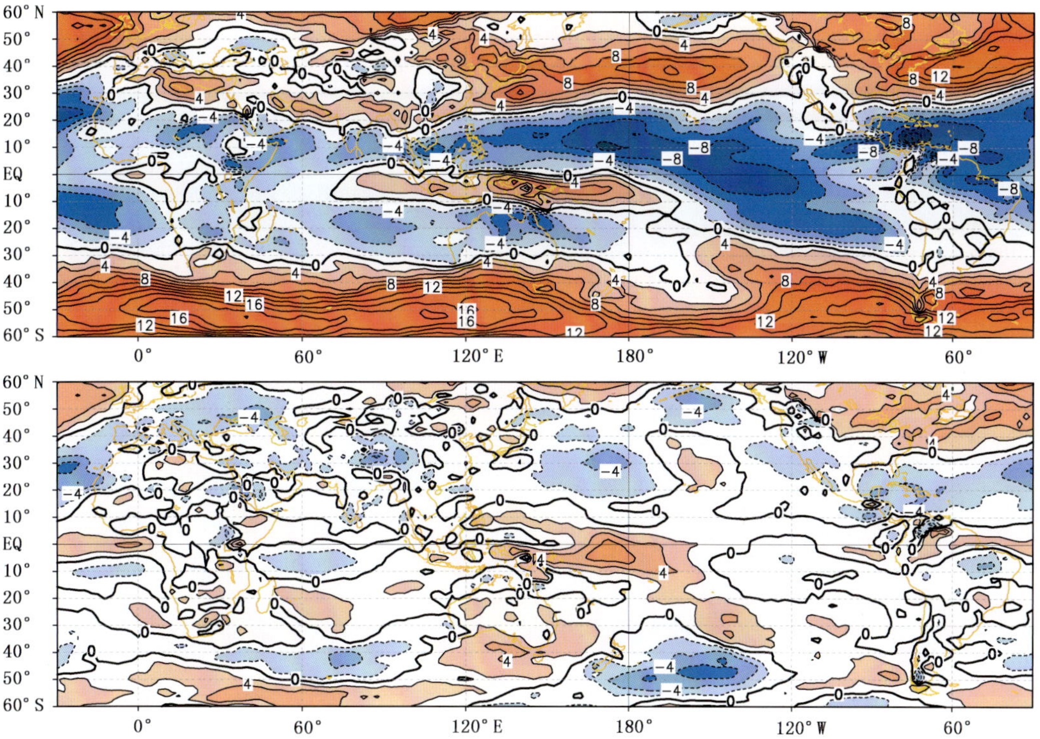

2015.3

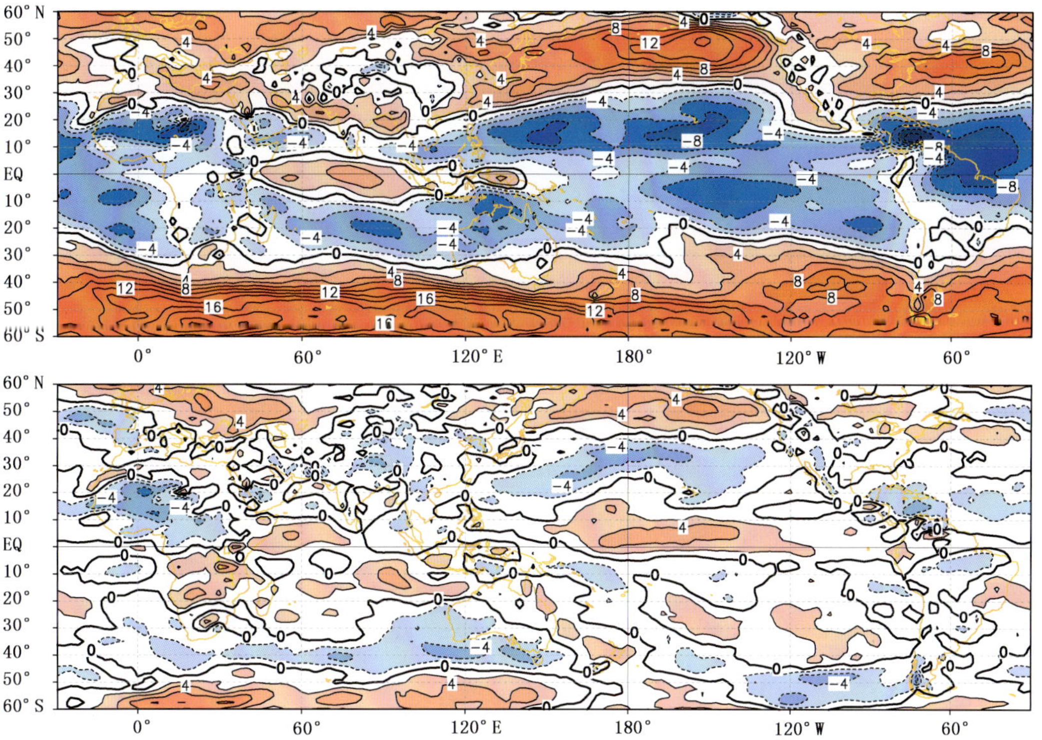

2015.4

图 2.7　2015 年逐月平均 850 hPa 纬向风(上)及距平(下)分布图(单位:m/s)(续 1)

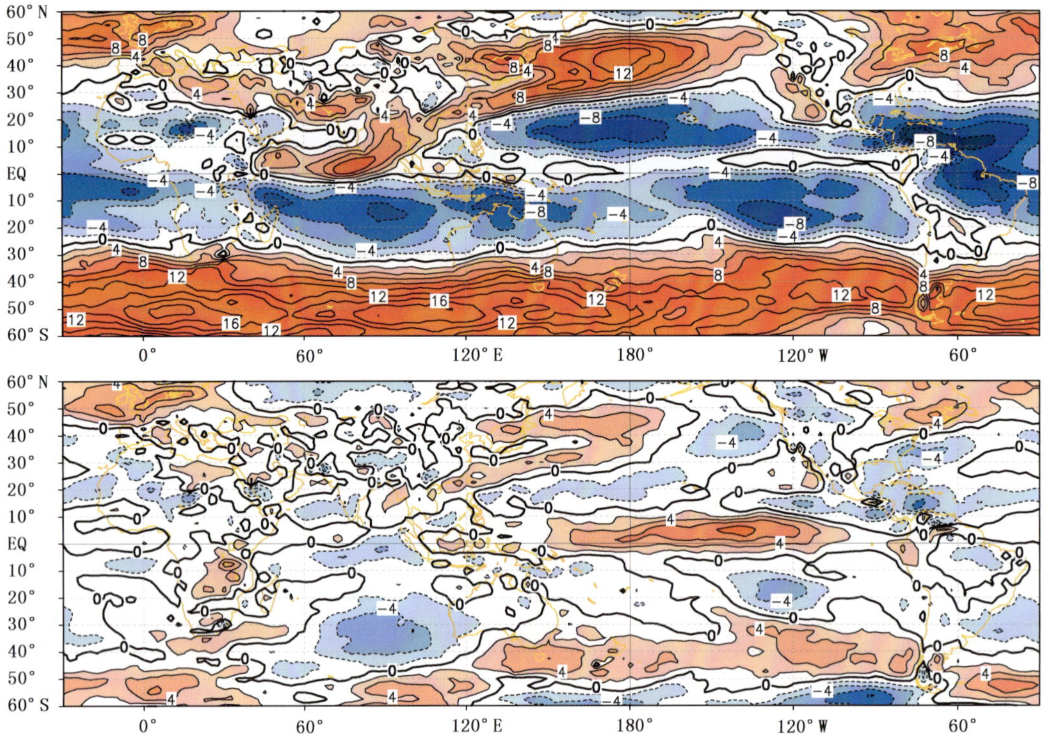

2015.5

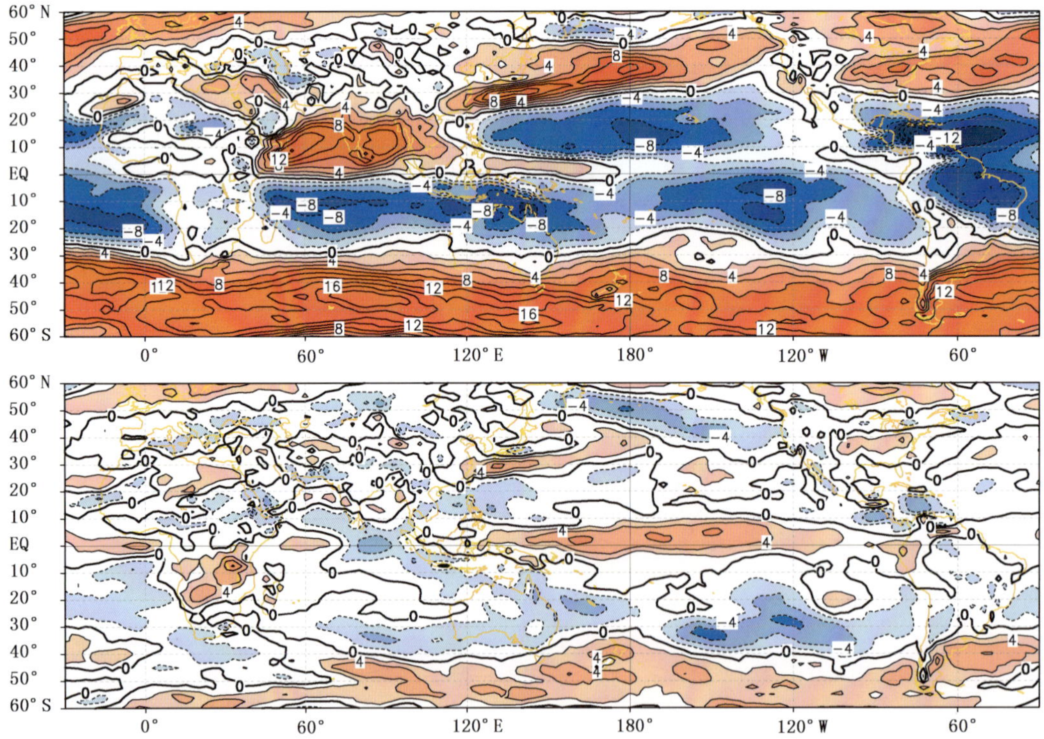

2015.6

图 2.7 2015 年逐月平均 850 hPa 纬向风(上)及距平(下)分布图(单位:m/s)(续 2)

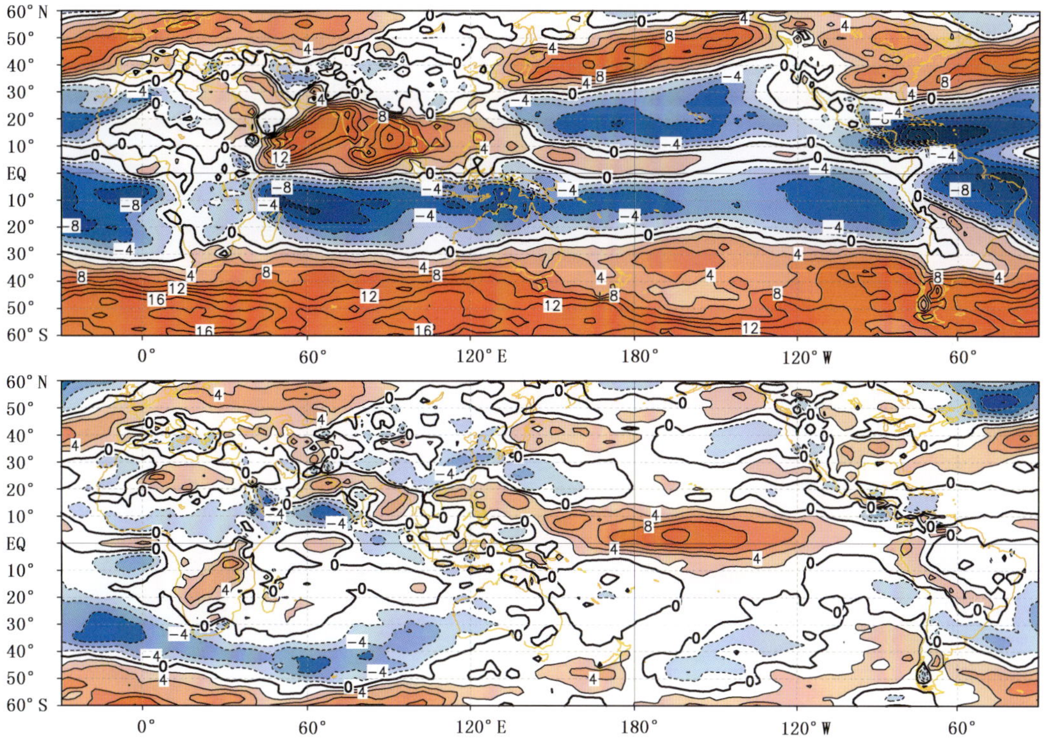

2015.7

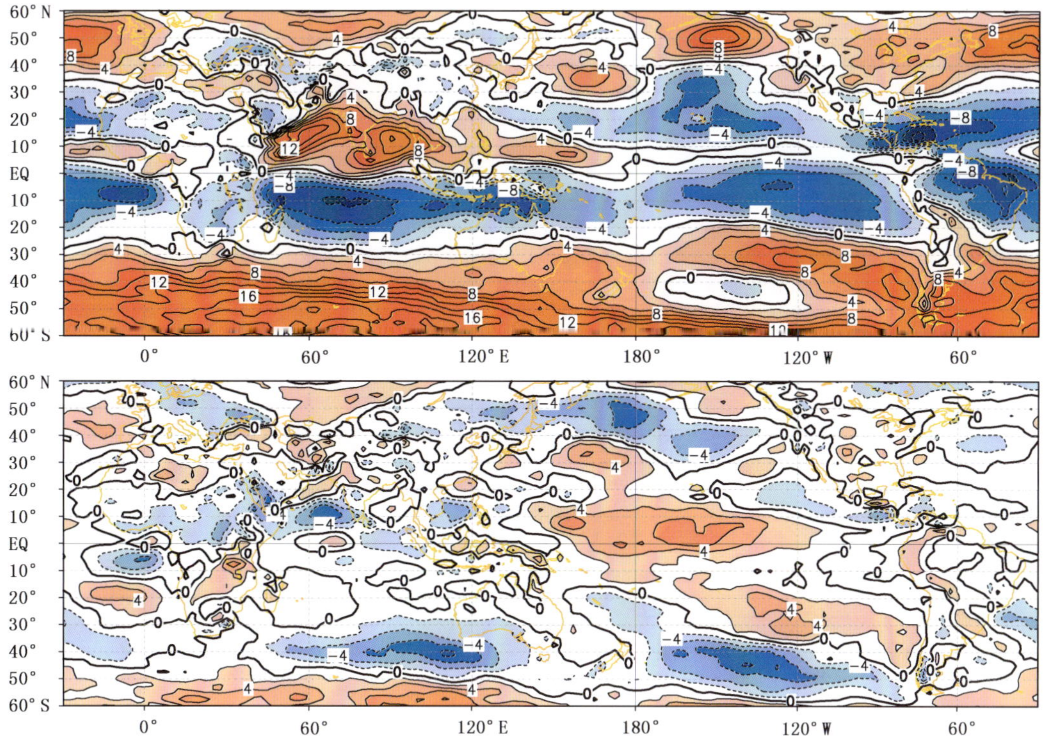

2015.8

图 2.7　2015 年逐月平均 850 hPa 纬向风(上)及距平(下)分布图(单位:m/s)(续 3)

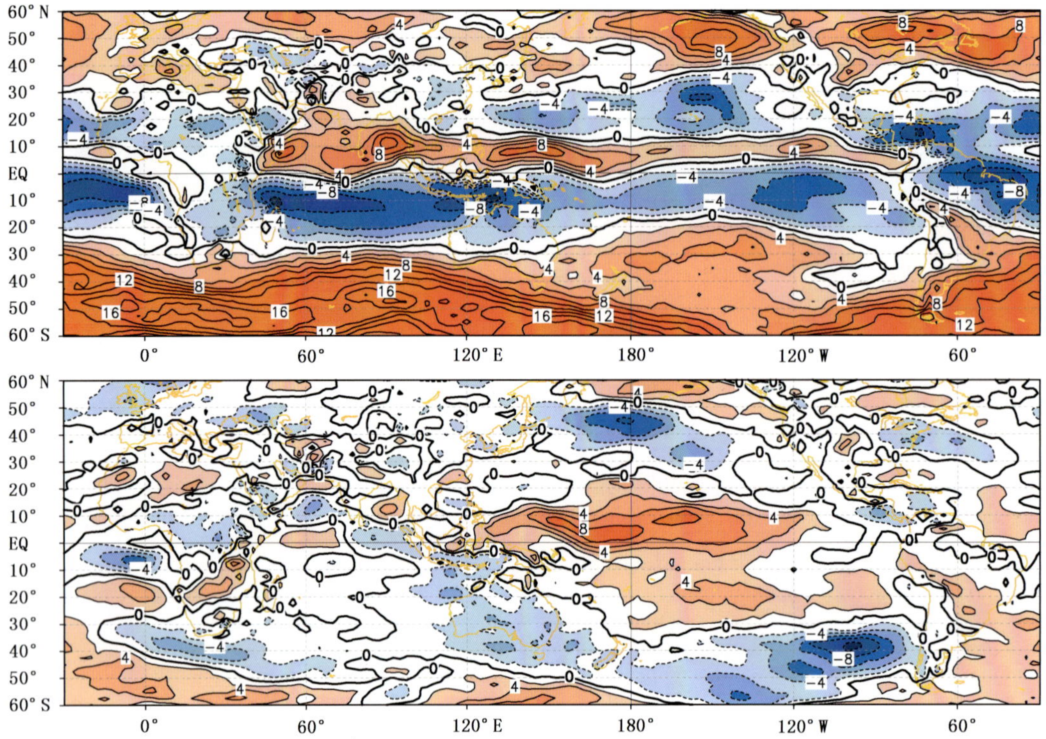

2015.9

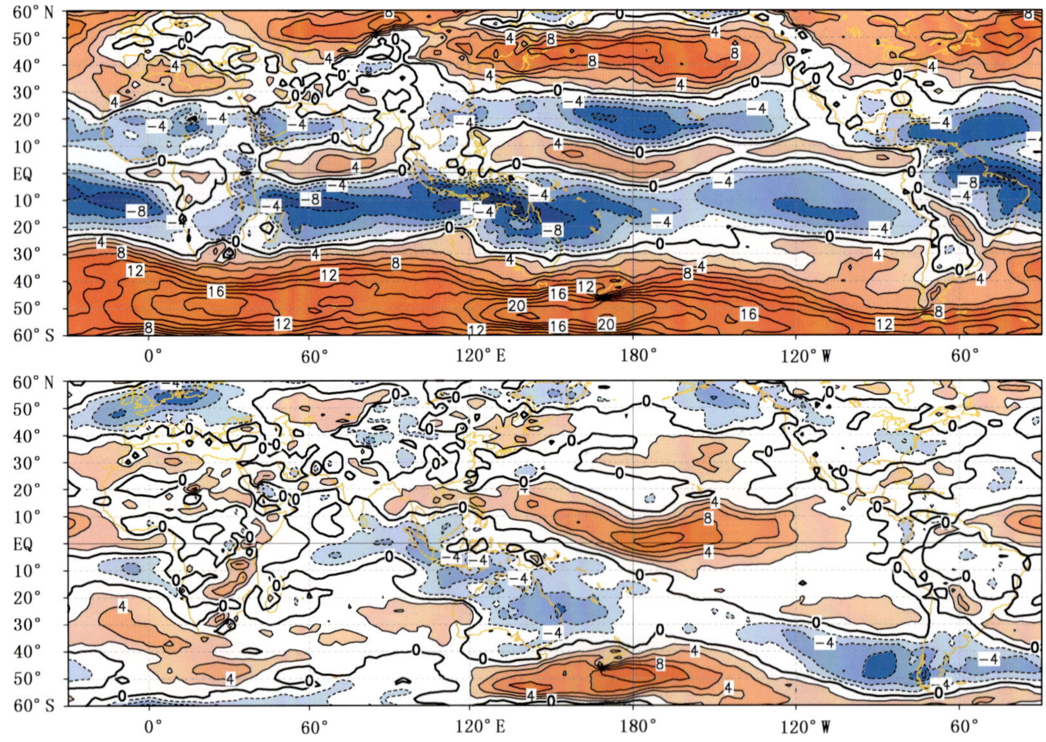

2015.10

图 2.7　2015 年逐月平均 850 hPa 纬向风(上)及距平(下)分布图(单位:m/s)(续 4)

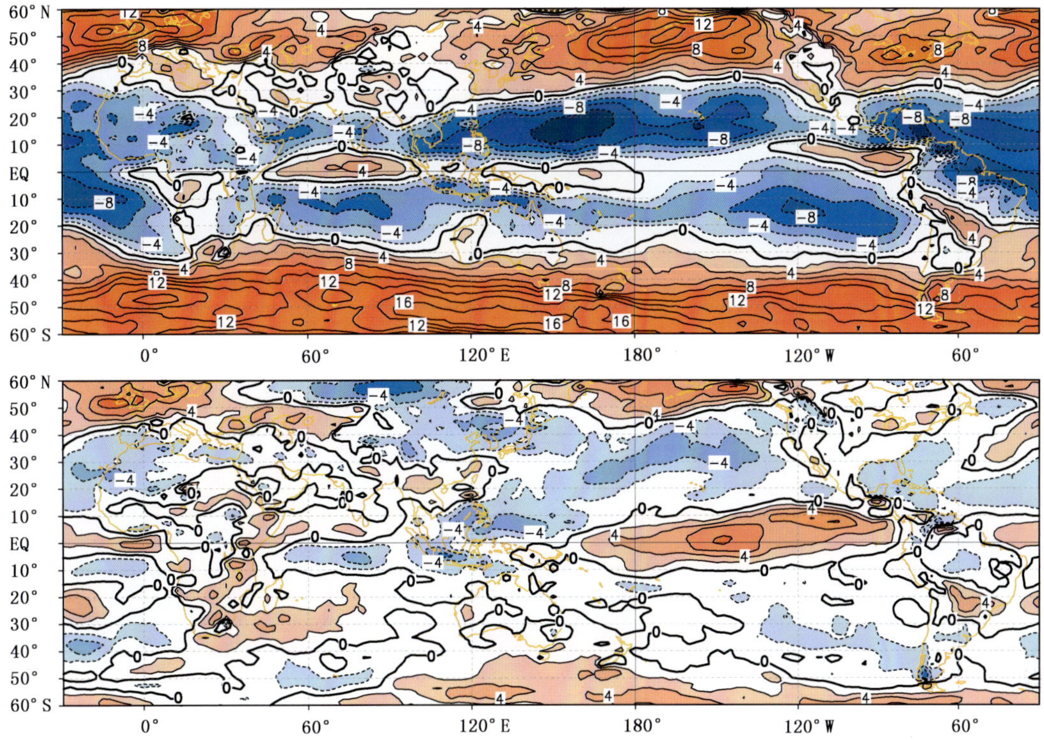

2015.11

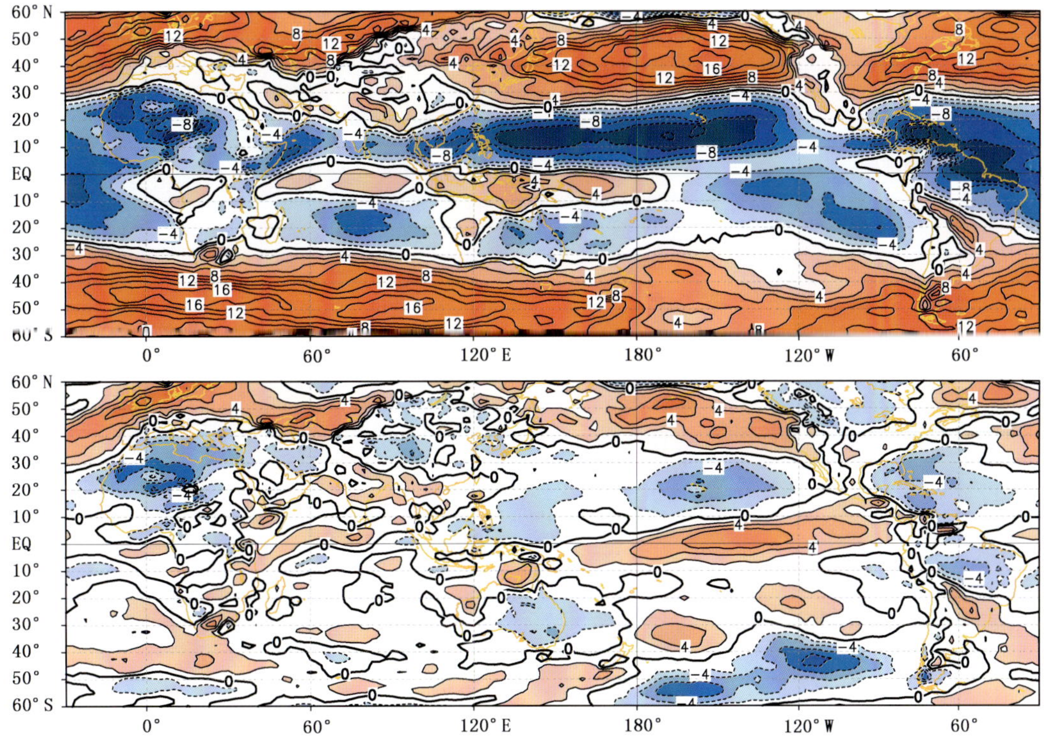

2015.12

图 2.7　2015 年逐月平均 850 hPa 纬向风(上)及距平(下)分布图(单位:m/s)(续 5)

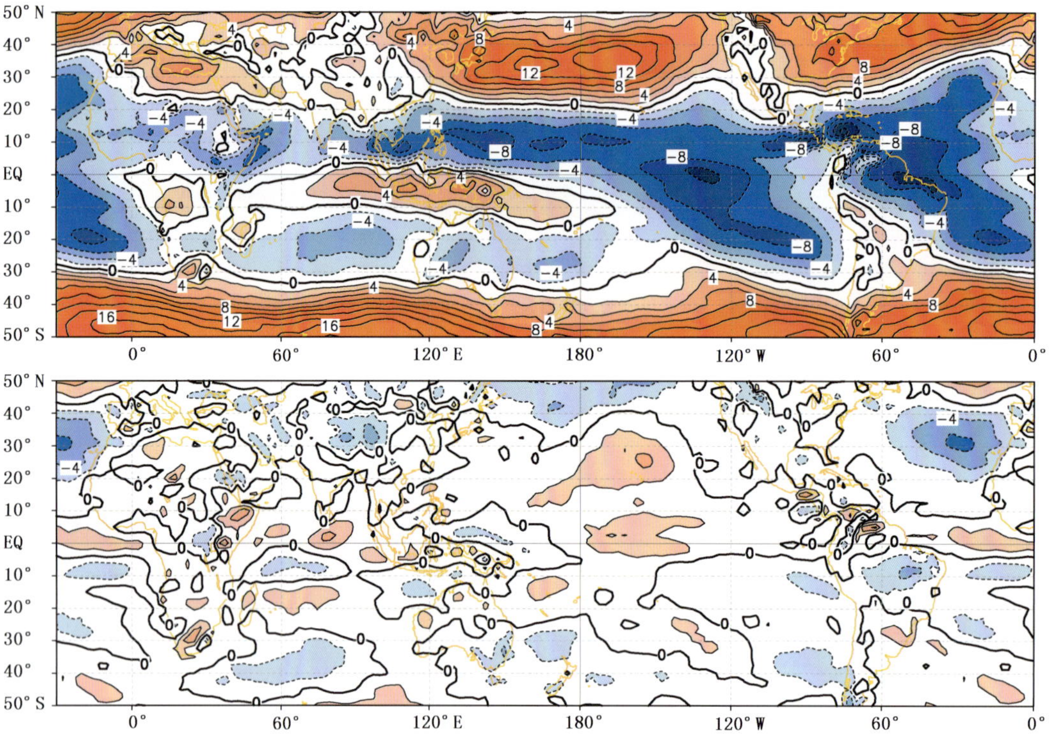

2014.12—2015.2

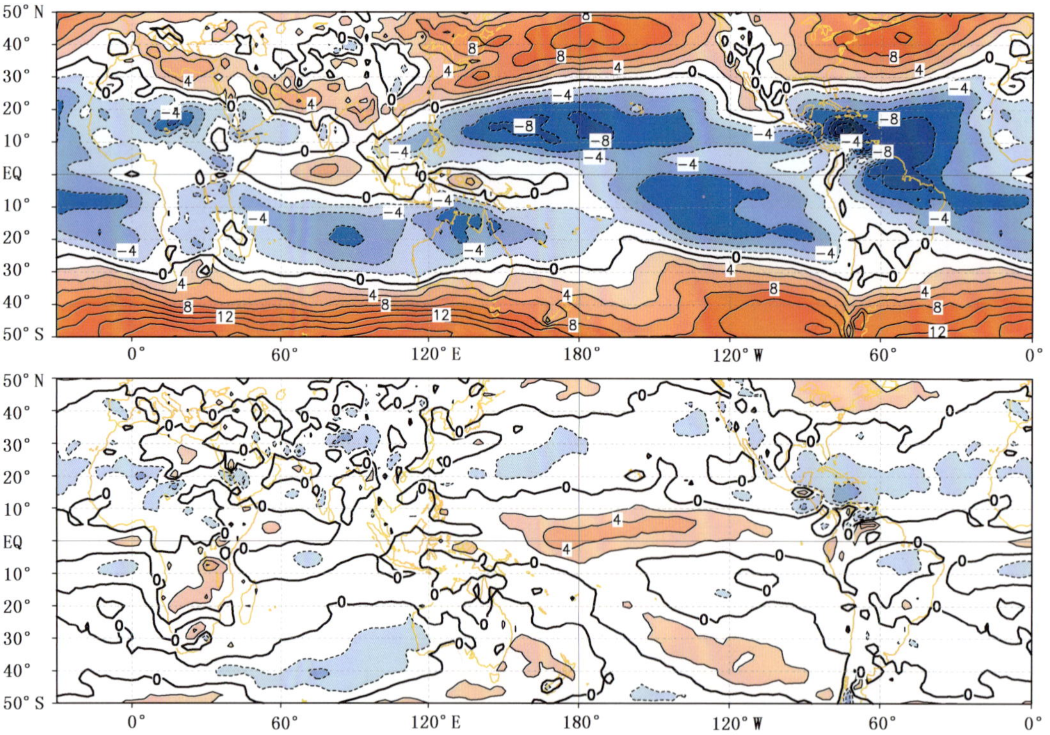

2015.3—2015.5

图 2.8　2015 年各季平均 850 hPa 纬向风(上)及距平(下)分布图(单位:m/s)

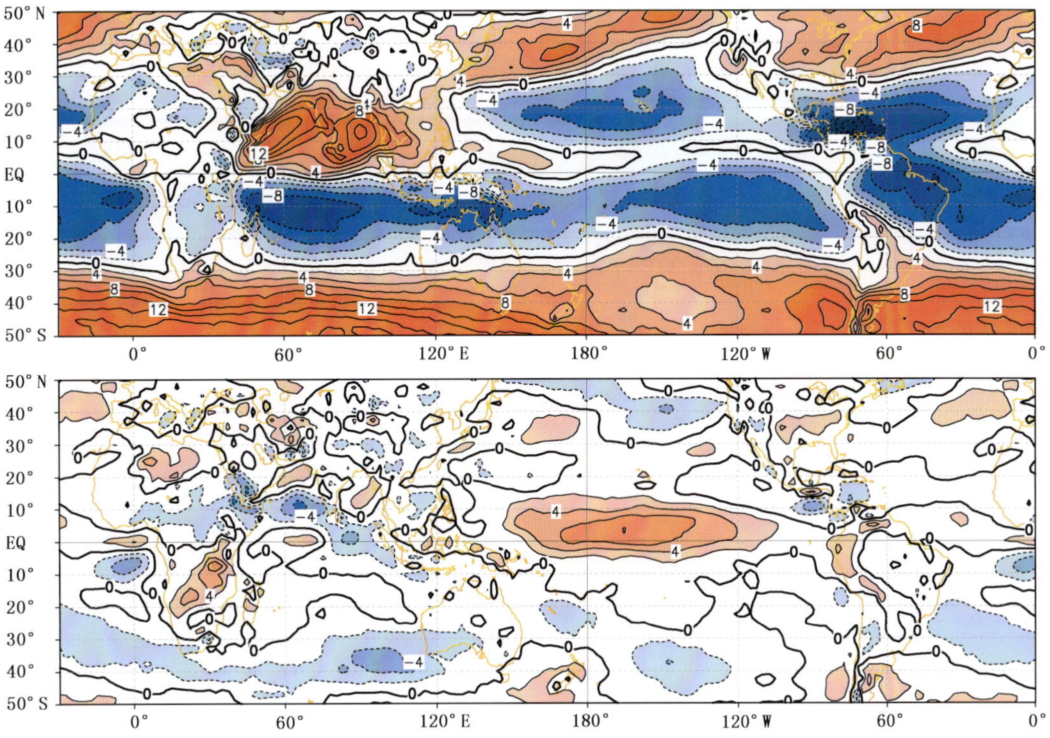

2015.6—2015.8

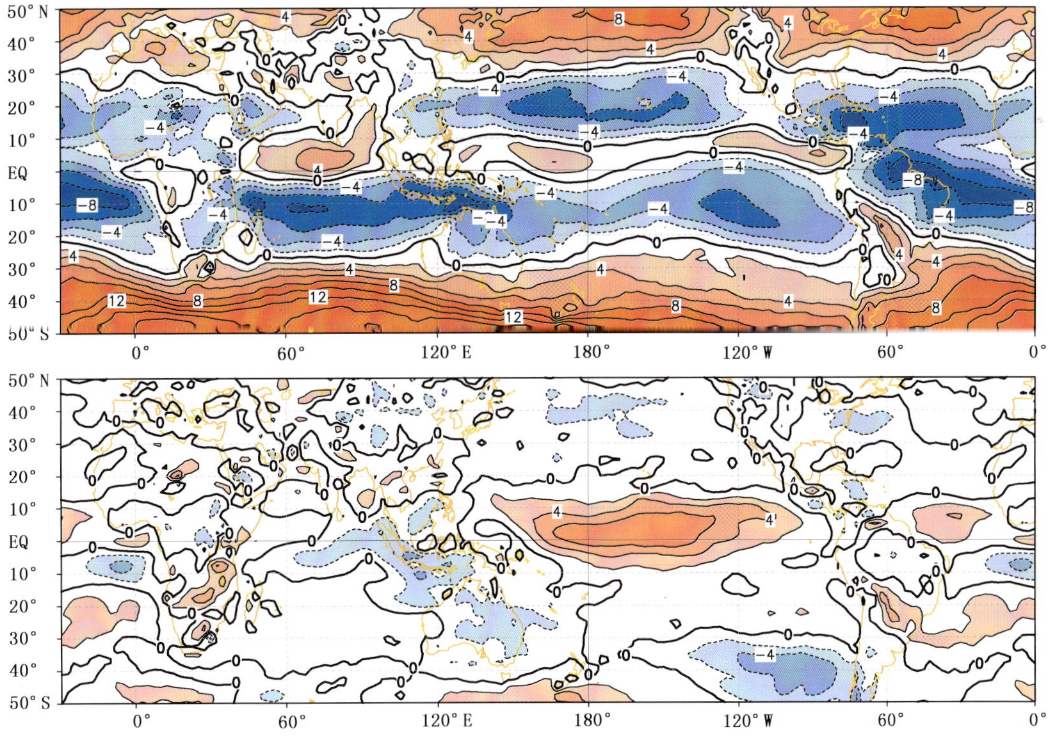

2015.9—2015.11

图 2.8　2015 年各季平均 850 hPa 纬向风(上)及距平(下)分布图(单位:m/s)(续)

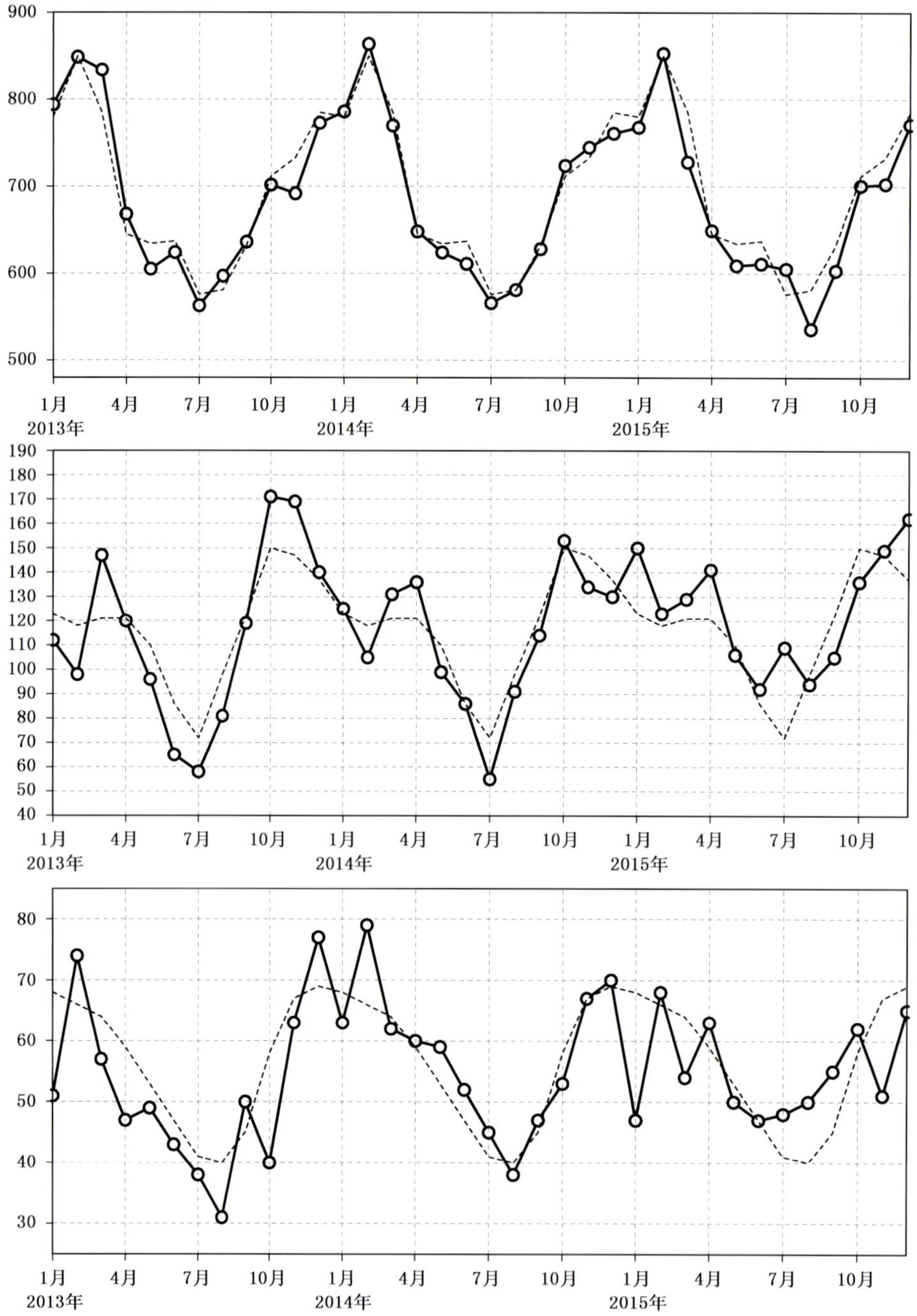

图 2.9　月平均北半球极涡面积(上,单位:$10^5 km^2$)、欧亚纬向(中,单位:dagpm)和经向(下,单位:dagpm)环流指数序列图(2013.1—2015.12)

(实线表示观测值,虚线表示常年值)

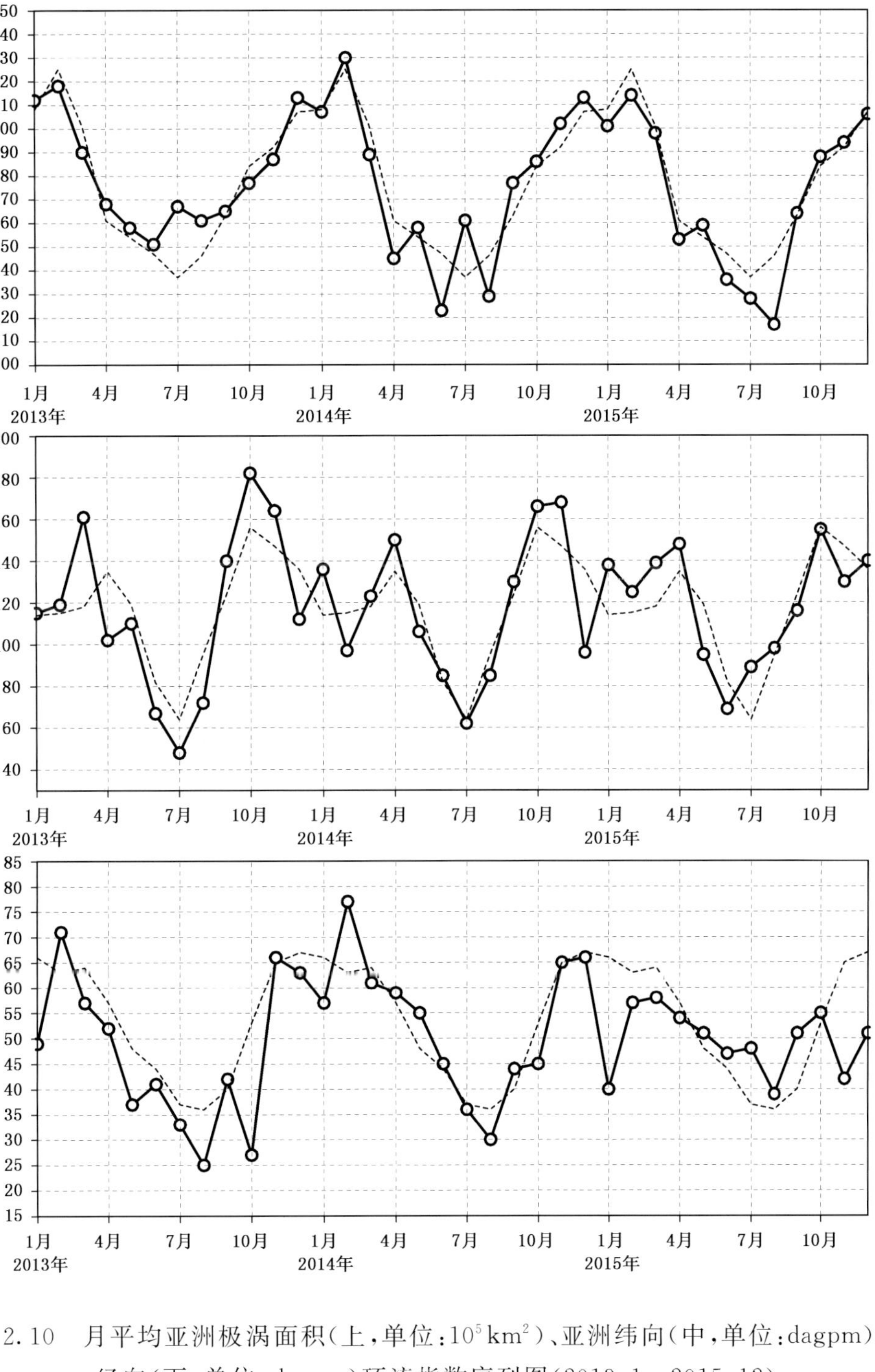

图 2.10　月平均亚洲极涡面积(上,单位:$10^5 km^2$)、亚洲纬向(中,单位:dagpm)和经向(下,单位:dagpm)环流指数序列图(2013.1—2015.12)

(实线表示观测值,虚线表示常年值)

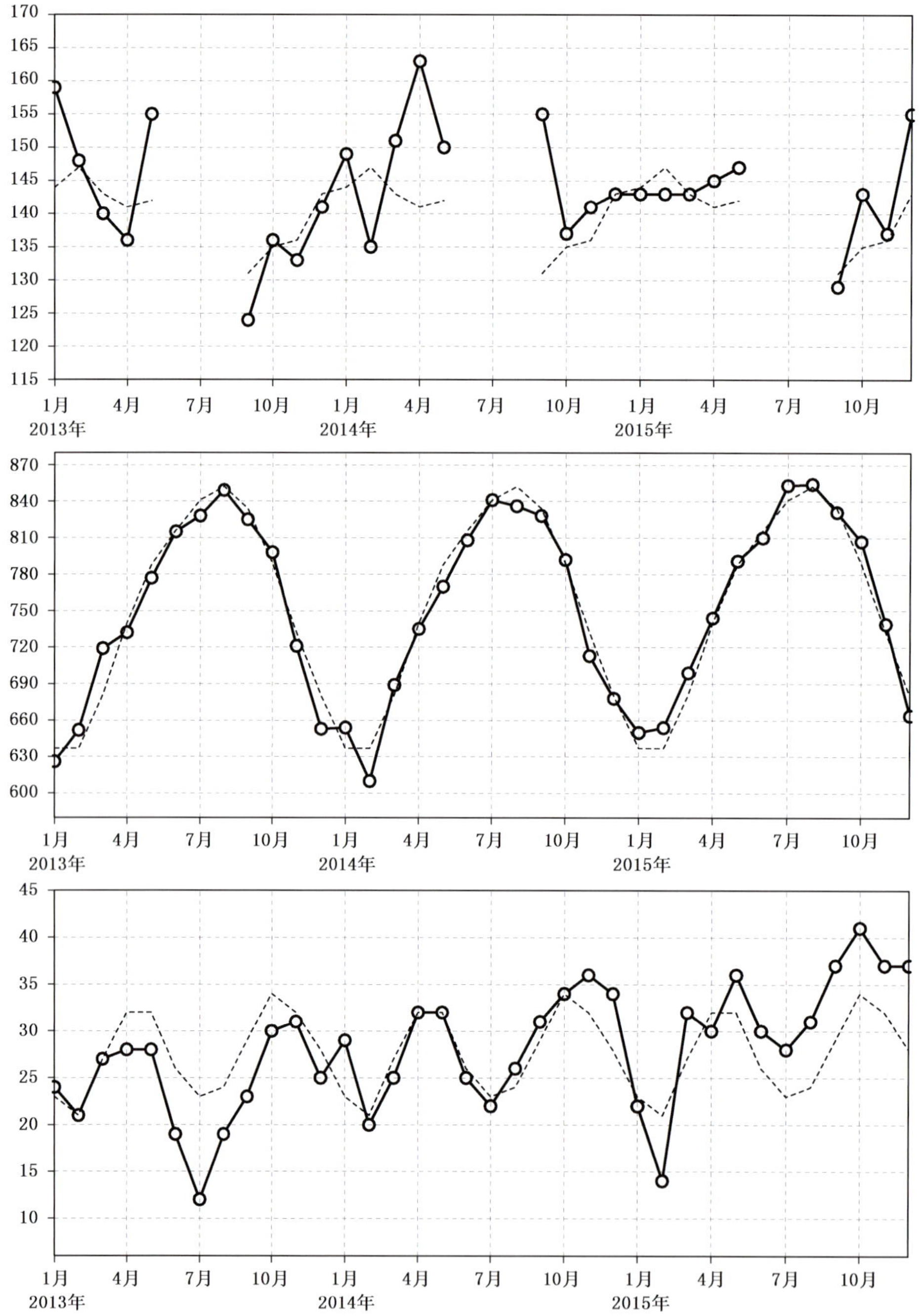

图 2.11　月平均东亚大槽位置(°E)(上,夏季 6—8 月缺省)、青藏高原指数(中,单位:dagpm)、印缅槽指数(下,单位:dagpm)序列图(2013.1—2015.12)

(实线表示观测值,虚线表示常年值)

图 2.12　月平均北极涛动(a)和南极涛动(b)指数序列图(2012.1—2015.12)

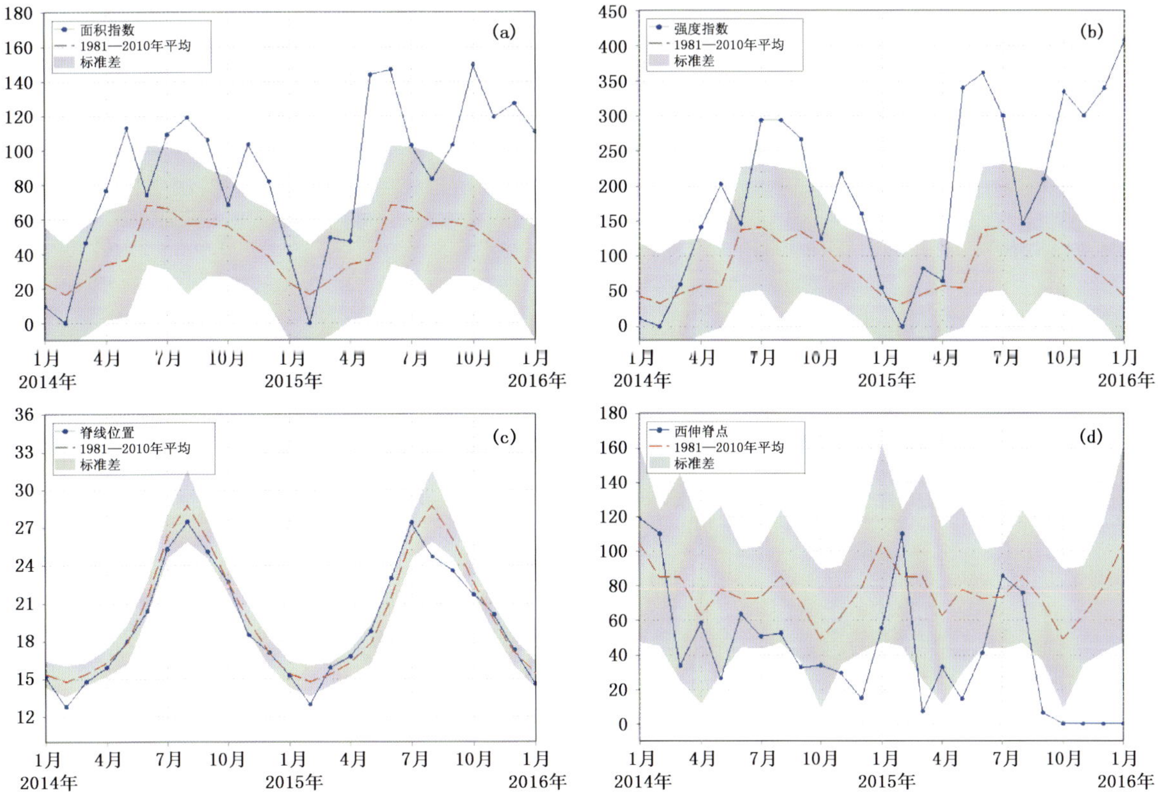

图 2.13　逐月平均西太副高面积指数(a)、强度指数(b)、脊线位置(c,单位:°N)和西伸脊点(d,单位:°E)变化曲线图(2014.1—2015.12)

(实线表示观测值,虚线表示常年值,阴影区表示 1 倍标准偏差)

表 2.1　2015 年逐月北半球 500 hPa 环流特征量及太阳黑子相对数

	年	2015											
	月份	1 月	2 月	3 月	4 月	5 月	6 月	7 月	8 月	9 月	10 月	11 月	12 月
极涡面积指数($10^5 km^2$)	北半球	768	853	728	649	609	611	605	536	603	701	703	771
	亚洲区	201	214	198	153	159	136	128	117	164	188	194	206
	太平洋区	230	245	216	181	176	193	169	144	156	205	178	222
环流指数(dagpm)	欧亚 lz	150	123	129	141	106	92	109	94	105	136	149	162
	地区 lm	47	68	54	63	50	47	48	50	55	62	51	65
	亚洲 lz	138	125	139	148	95	69	89	98	116	155	130	140
	地区 lm	40	57	58	54	51	47	48	39	51	55	42	51
北半球副高指数	面积指数	5	19	34	80	104	135	127	99	116	53	61	18
	强度指数	5	21	45	157	248	357	349	210	217	85	97	24
	脊线位置(°N)	14	15	16	18	23	27	26	22	20	18	16	16
	北界位置(°N)	13	18	20	23	30	35	33	29	25	22	20	20
西太副高指数	面积指数	0	9	6	23	27	19	12	18	28	22	22	14
	强度指数	0	11	6	37	51	42	18	30	53	46	44	20
	脊线位置(°N)	11	15	16	18	22	28	28	23	21	19	18	17
	北界位置(°N)	13	18	19	23	27	34	31	28	26	25	22	20
	西伸脊点(°E)	105	95	105	100	110	140	135	90	90	95	90	95
东亚槽	位置(°E)	143	143	143	145	147				129	143	137	155
青藏高原指数(dagpm)	A 区域	494	499	527	544	573	583	600	605	603	586	555	505
	B 区域	650	654	699	744	791	810	853	854	831	807	739	664
印缅槽指数(dagpm)		22	14	32	30	36	30	28	31	37	41	37	37
太阳黑子相对数		67.0	44.8	38.4	54.4	58.8	68.3	66.4	64.6	78.1	61.7	63.2	57.7

2.2 亚洲季风

2.2.1 东亚冬季风

2014/2015 年冬季，东亚冬季风强度指数为－0.2，强度属于正常略偏弱（图 2.14）。2014/2015 年冬季，西伯利亚高压指数为－0.6，强度偏弱（图 2.15）。冬季欧亚中高纬地区盛行纬向环流，以平直西风气流为主，我国上空主要受正高度距平控制，东亚大槽偏东，不利于冷空气南下影响我国。对流层低层，东亚地区北风偏弱，西伯利亚高压总体偏弱，北极涛动以正位相为主（图 2.12）。

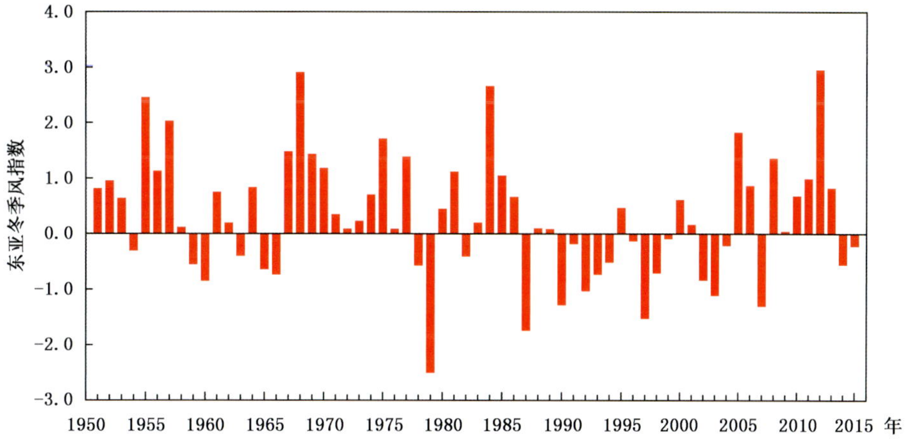

图 2.14　东亚冬季风指数历年变化图（1950/1951 年冬季—2014/2015 年冬季）

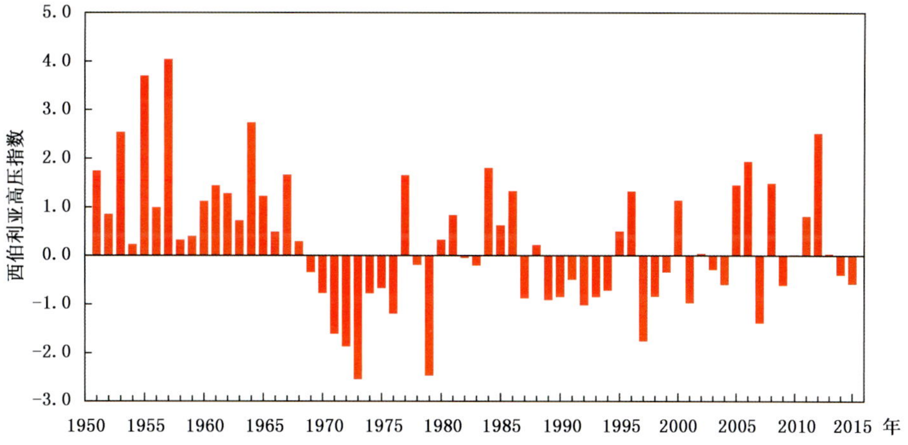

图 2.15　西伯利亚高压指数历年变化图（1950/1951 年冬季—2014/2015 年冬季）

2.2.2 东亚夏季风

2015 年南海夏季风于 5 月第 5 候爆发，爆发时间与常年时间一致；于 10 月第 2 候结束，较常年(9 月第 6 候)偏晚 2 候 (图 2.16)。2015 年南海夏季风强度指数为－0.87，强度偏弱(图 2.17)。南海夏季风强度的逐候演变显示，自 5 月第 5 候南海夏季风爆发后，除 6 月第 5 候至 7 月第 4 候，8 月第 5 候，9 月第 5～6 候，强度偏强外，其余时段强度均较常年同期偏弱(图略)。

东亚副热带夏季风指数的年际变化显示，2015 年东亚副热带夏季风指数为 0.06，强度接近常年(图 2.18)。

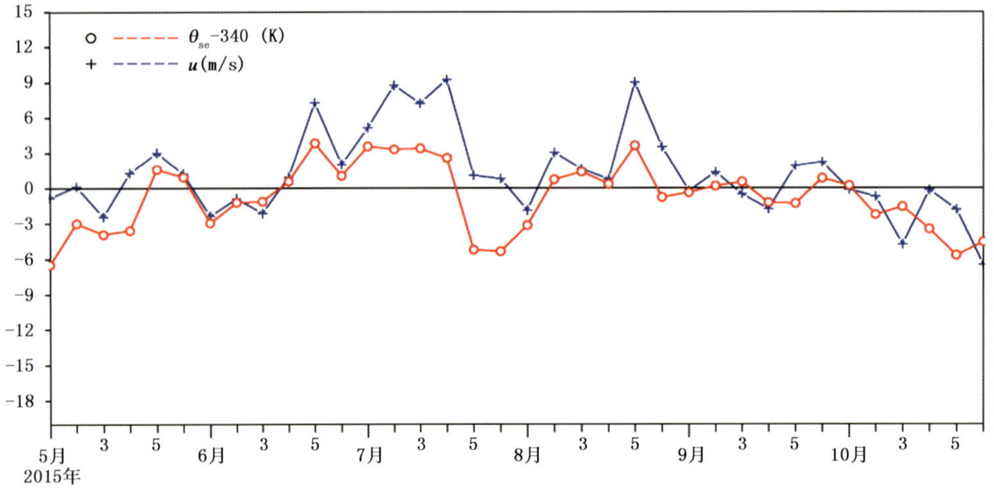

图 2.16 南海监测区(10°～20°N，110°～120°E)850 hPa 平均纬向风(u，单位：m/s)和减去 340 K 的假相当位温(单位：K)逐候变化图

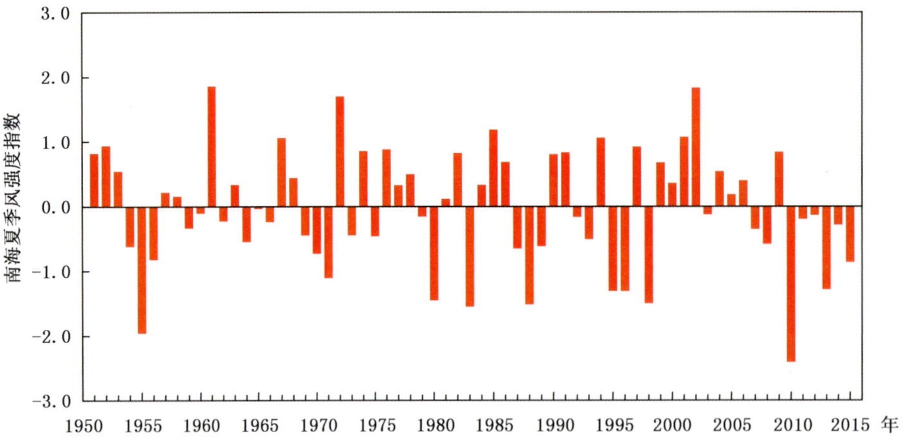

图 2.17 1951—2015 年南海夏季风强度指数的逐年变化图

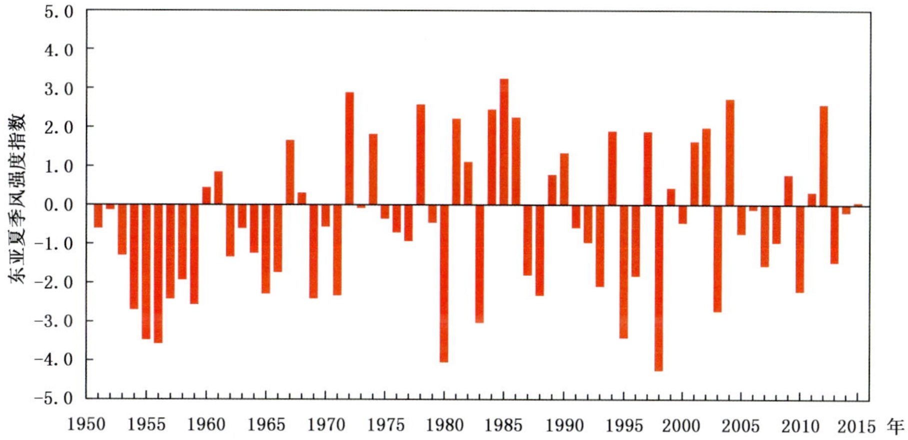

图 2.18 1951—2015 年东亚副热带夏季风强度指数的逐年变化图

2015 年 5 月第 1～5 候，中国东部雨带主要维持在华南地区，5 月第 6 候，西太副高北抬，中国江南和长江中下游地区进入梅雨季节，入梅日期均较常年偏早。随着西太副高的持续北抬，中国江淮地区于 6 月第 5 候入梅，入梅日期较常年略偏晚。6 月第 5 候，华南前汛期结束，结束时间较常年偏早。7 月第 2～3 候，西太副高突然南撤，7 月第 4 候西太副高再次北抬，江淮地区出梅；7 月第 5 候华北雨季开始，开始时间偏晚。8 月第 3 候，西太副高和东亚夏季风开始逐渐南撤，季风雨带也开始南移。8 月第 4 候，华北雨季结束。随着夏季风的进一步南撤，8 月第 5 候，中国华西地区降水明显增多，华西秋雨开始。10 月第 2 候，华西秋雨结束。随着北方冷空气南下影响中国华南沿海和南海地区，南海地区的热力性质出现明显改变，夏季风开始撤离南海地区，南海夏季风结束（图 2.19）。

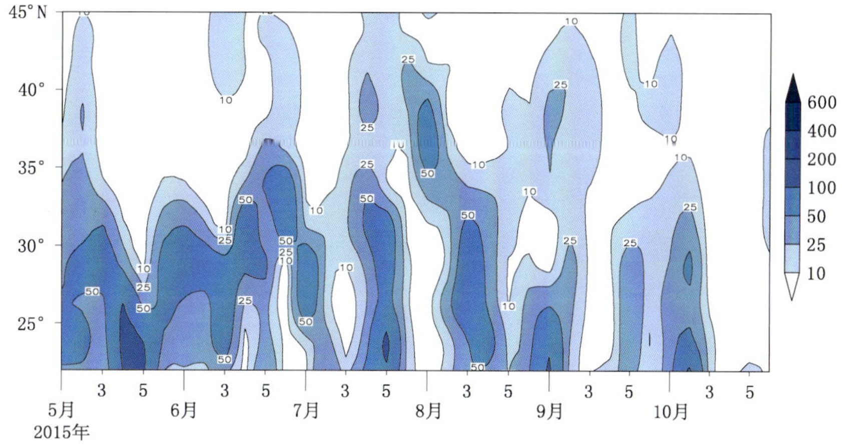

图 2.19 沿 110°～120°E 候平均降水量纬度—时间剖面图（单位：mm）

2015 年，中国雨季概况详见表 2.2。华南前汛期于 5 月 5 日开始，6 月 25 日结束，历时 51 天，总降雨量 517.8 mm；与常年相比，开始偏晚 29 天，结束偏早 11 天，雨季偏短 40 天，为 1978 年以来最短，雨量偏少 29.2%。西南雨季于 6 月 9 日开始，10 月 15 日结束，历时 128 天，总降雨量 671.0 mm；与常年相比，开始偏晚 14 天，结束偏晚 1 天，雨季偏短 13 天，雨量偏少9.9%。江南梅雨入梅时间偏早12天，出梅时间偏晚18天，梅雨期雨量偏多85.1%；长江中下游梅雨入梅时间偏早19天，出梅时间偏晚14天，梅雨期雨量偏多94.6%；江淮梅雨入梅时间偏晚3天，出梅时间偏晚10天，雨量偏多31.2%。华北雨季于7月23日开始，较常年偏晚5天，8月18日结束，较常年偏早1天，雨季长度为26天，较常年偏短6天；雨季总降水量为65.1 mm，比常年偏少52.0%，为近13年来次少。华西秋雨于8月24日开始，较常年偏早7天，10月7日结束，比常年偏早25天。平均雨量193.4 mm，较常年偏少4.6%。但区域差异显著，主要表现为"南多北空"特点，即华西南部雨量偏多，而华西北部出现空汛。

表2.2　2015年中国雨季概况

类别	开始日期	结束日期	雨季长度（天）	雨季期间降水量（mm）
华南前汛期	5月5日	6月25日	51	517.8（−29.2%）
江南梅雨	5月27日	7月26日	60	676.5(+85.1%)
长江中下游梅雨	5月26日	7月27日	62	546.8(+94.6%)
江淮梅雨	6月24日	7月20日	26	347.0(+31.2%)
华北雨季	7月23日	8月18日	26	65.1(−52.0%)
西南雨季	6月9日	10月15日	128	671.0(−9.9%)
华西秋雨	8月24日	10月7日	44	193.4(−4.6%)

2.2.3 印度夏季风

2015年6月5日印度夏季风(又称西南季风)首先在喀拉拉邦地区爆发，较常年同期(6月1日)偏晚4天，历时21天后于6月26日在整个印度半岛建立，较常年(7月15日)偏早19天。

6月5日，伴随MJO发展加强并东传至印度洋地区，夏季风首先在印度喀拉拉邦建立，同一天，季风推进到阿拉伯海南部和中部部分地区、拉克沙群岛、卡纳塔克邦和泰米尔纳德邦的沿海和南部内陆地区以及孟加拉湾南部和中东部。之后，季风持续向北推进，至6月14日控制阿拉伯海中部和北部部分地区、印度半岛南部、印度中部和东北部大部分地区。此后，受阿拉伯海和孟加拉湾两个强热带低压系统影响，低压系统和中纬度西风槽区扰动活跃，为西南季风的进一步推进创造了有利条件，西南季风迅速向北推进，于6月24日推进到北部平原和喜马拉雅山脉西部地区，并于6月26日在整个印度半岛建立(图2.20)。

2015年9月4日，拉贾斯坦邦西北部对流层中低层由气旋型环流转为反气旋环流控制，西南季风开始从拉贾斯坦邦西部撤退，较常年撤退日期(9月1日)偏晚3天。至9月29日，西南季风撤出拉贾斯坦邦、旁遮普邦、哈里亚纳邦、昌迪加尔和德里、查谟和克什米尔、喜马偕尔邦、北阿坎德邦、北方邦西部和中央邦西部、古吉拉特邦和北阿拉伯海。至10月16日，西南季风已撤出印度中部大部地区及阿拉伯海15°N以北地区(图2.21)。

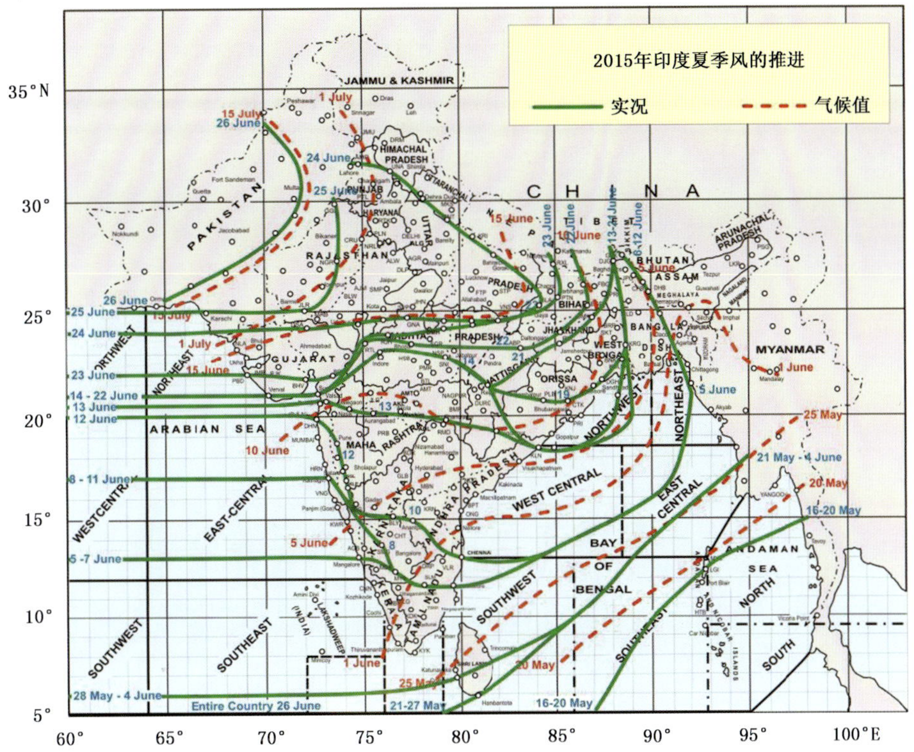

图 2.20　2015 年印度夏季风的推进分布图(红色虚线为气候态,绿色实线为实况)
(引自印度气象局：http://www.imd.gov.in/main_new.htm)

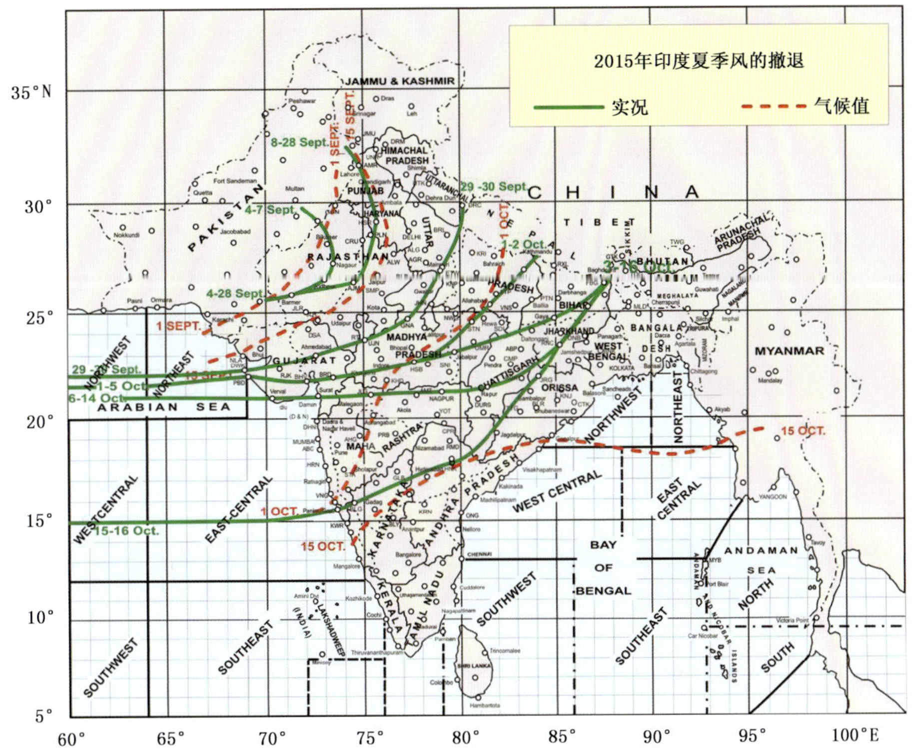

图 2.21　2015 年印度夏季风的撤退分布图(红色虚线为气候态,绿色实线为实况)
(引自印度气象局：http://www.imd.gov.in/main_new.htm)

2015 年印度夏季风强度较常年同期偏弱，季风雨季（6—9 月）全印度平均降水量较常年同期偏少 14%，其中仅 6 月降水偏多 16%，7—9 月降水分别偏少 16%、22% 和 24%。从全印度降水量的逐周演变可以看出，除 6 月第 3 周、6 月第 4 周、7 月第 5 周和 9 月第 4 周外，其余时段降水量均较常年同期偏少，偏少幅度最大值出现在 9 月第 5 周，降水量较常年同期偏少 62%（图 2.22）。

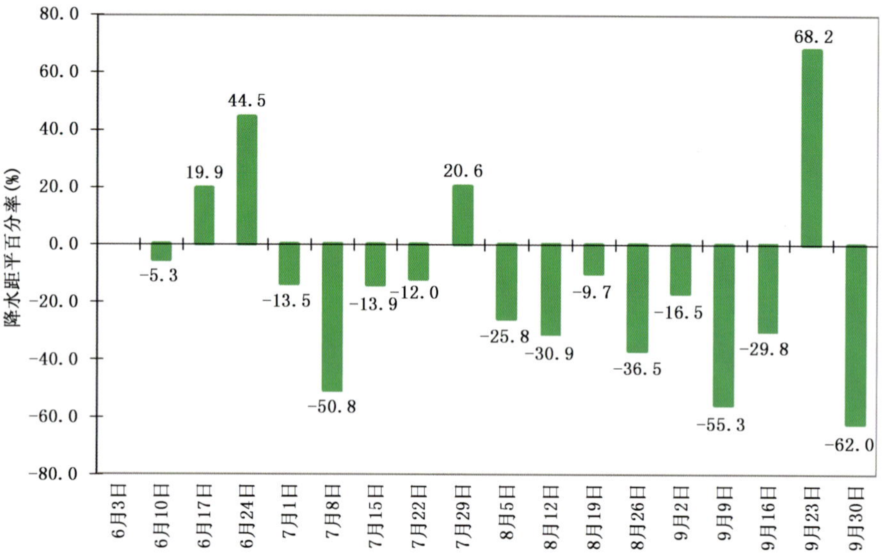

图 2.22　2015 年印度夏季风降水距平百分率的逐周演变图
（引自印度气象局：http://www.imd.gov.in/main_new.htm）

第 3 章 海洋

3.1 热带太平洋海表温度及 Niño 指数演变特征

2015 年赤道中东太平洋海表温度正距平维持，厄尔尼诺事件发展、加强，并于 11 月达到峰值，成为一次超强厄尔尼诺事件；12 月开始，本次厄尔尼诺事件进入衰减阶段。

对 2015 年内各 Niño 指数变化的逐月监测分析表明，Niño 3.4 区及 Niño Z 区海温指数在 1—3 月维持在 0.5℃左右，4—11 月为持续上升阶段，5 月之后持续超过 1.0℃；11 月，Niño 3.4 区海温指数为 2.9℃，Niño Z 区海温指数为 2.4℃，达到此次厄尔尼诺事件的峰值；12 月 Niño 3.4 区及 Niño Z 区海温指数均开始下降(图 3.1)。2015 年 3 月，Niño 1+2 区海温指数由负转正，随后迅速增强，4—12 月维持在 2.0℃以上。1—3 月，Niño 3 区海温指数较前期略有下降，4 月后开始发展、加强，直至 11 月达到峰值(2.9℃)。1—4 月，Niño 4 区海温指数持续上升，5—7 月表现为波动性小幅下降，8 月转为上升趋势；但 6—12 月稳定在 1.0℃以上，并于 11 月达到峰值(1.7℃)。从海表温度的演变来看，2015 年 1 月赤道太平洋异常暖水中心位于日界线以西，随后暖中心逐渐东移；4 月南美沿岸海区的异常暖水发展、增强，至 7 月异常暖水中心主要位于赤道东太平洋海区；8 月后异常暖水中心略有西移，赤道东太平洋大部海温正距平超过 2.5℃(图 3.2～图 3.4)。

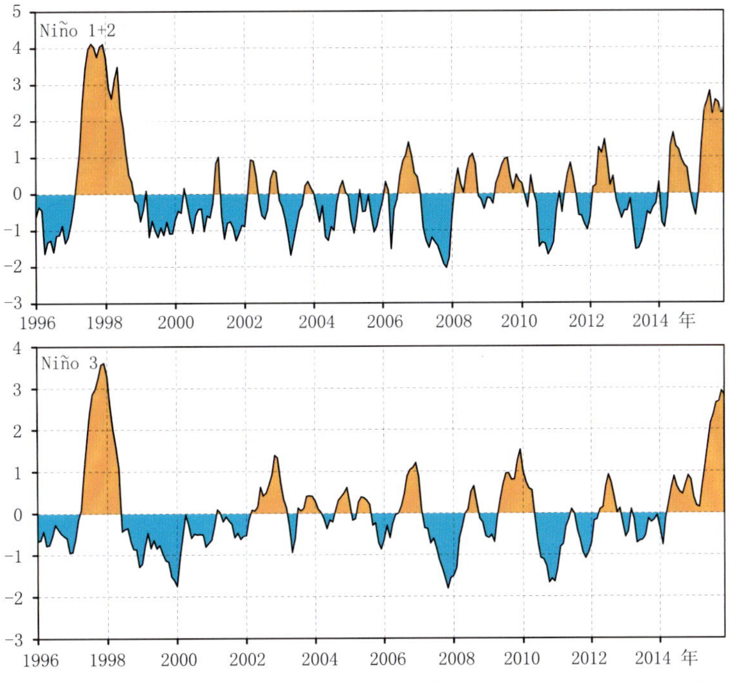

图 3.1 月尺度赤道太平洋各 Niño 区海温指数序列图(1996—2015 年)(单位:℃)

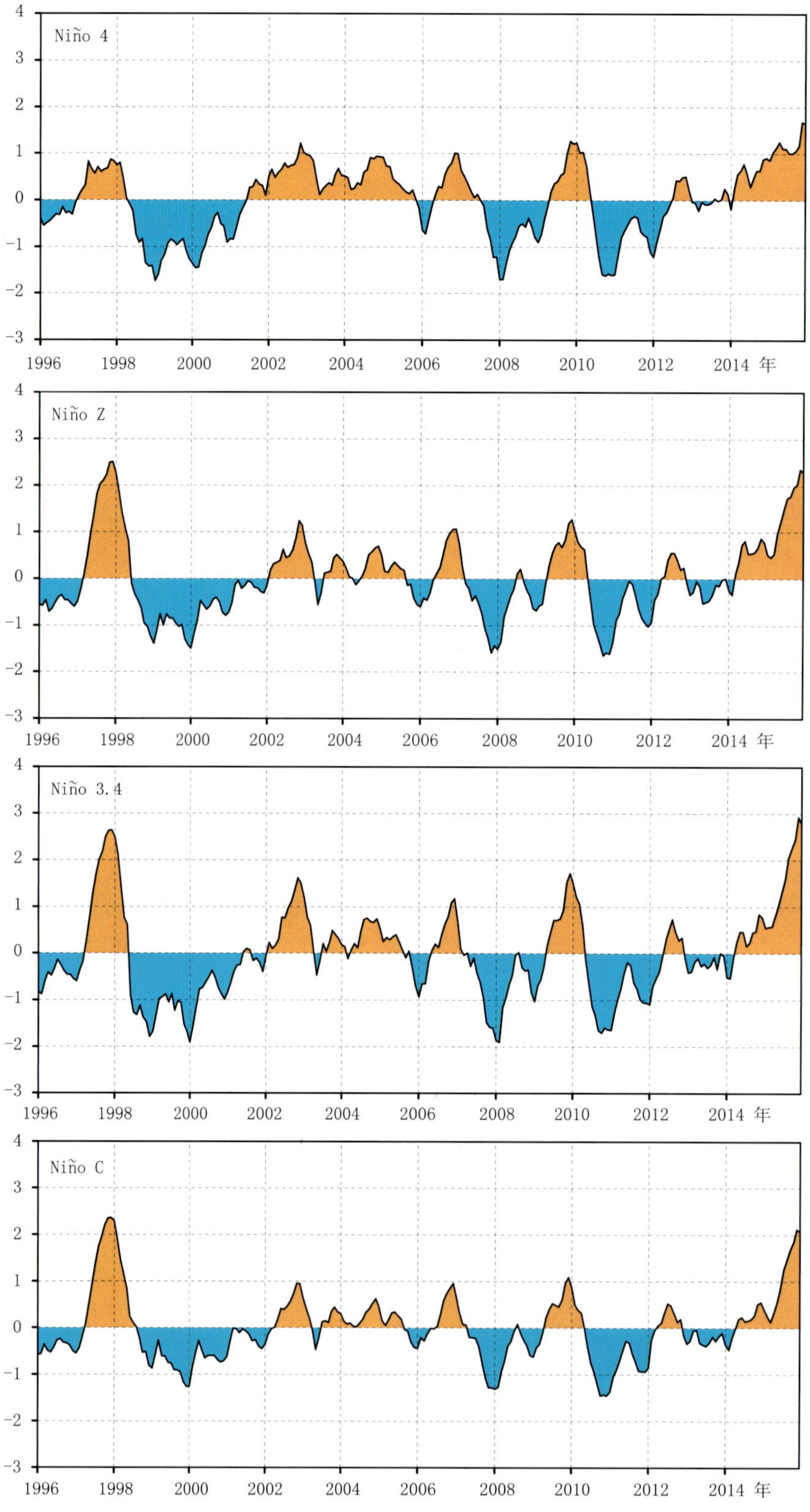

图 3.1 月尺度赤道太平洋各 Niño 区海温指数序列图(1996—2015 年)(单位:℃)(续)

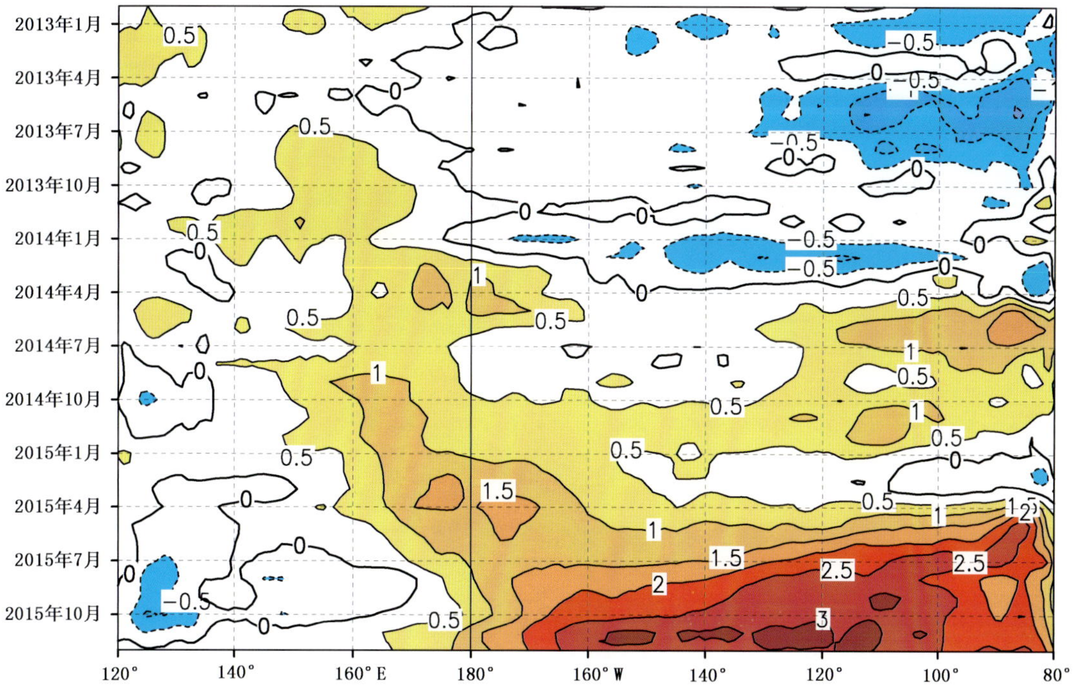

图 3.2　2013 年 1 月—2015 年 12 月赤道太平洋海表温度距平时间—经度剖面图(单位:℃)

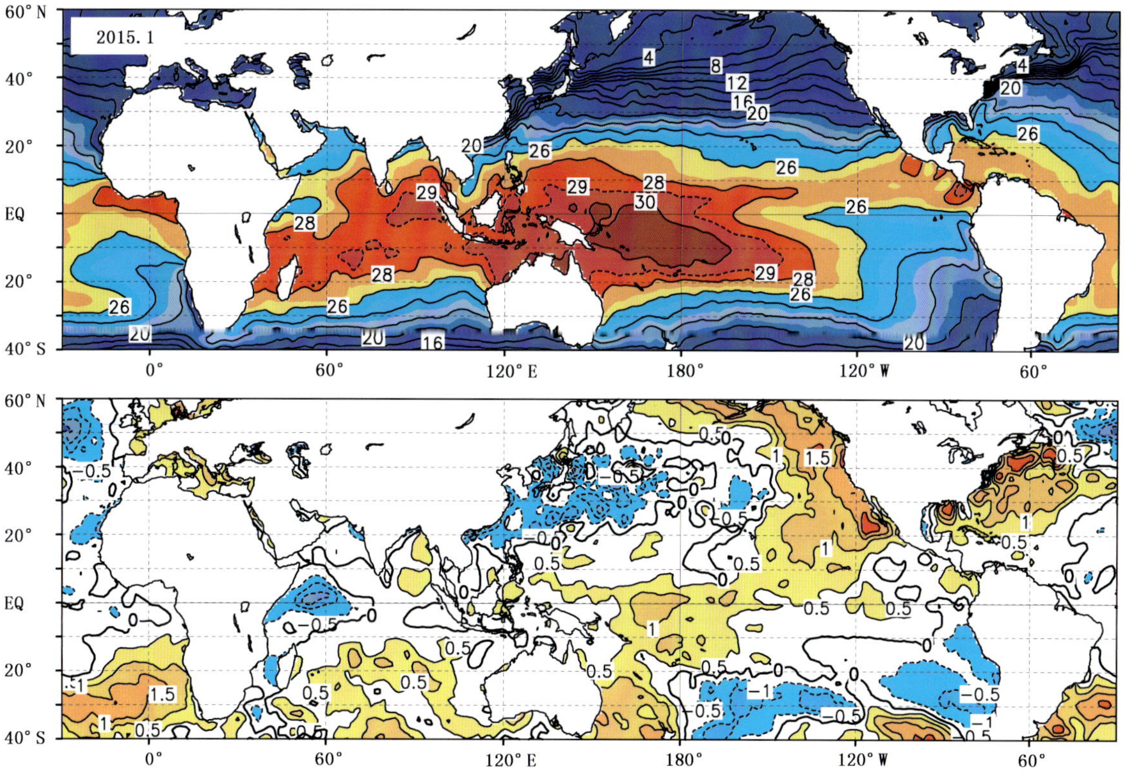

图 3.3　2015 年逐月全球平均海表温度(上)及距平(下)分布图(单位:℃)

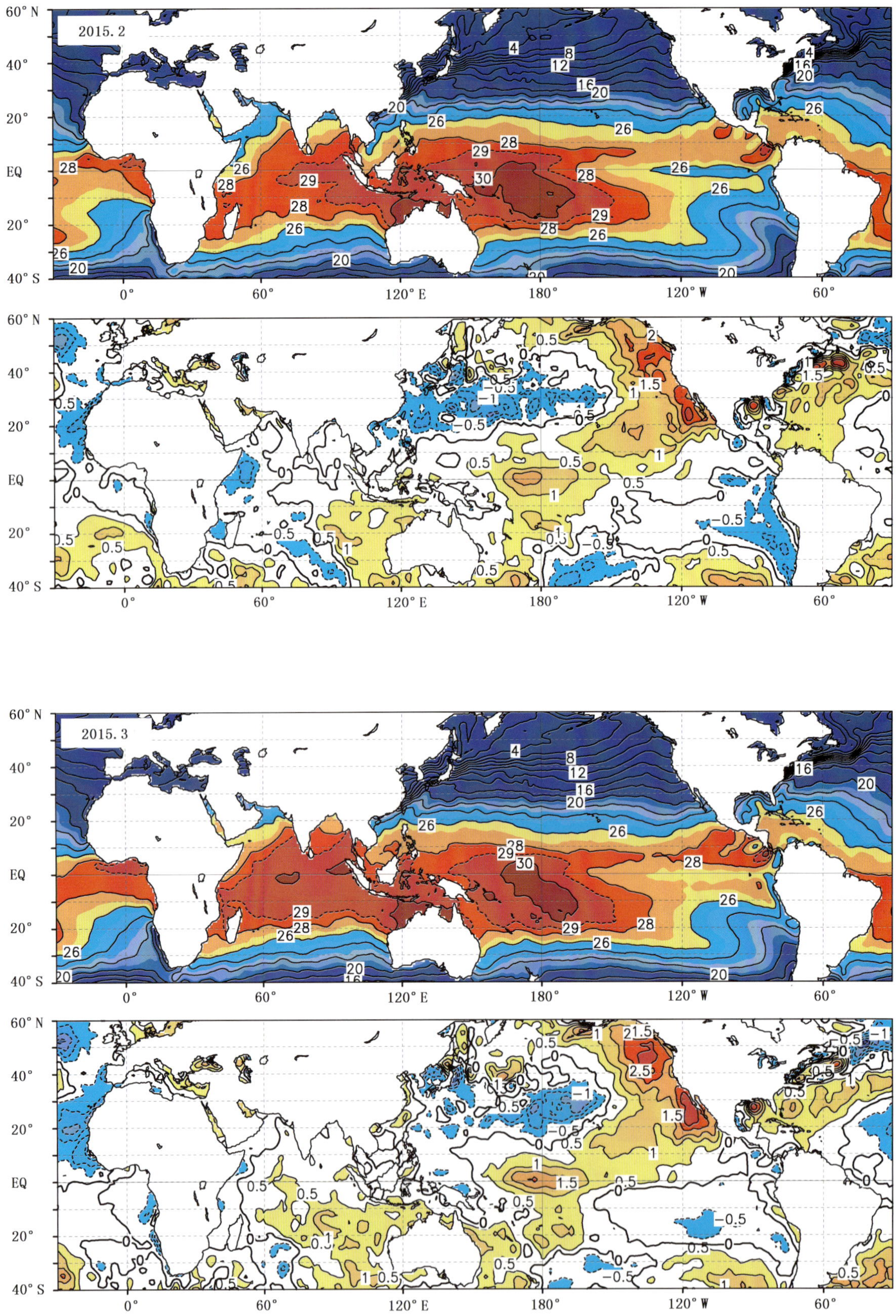

图 3.3　2015 年逐月全球平均海表温度(上)及距平(下)分布图(单位:℃)(续 1)

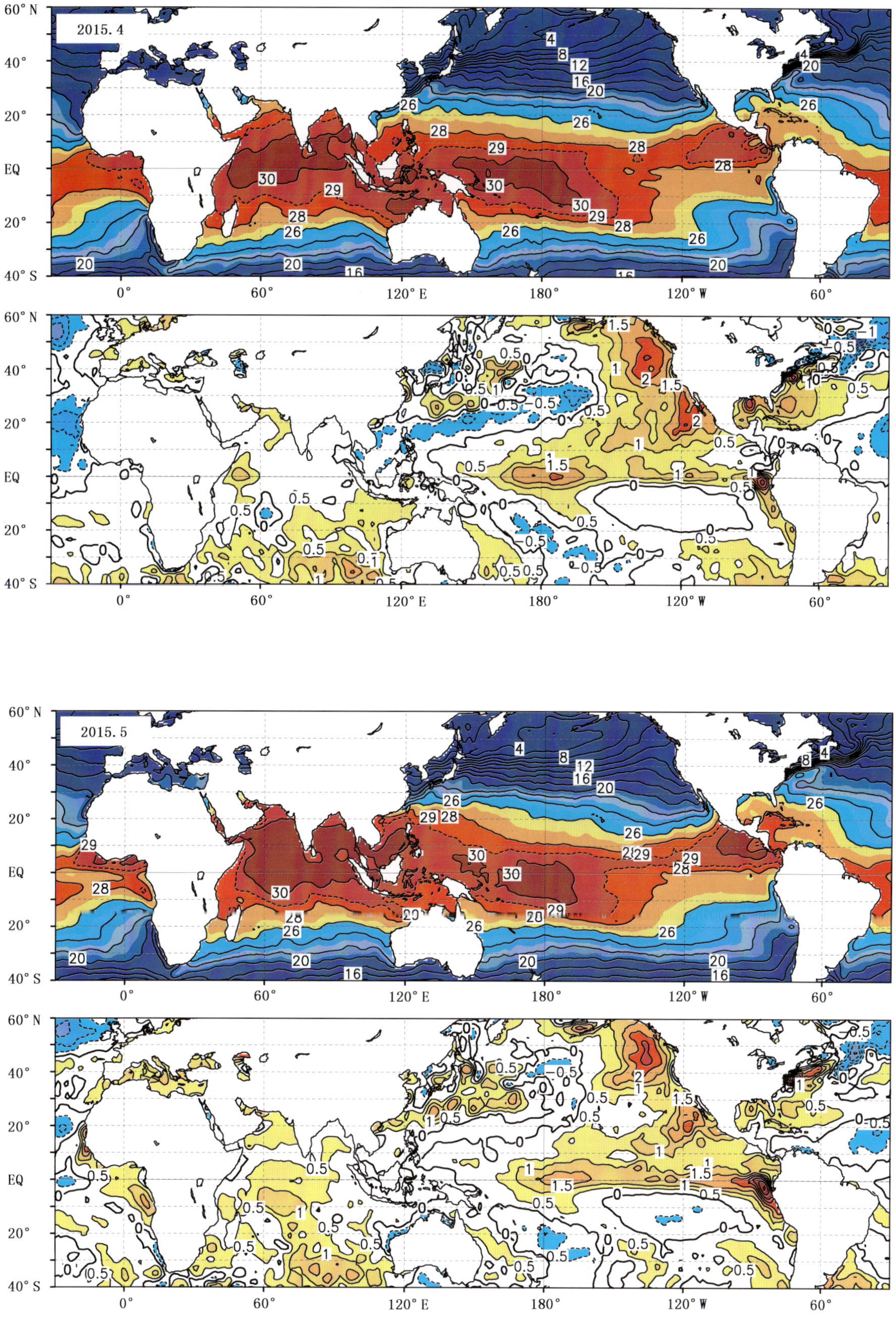

图 3.3　2015 年逐月全球平均海表温度(上)及距平(下)分布图(单位:℃)(续 2)

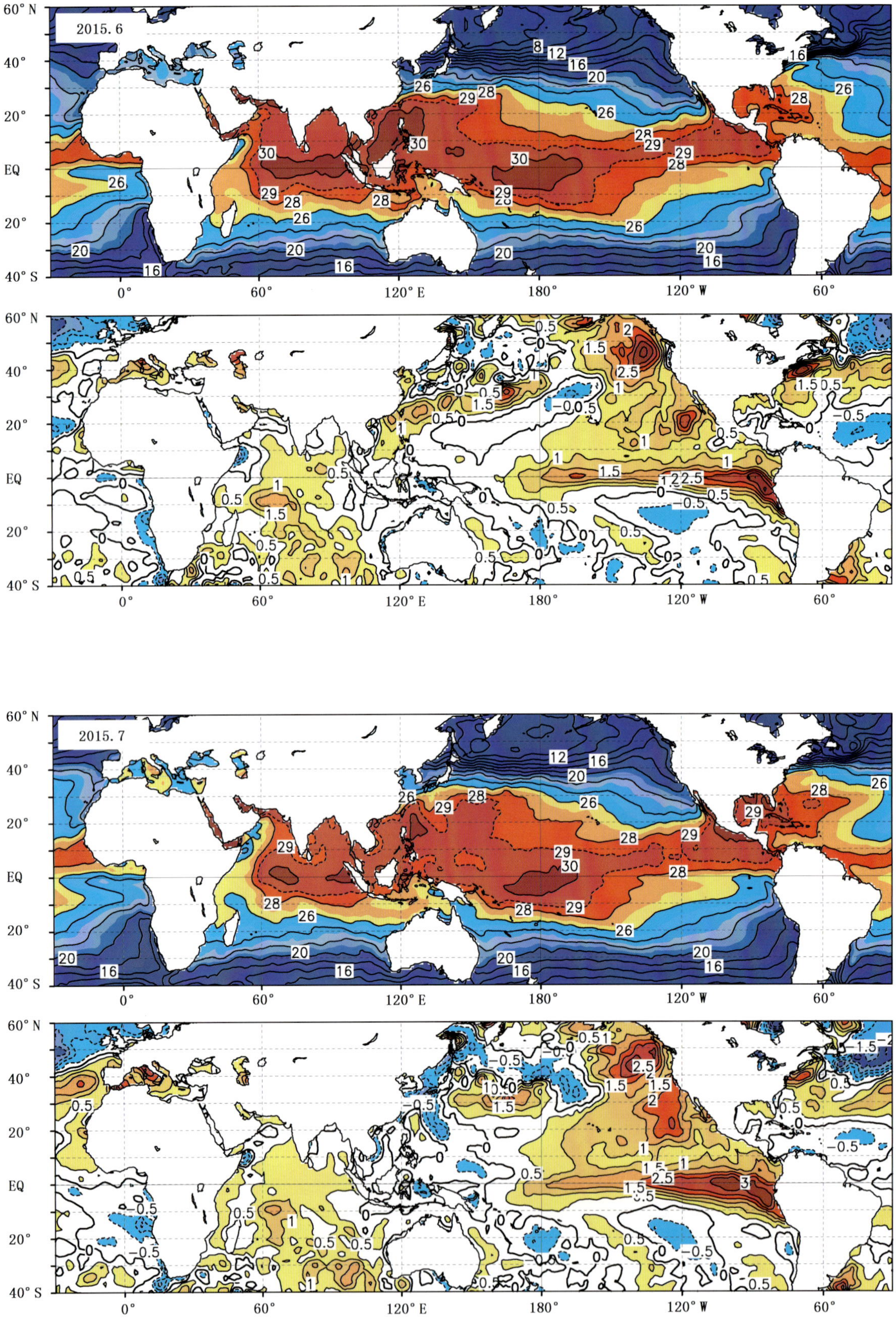

图 3.3　2015 年逐月全球平均海表温度(上)及距平(下)分布图(单位:℃)(续 3)

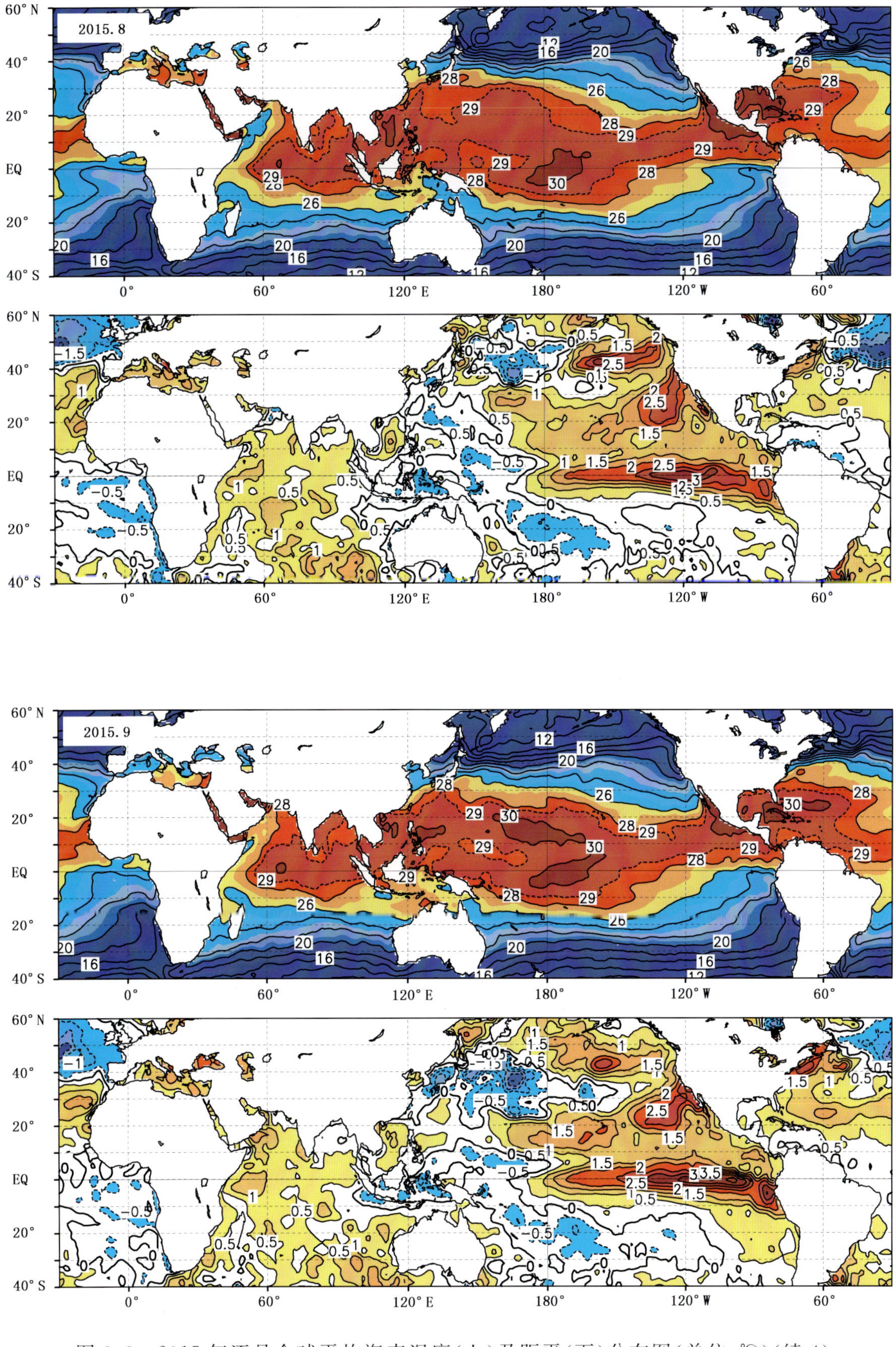

图 3.3 2015 年逐月全球平均海表温度(上)及距平(下)分布图(单位:℃)(续 4)

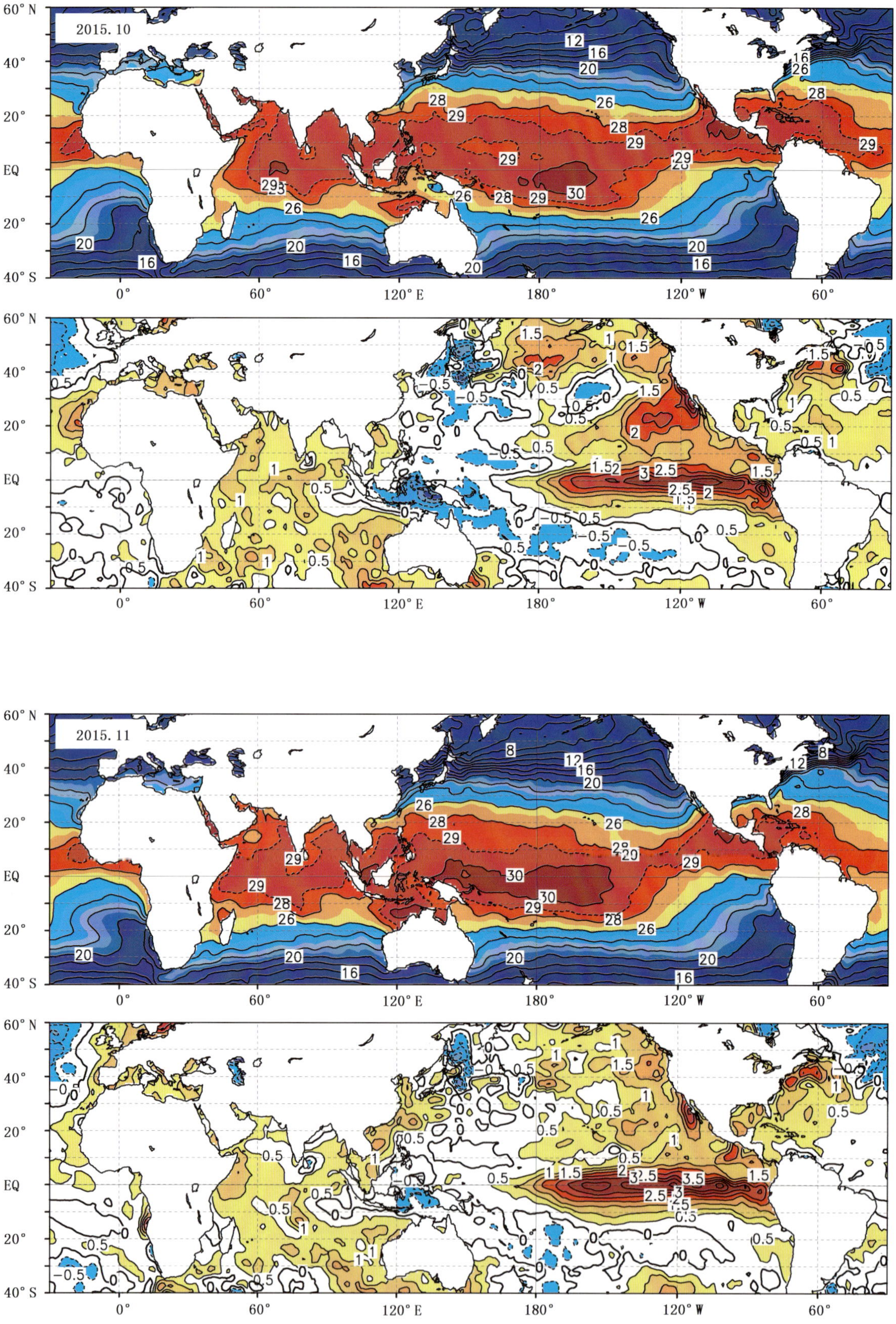

图 3.3 2015 年逐月全球平均海表温度(上)及距平(下)分布图(单位:℃)(续 5)

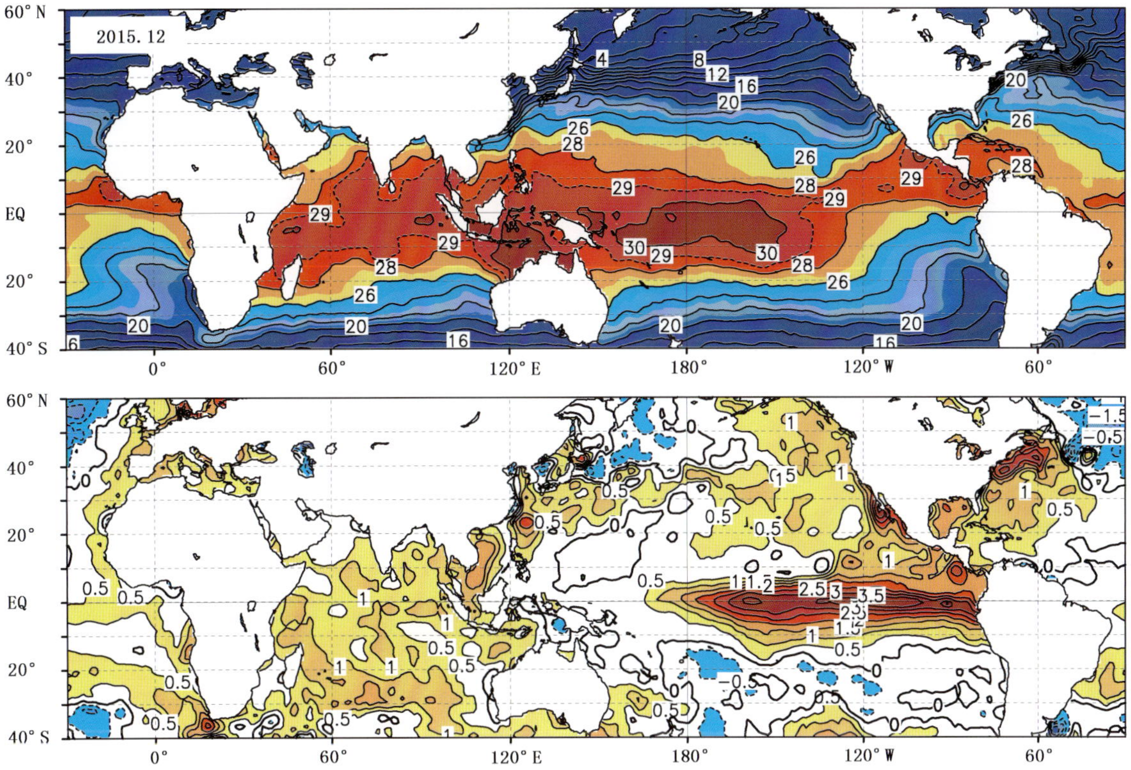

图 3.3 2015 年逐月全球平均海表温度(上)及距平(下)分布图(单位:℃)(续 6)

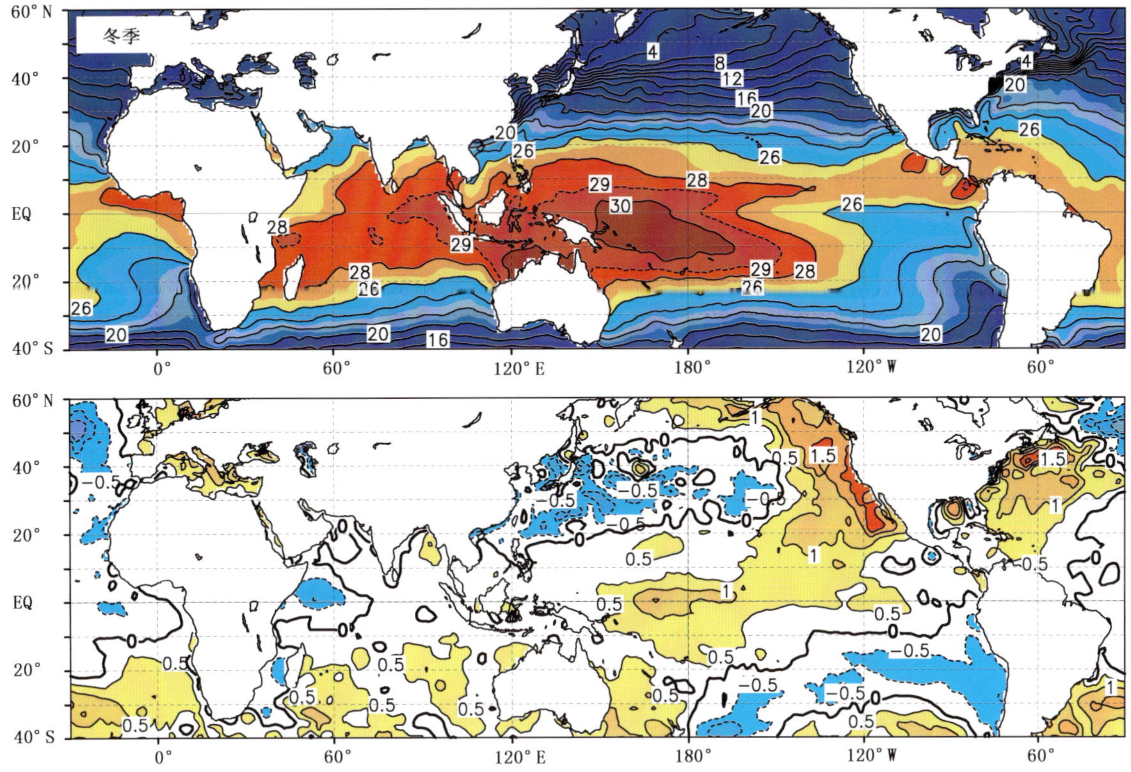

图 3.4 2015 年各季全球平均海表温度(上)及距平(下)分布图(单位:℃)
(从上至下依次为北半球冬季、春季、夏季、秋季)

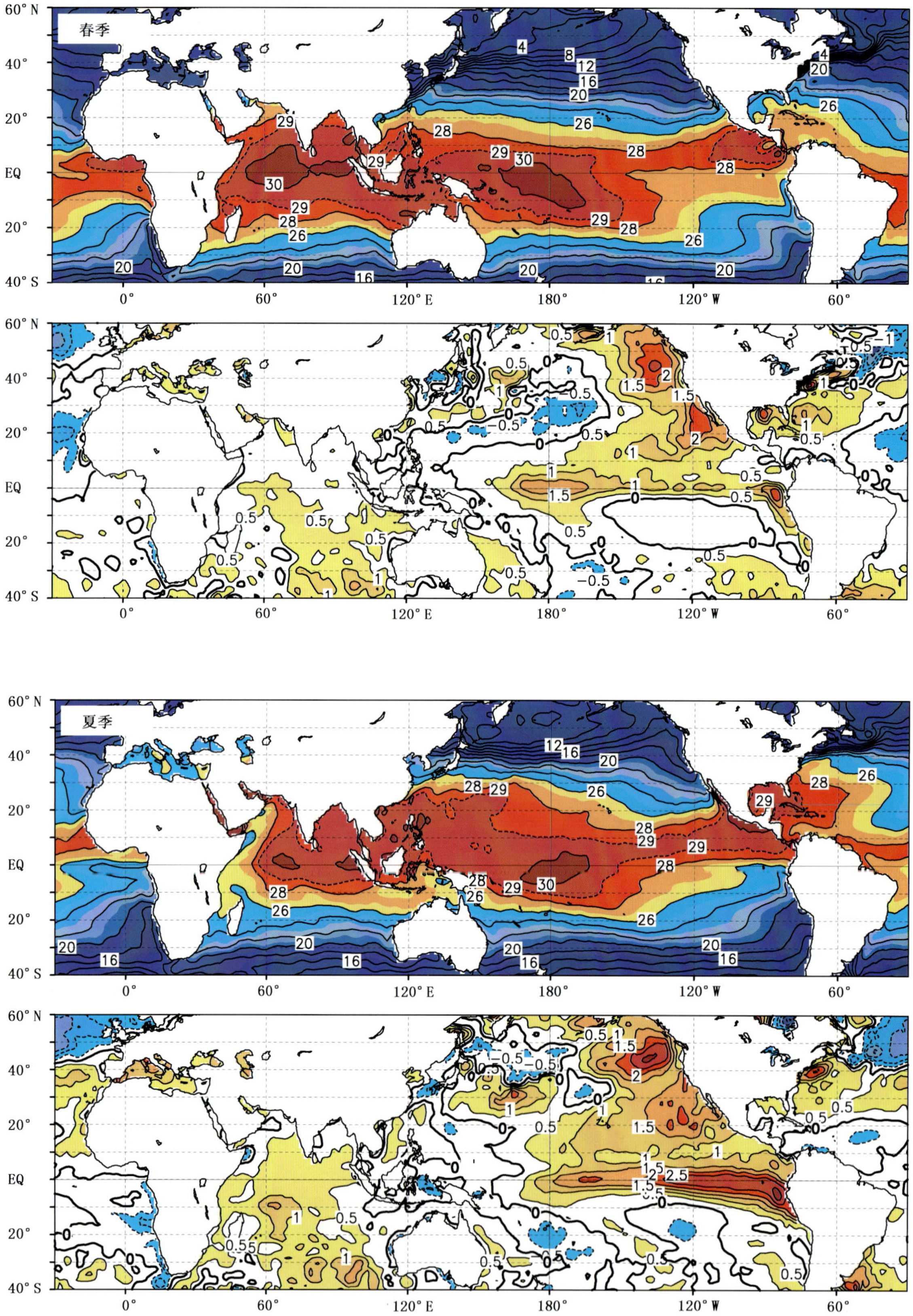

图 3.4　2015 年各季全球平均海表温度(上)及距平(下)分布图(单位:℃)
(从上至下依次为北半球冬季、春季、夏季、秋季)(续 1)

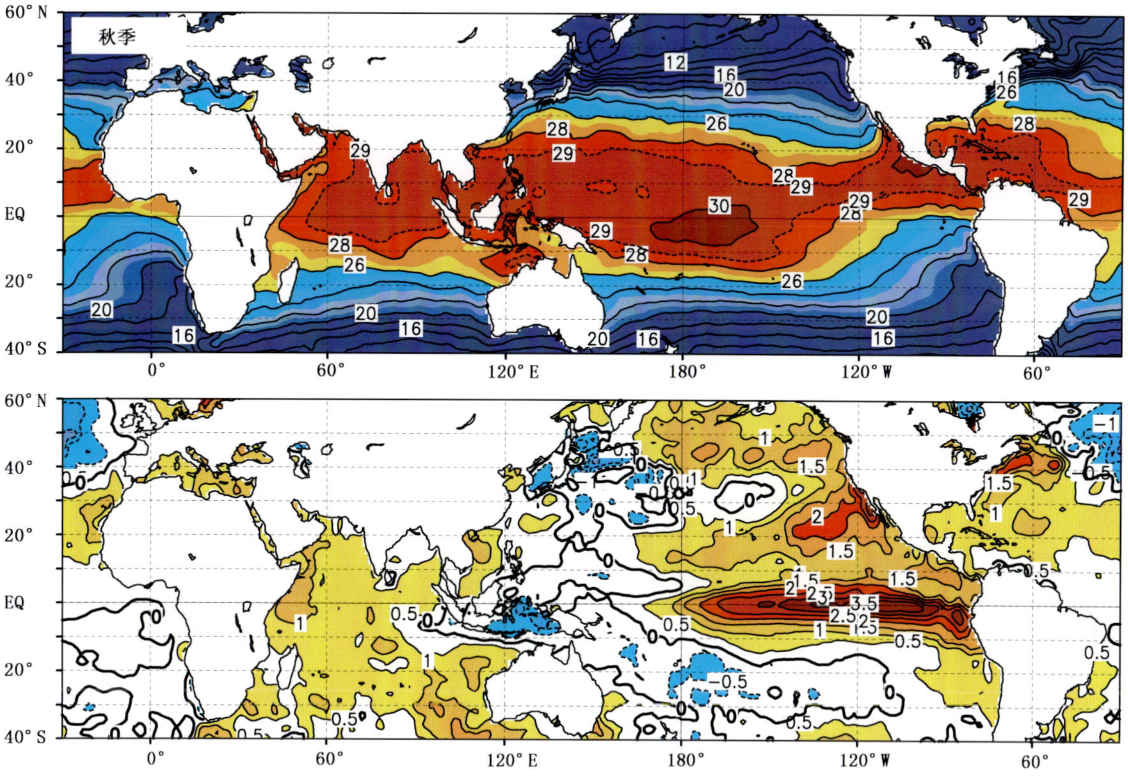

图 3.4 2015 年各季全球平均海表温度(上)及距平(下)分布图(单位:℃)
(从上至下依次为北半球冬季、春季、夏季、秋季)(续 2)

3.2 热带印度洋海表温度及海温指数演变特征

2015 年,热带印度洋海表温度(简称海温)以偏暖状态为主(图 3.3)。1—3 月热带印度洋偶极子(TIOD)(Saji, *et al.*,1999)呈现热带西印度洋海温偏低、东南印度洋海温偏高的负位相模态,4 月开始转为正位相模态并呈现波动性增长,9 月达到年度峰值之后开始减小,12 月重新转为负位相模态(图 3.5)。2015 年热带印度洋表现为全区一致增暖的特点(2 月出现短暂波动),之后总体呈现持续增强趋势(图 3.6)。

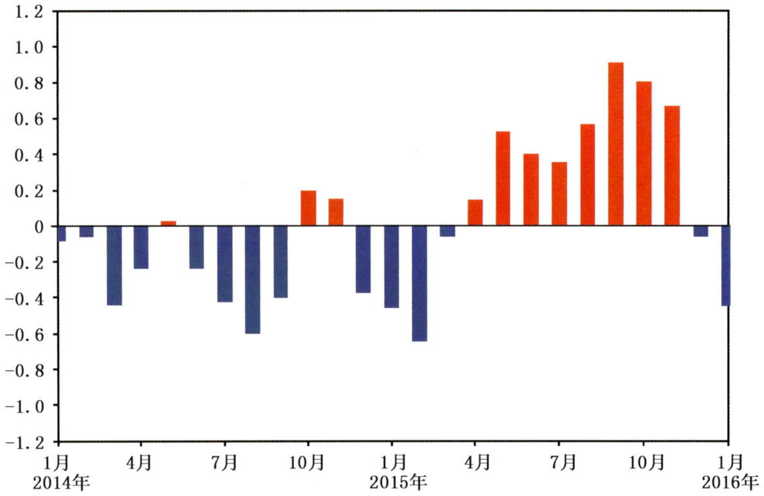

图 3.5　热带印度洋偶极子(TIOD)指数的时间序列图(单位:℃)

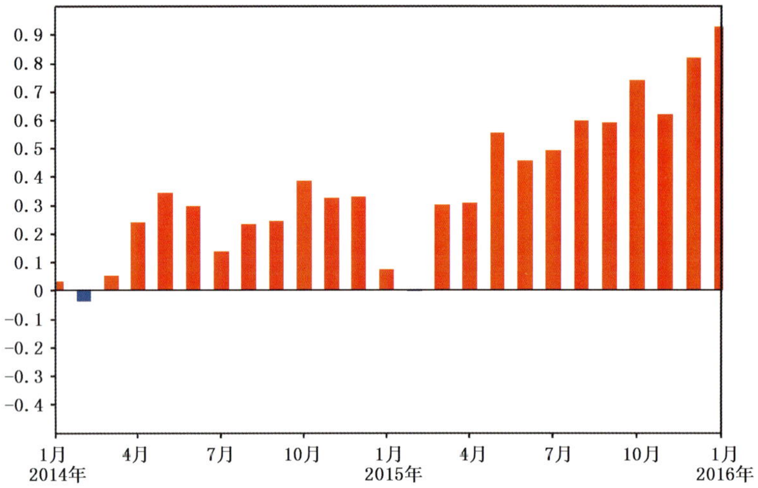

图 3.6　热带印度洋全区一致海温(IOBW)指数的时间序列图(单位:℃)

3.3　暖池演变特征

2015 年,印度洋暖池及西太平洋暖池强度全年总体均偏强(图 3.7)。

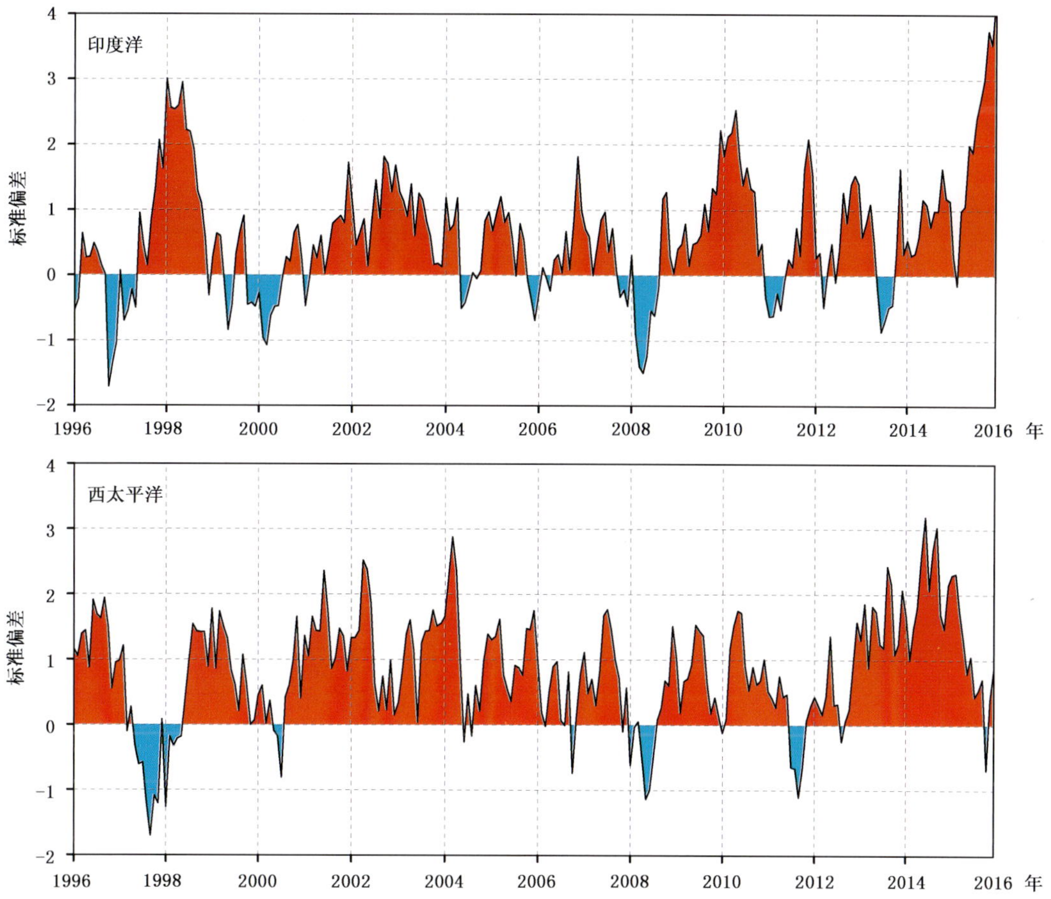

图 3.7 月尺度印度洋(上)和西太平洋(下)暖池强度指数序列图(1996—2015 年)(单位:℃)

3.4 赤道太平洋次表层海温演变特征

2015 年 1—3 月,赤道太平洋次表层海温表现为大部偏暖(正距平),东部有冷水团(负距平)的格局。4 月开始,赤道中东太平洋次表层由暖水体控制,强度较前期明显加强,正距平中心强度超过 6℃;同时,冷水控制了赤道西太平洋,次表层东暖西冷格局形成(图 3.8)。6 月以后,赤道西太平洋次表层冷水向东有所扩展,赤道中东太平洋次表层维持强大的暖水体。11—12 月,赤道中东太平洋次表层暖水强度再次加强,正距平中心强度超过 7℃,同时,赤道西太平洋次表层冷水也较前期明显加强,并且冷水体进一步向东扩展,至此,本次厄尔尼诺事件发展至顶峰。

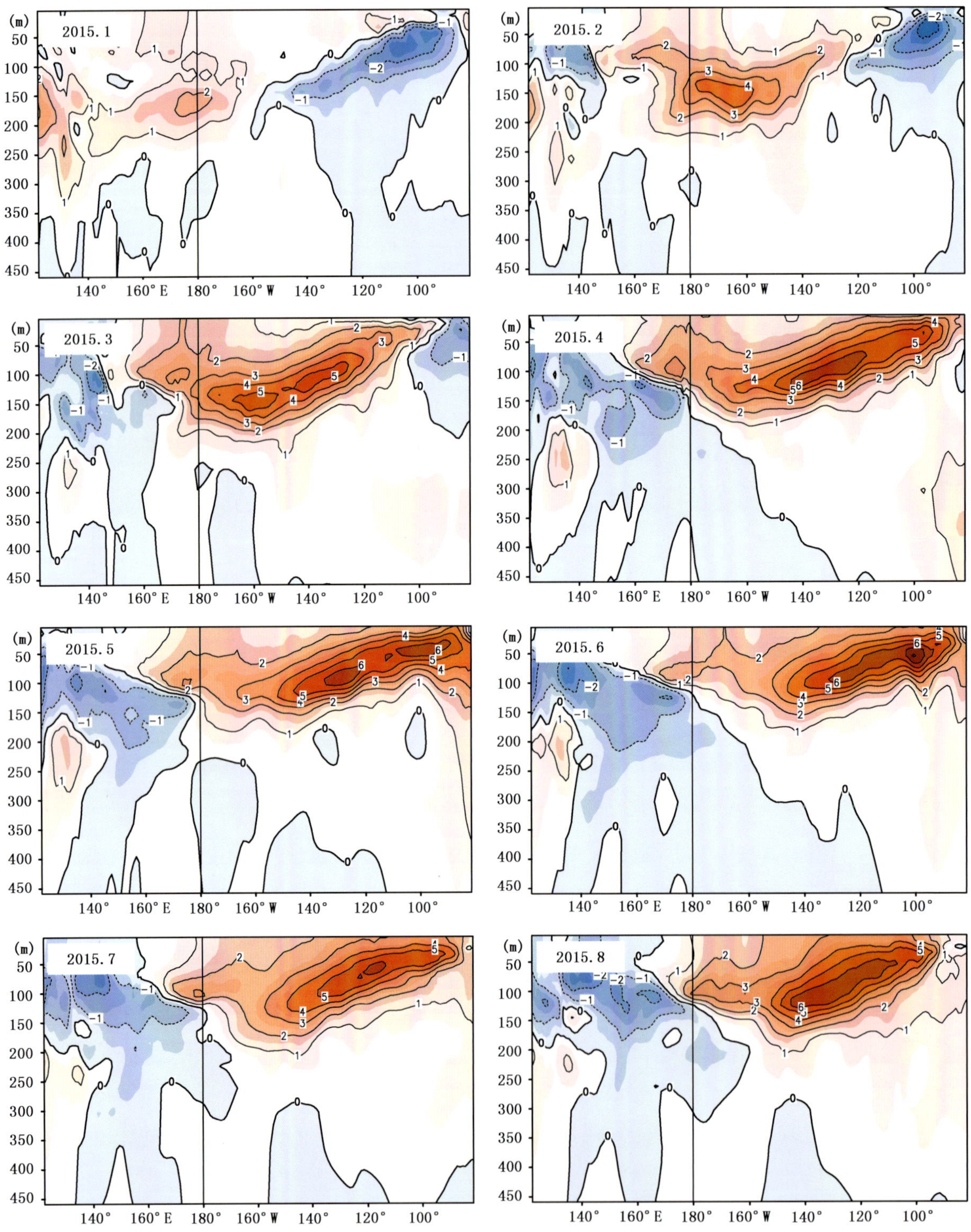

图 3.8　2015 年 1—12 月赤道太平洋(5°S～5°N)平均次表层海温距平经度—深度剖面图(单位:℃)

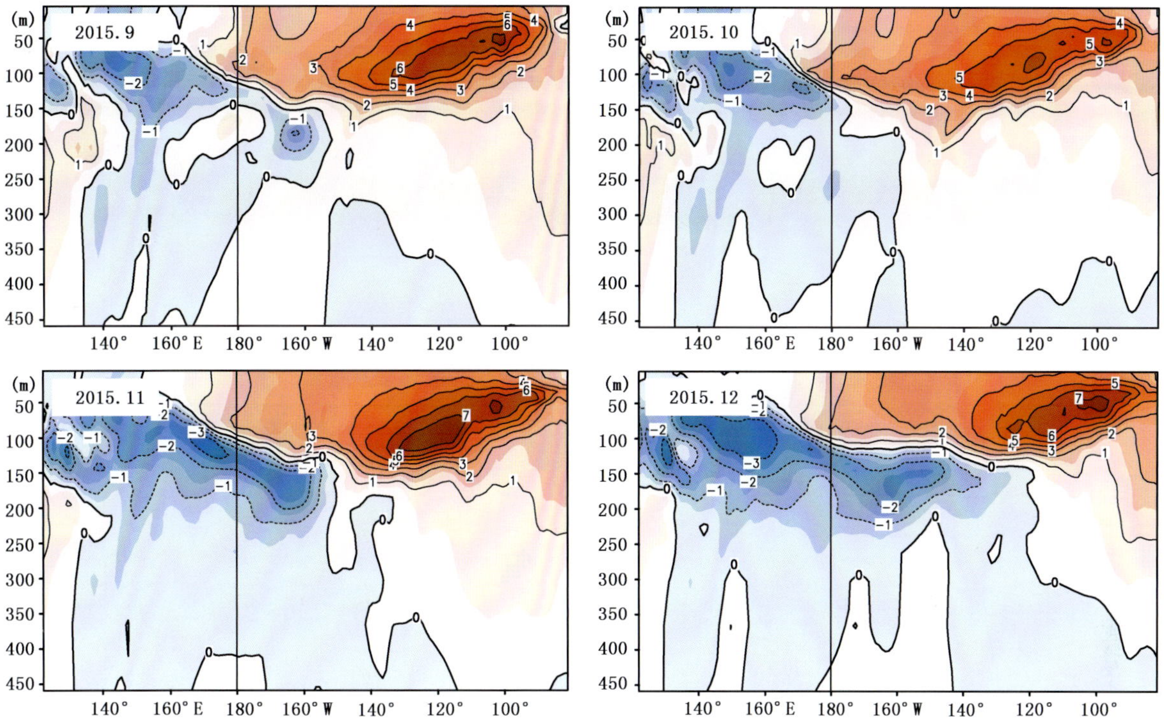

图 3.8　2015 年 1—12 月赤道太平洋(5°S～5°N)平均次表层海温距平经度—深度剖面图(单位:℃)(续)

3.5　南方涛动演变特征

2015 年,南方涛动指数(SOI)表现为显著的负位相特征(图 3.9)。其中,1—3 月为负值,经过 4 月短暂转为弱的正值(0.1)以后,5—12 月为持续的负值。特别是 7—10 月,南方涛动指数维持在—1 以下,表明伴随着赤道中东太平洋的海温增暖,热带大气表现出了对海洋暖水波动的显著响应。

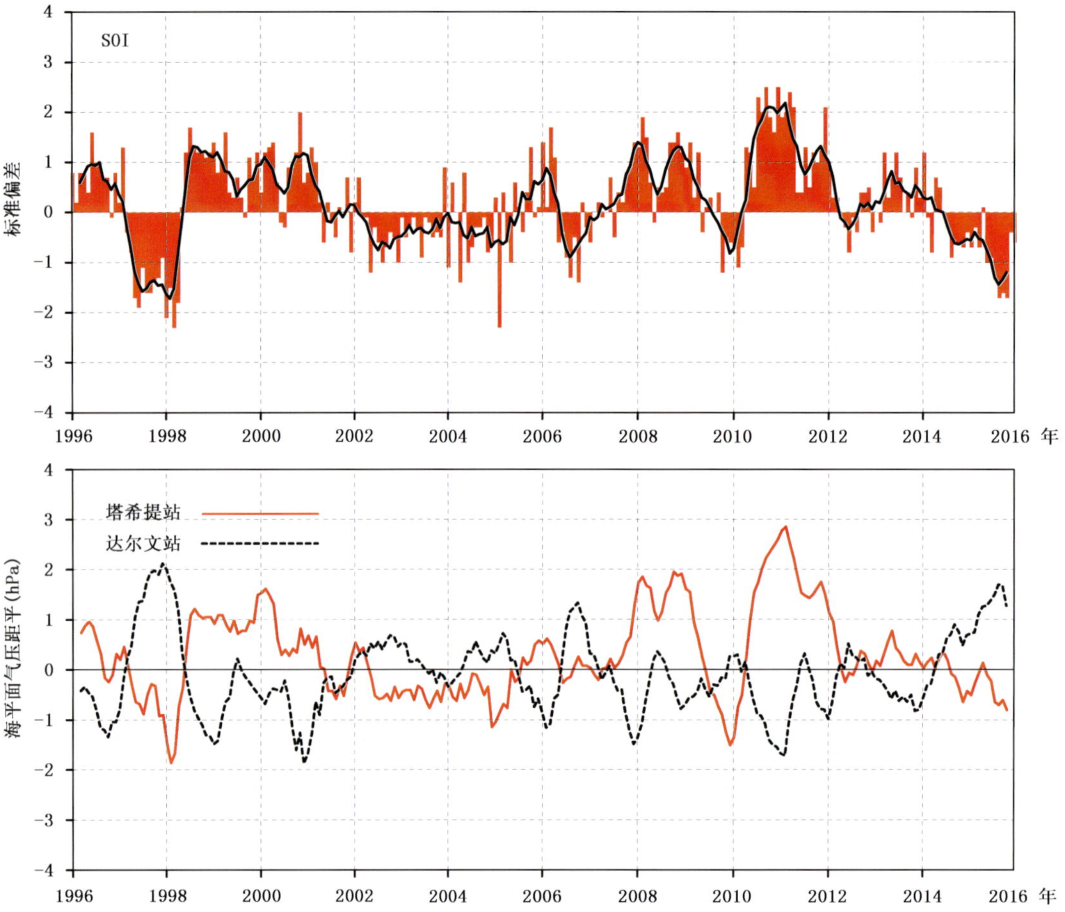

图 3.9 月尺度热带太平洋大气涛动指数变化图(1996—2015 年)
(南方涛动指数(上);塔希提(Tahiti)站和达尔文(Darwin)站的海平面气压距平值(下,单位:hPa))
(南方涛动指数图中:红色柱状代表逐月指数,黑色曲线代表 5 个月滑动平均指数)

3.6 850 hPa 赤道纬向风演变特征

在对流层低层 850 hPa,赤道中东太平洋地区(160°E～100°W)全年基本由西风距平控制。3 月以后有多次明显的西风距平从 160°E 以西的赤道西太平洋不断地东传至赤道中东太平洋(图 3.10),使得赤道中东太平洋异常暖海温维持(图 3.2)。10 月下旬,赤道西太平洋东风距平开始发展,并一直维持到 12 月中旬。12 月下旬,日界线以东仍维持弱西风距平(图 3.10)。

在赤道印度洋,1 月主要为西风距平控制,2—10 月主要为东风距平控制。尤其是 10—11 月,赤道印度洋东风距平占绝对优势。11 月下旬后有西风距平发展,12 月西风距平维持并变强(图 3.10)。

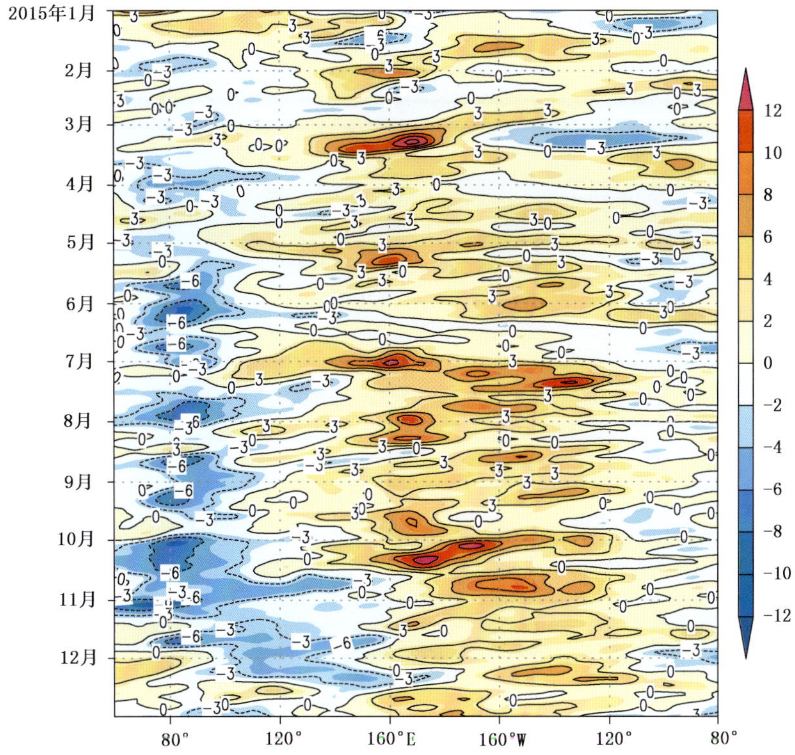

图 3.10　2015 年 850 hPa 赤道纬向风距平时间一经度剖面图(单位:m/s)
(正值表示西风距平,负值表示东风距平)

3.7　赤道太平洋纬向风指数

在对流层低层 850 hPa,2015 年赤道中东太平洋(175°W～120°W)纬向风维持正距平,表明赤道中东太平洋全年信风偏弱;对流层高层 200 hPa 纬向风异常特征基本与低层 850 hPa相反,全年维持负距平(东风距平)。而赤道中西太平洋(135°E～180°)低层纬向风同样表现为持续正距平,表明赤道中西太平洋主要由西风距平控制,有利于厄尔尼诺事件的发展;高层 200 hPa 纬向风异常特征基本与低层相反(图 3.11)。

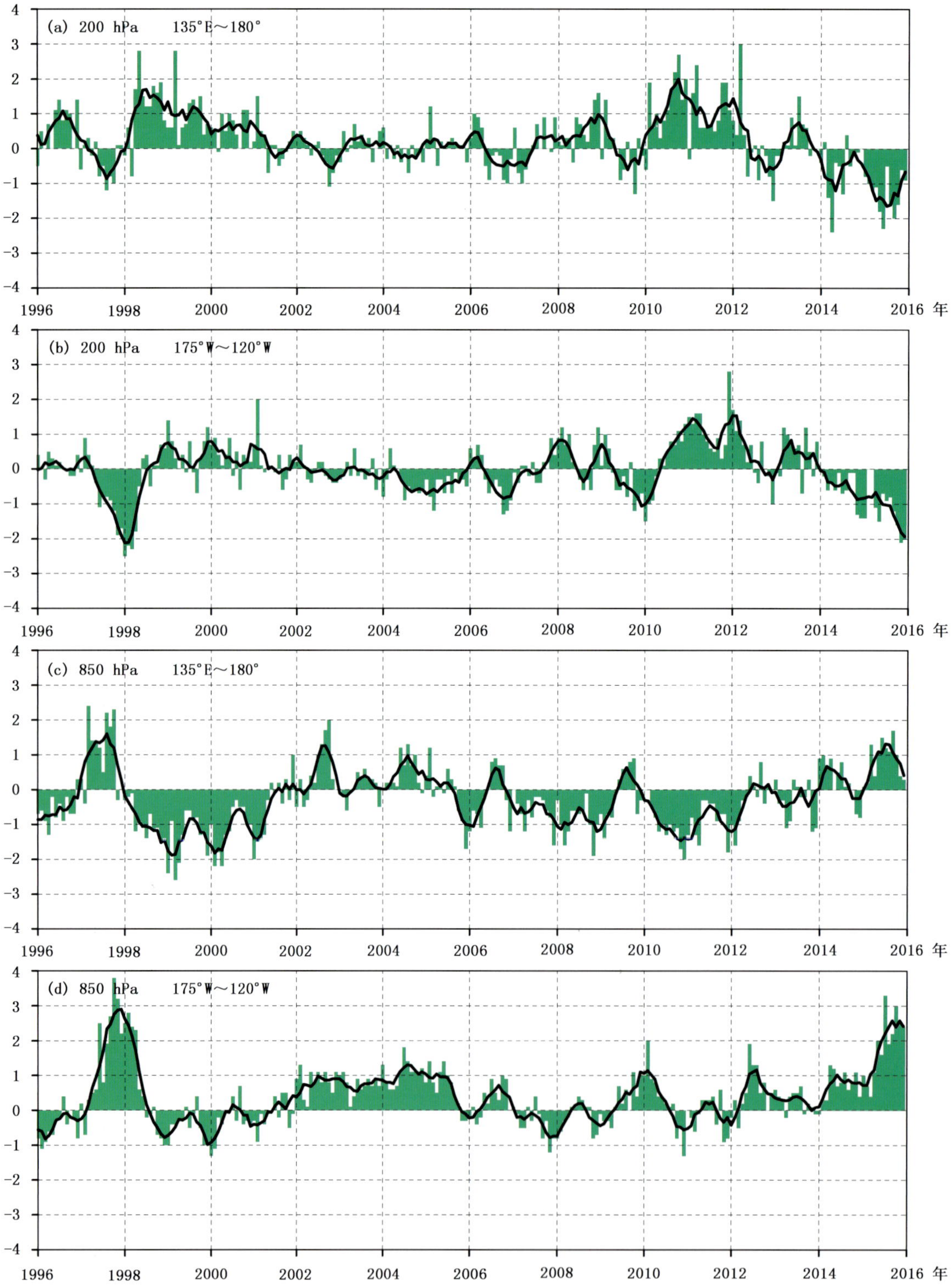

图 3.11 月尺度赤道太平洋 200 hPa(a,b)和 850 hPa(c,d) 纬向风指数序列图(1996—2015 年)(单位:m/s)
(黑色曲线表示 5 个月的滑动平均;正值表示西风距平,负值表示东风距平)

3.8 热带对流演变特征

2015 年，在日界线至 160°E 附近的赤道中太平洋，除 1 月和 6—8 月外，对流明显偏强，5 月以后，日界线以东的赤道中东太平洋上空对流开始活跃，尤其是在 10 月以后，160°W 附近对流异常活跃。而在 120°～160°E 之间的赤道西太平洋，4—12 月对流活动持续受到抑制(图 3.12)。

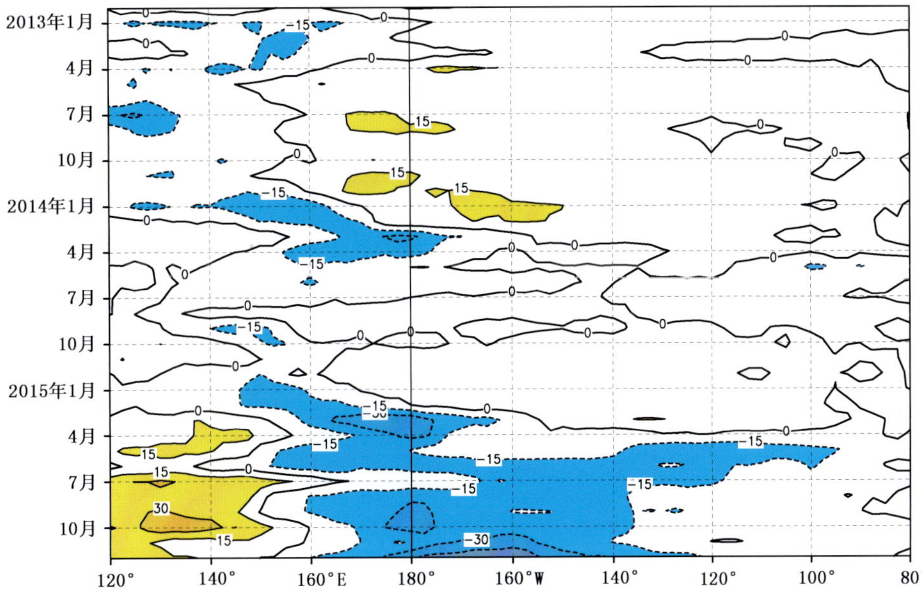

图 3.12　2013 年 1 月—2015 年 12 月赤道太平洋向外射出长波辐射距平时间—经度剖面图(单位：W/m²)

第 4 章　陆面与冰雪

4.1　地表温度

2015 年，中国年平均地表温度为 14.0℃，较常年（12.9℃）偏高 1.1℃，与 2009 年并列为历史同期第三高值（图 4.1）。

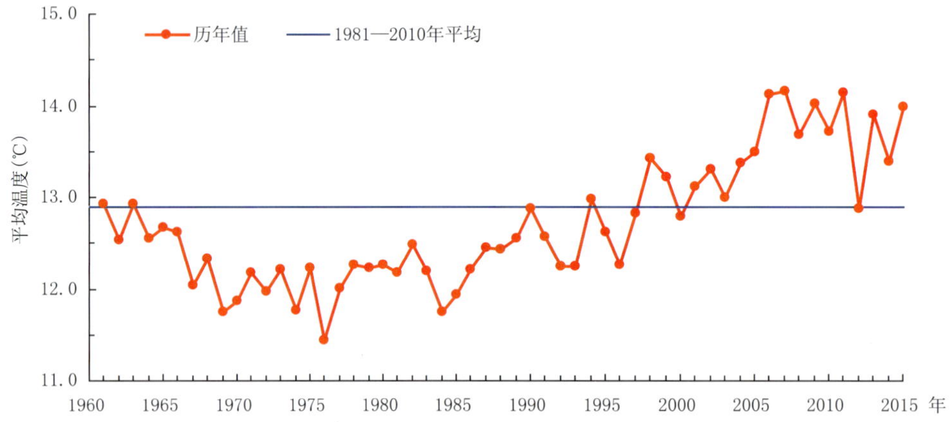

图 4.1　1961—2015 年中国年平均地表温度距平变化图

从空间分布上看，2015 年，全国大部地区地表温度偏高，西北地区、内蒙古、东北、华北大部、西藏大部、四川部分地区等地偏高 1～2℃，其中新疆北部、内蒙古东北部、黑龙江大部和吉林东部偏高 2～4℃，局部地区偏高 4℃以上；湖北省和云南西部和南部局部地表温度较常年偏低 0～2℃（图 4.2）。

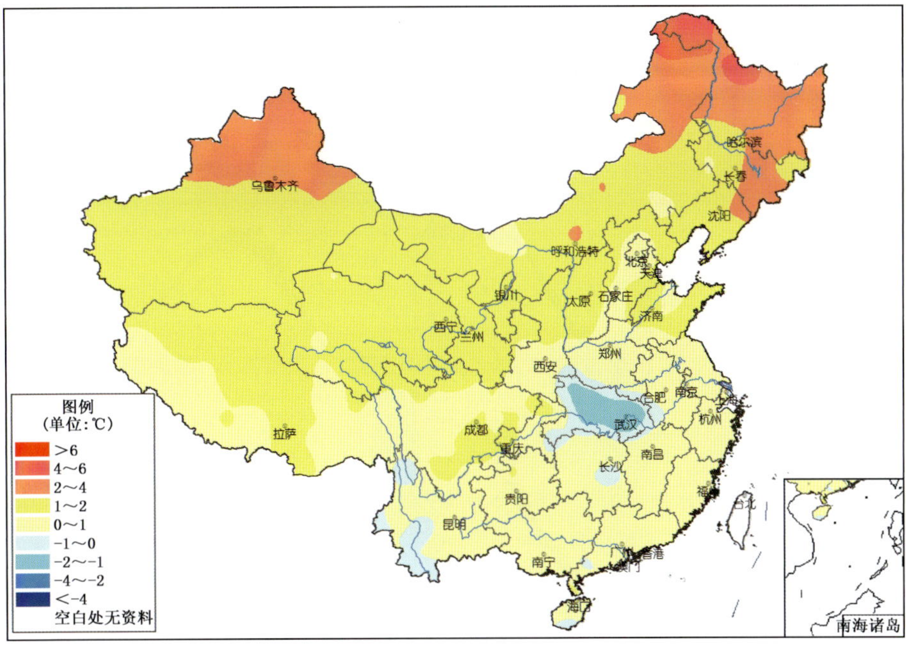

图 4.2　2015 年中国年平均地表温度距平空间分布图

4.2　北半球积雪

4.2.1　积雪面积

2015 年区域积雪面积逐月监测显示(图 4.3),北半球积雪面积在 9—11 月较常年同期偏大,其余月份均偏小;欧亚积雪面积,除在 4 月和 9—11 月较常年同期偏大外,其余月份均偏小。中国积雪面积除在 1 月、4 月和 11—12 月较常年同期明显偏大外,其余月份均偏小。其中,青藏高原积雪面积只在 1 月、4 月和 12 月较常年同期明显偏大,新疆北部只在 1—2 月和 11—12 月明显偏大,其余月份均明显偏小,而东北地区(含内蒙古东部)5—9 月均无雪,其余月份除 3 月较常年同期略偏小外,积雪面积均明显偏大(表 4.1)。

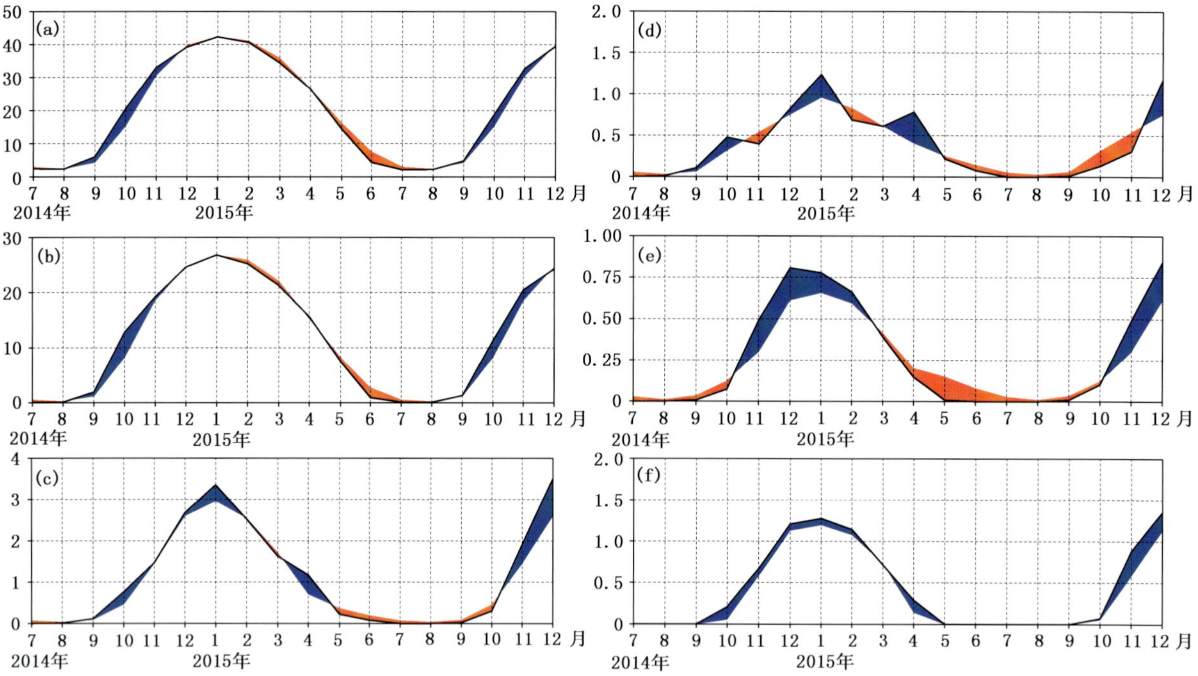

图 4.3　2015 年区域积雪面积(单位:10^6 km^2)

(a)北半球;(b)欧亚;(c);中国;(d)青藏高原;(e)新疆北部;(f)东北(含内蒙古东部)

(蓝色表示正异常,红色表示负异常)

表 4.1　2015 年逐月区域积雪面积距平百分率(单位:%)

	北半球 (0°～180°～0°, 0°～90°N)	欧亚 (0°～180°, 0°～90°N)	中国 (国境线以内 分辨率 2°×2°)	青藏高原 (国境线以内 74°～104°E, 26°～40°N)	新疆北部 (国境线以内 74°～96°E, 40°～50°N)	东北 (国境线以内 114°～134°E, 40°～54°N)
1 月	−0.4	−0.1	13.4	29.4	18.5	6.7
2 月	−1.3	−2.9	−1.1	−17.8	11.6	6.2
3 月	−4.4	−3.9	−5.2	−0.3	−6.0	−2.4
4 月	−0.4	2.7	66.4	92.4	−27.6	103.0
5 月	−11.8	−9.4	−40.2	−14.0	−94.1	−100.0
6 月	−43.5	−67.4	−61.6	−47.6	−100.0	—
7 月	−30.1	−81.7	−100.0	−100.0	−100.0	—
8 月	−8.3	−61.0	−100.0	−100.0	−100.0	—
9 月	12.1	12.1	−75.7	−81.0	−72.0	−100.0
10 月	23.2	36.9	−35.1	−58.7	−17.3	34.7
11 月	6.9	10.3	31.3	−43.3	62.2	50.3
12 月	−0.8	−1.8	34.8	55.6	37.5	19.7

注:“—”表示常年无积雪,“−100.0”表示当月无积雪。

4.2.2 积雪日数

2015年北半球逐季积雪日数及距平分布见图4.4。

冬季，35°N以北大部地区有积雪分布，其中50°N附近及其以北地区、东亚北部和西部、美国东北部等地积雪日数在75天以上。与常年同期相比，欧洲中西部局部和东南部局部、西亚局部、东亚西部部分地区和北美洲中东部部分地区等地积雪日数偏多10～40天，其中青藏高原西南部部分地区偏多40天以上；欧洲中部、西亚和中亚部分地区、蒙古国南部、东亚局部和北美洲西部部分地区积雪日数偏少10～50天，其中北美洲西部局部偏少50天以上。

春季，50°N附近及其以北的大部分地区、东亚西部和北部、美国东北部等地均有积雪覆盖，其中欧亚大陆北部、青藏高原西部和东南部局部、北美洲北部等地区积雪日数在75天以上。与常年同期相比，欧洲西北部局部、中亚局部、东亚西南部和东北部部分地区、北美洲东北部局部积雪日数偏多10～30天；欧洲中东部局部、西亚中部局部、中亚东部局部、东亚西北部部分地区、北美洲中西部和西北部部分地区积雪日数偏少10～40天，其中北美洲西部局部地区偏少30天以上。

夏季，仅格陵兰岛、青藏高原西部边缘局部、北美洲中北部部分地区有积雪覆盖，其中格陵兰岛积雪日数达75天以上。与常年同期相比，俄罗斯北部部分地区、青藏高原西部边缘、北美洲中北部部分地区和西北部边缘等地积雪日数普遍偏少10～30天，青藏高原西部边缘局部偏少30～50天。

秋季，50°N附近及其以北除欧洲中西部外的大部地区、东亚东北部和西部边缘、青藏高原东部局部、美国西部部分地区等地均有积雪覆盖。与常年同期相比，欧洲北部局部、俄罗斯中西部大部、蒙古国北部和西南部部分地区、中国东北地区南部和内蒙古东部局部、青藏高原西部局部、北美洲北部部分地区和西南部局部积雪日数偏多10～30天，局部偏多30～40天以上；青藏高原中部和东部局部、北美洲中部和西北部局部积雪日数偏少10～20天。

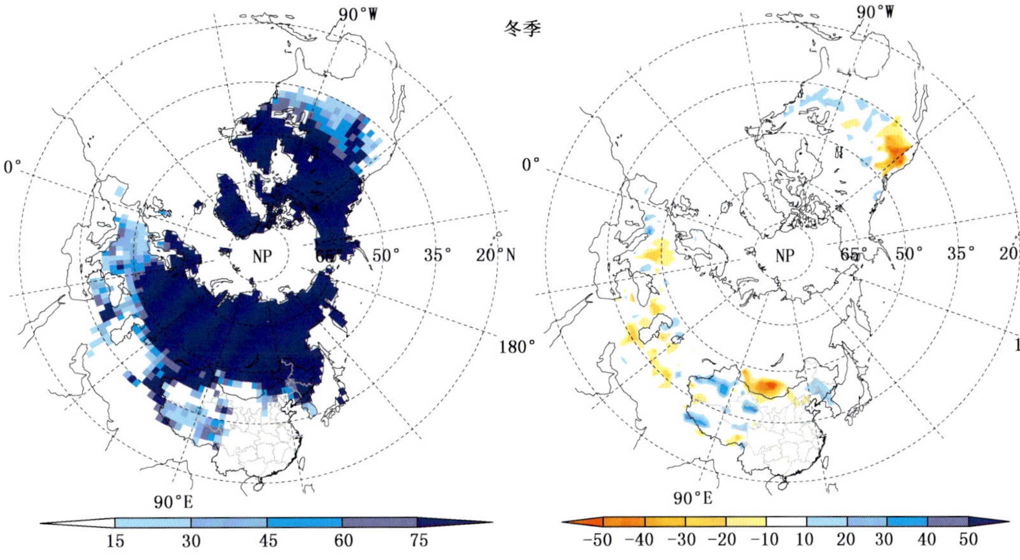

图4.4 2015年北半球逐季积雪日数(左)及距平(右)分布图(单位:天)
(从上至下依次为北半球冬季、春季、夏季、秋季)

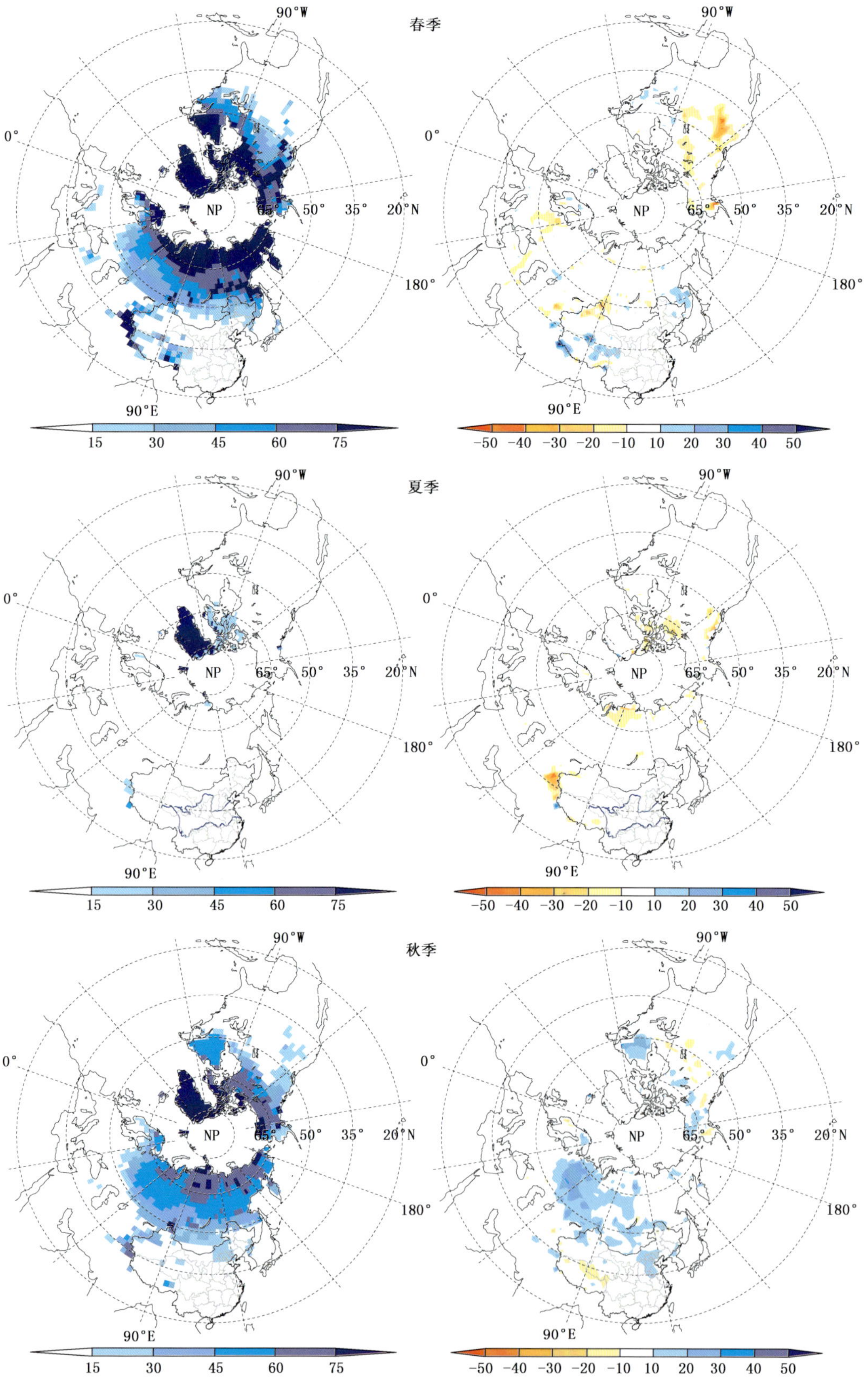

图 4.4　2015 年北半球逐季积雪日数(左)及距平(右)分布图(单位:天)

(从上至下依次为北半球冬季、春季、夏季、秋季)(续)

2015 年北半球逐月积雪日数及距平分布见图 4.5。

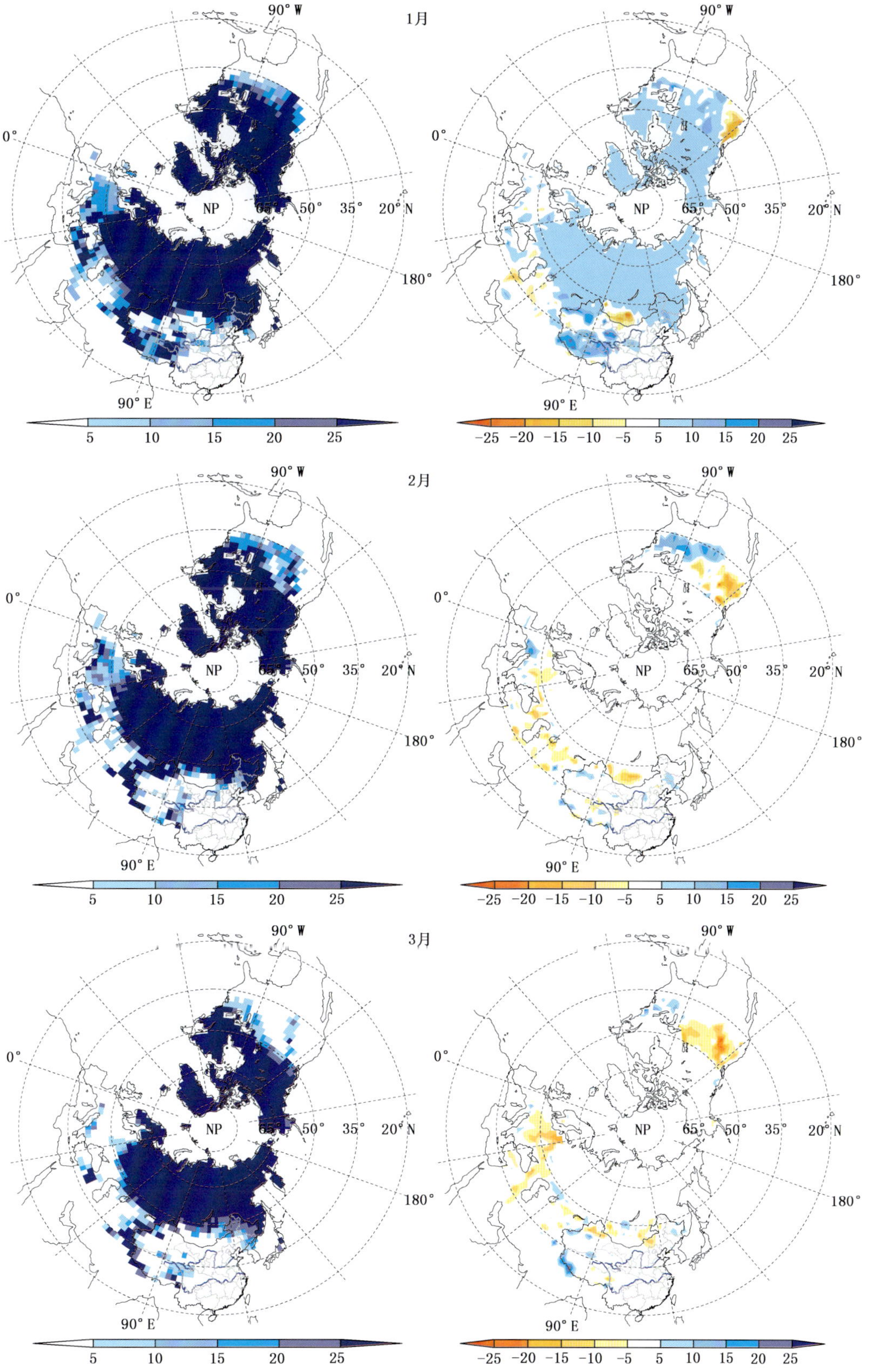

图 4.5　2015 年北半球逐月积雪日数(左)及距平(右)分布图(单位:天)
(从上至下依次为 1—12 月)

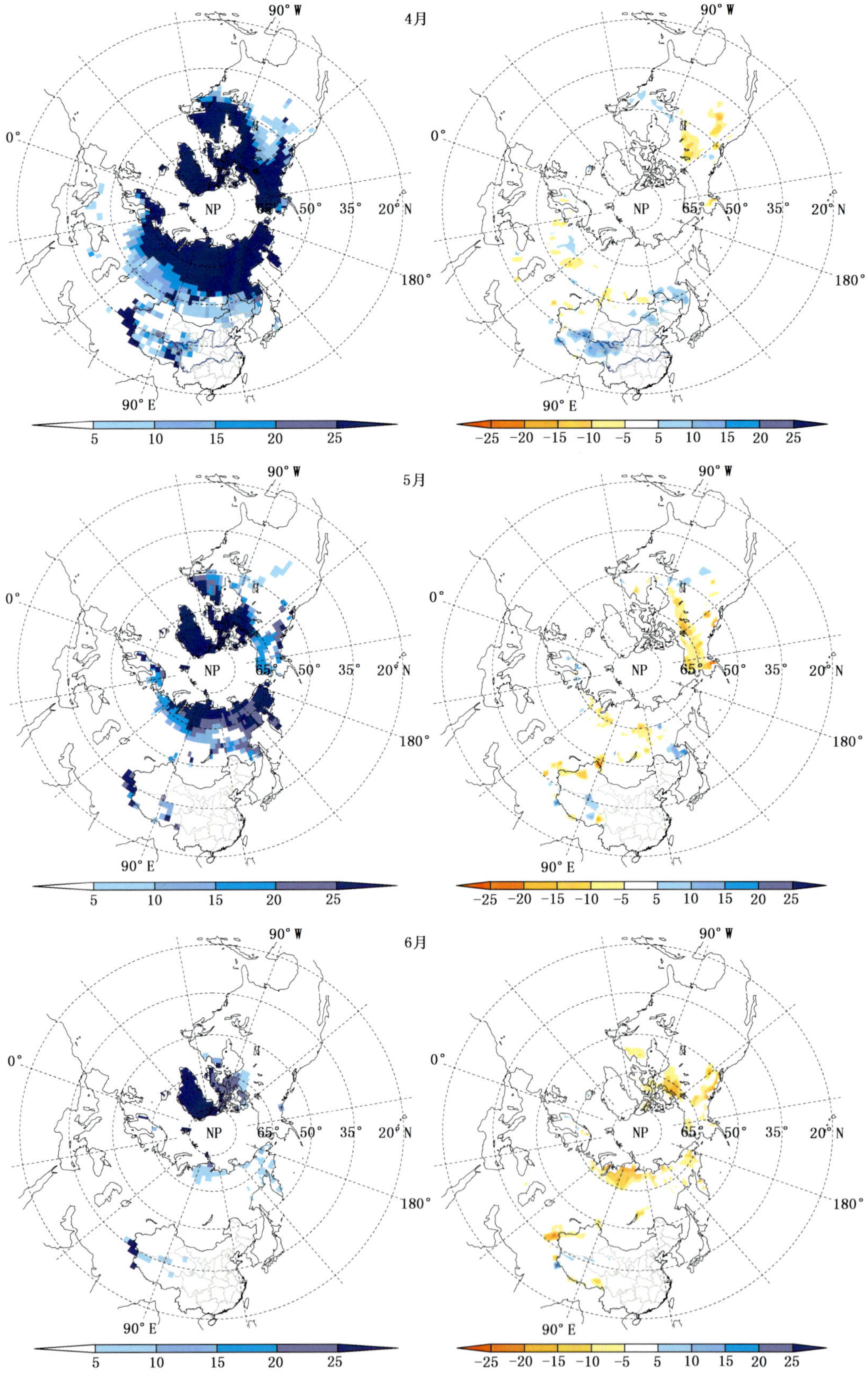

图 4.5 2015 年北半球逐月积雪日数(左)及距平(右)分布图(单位:天)
(从上至下依次为 1—12 月)(续 1)

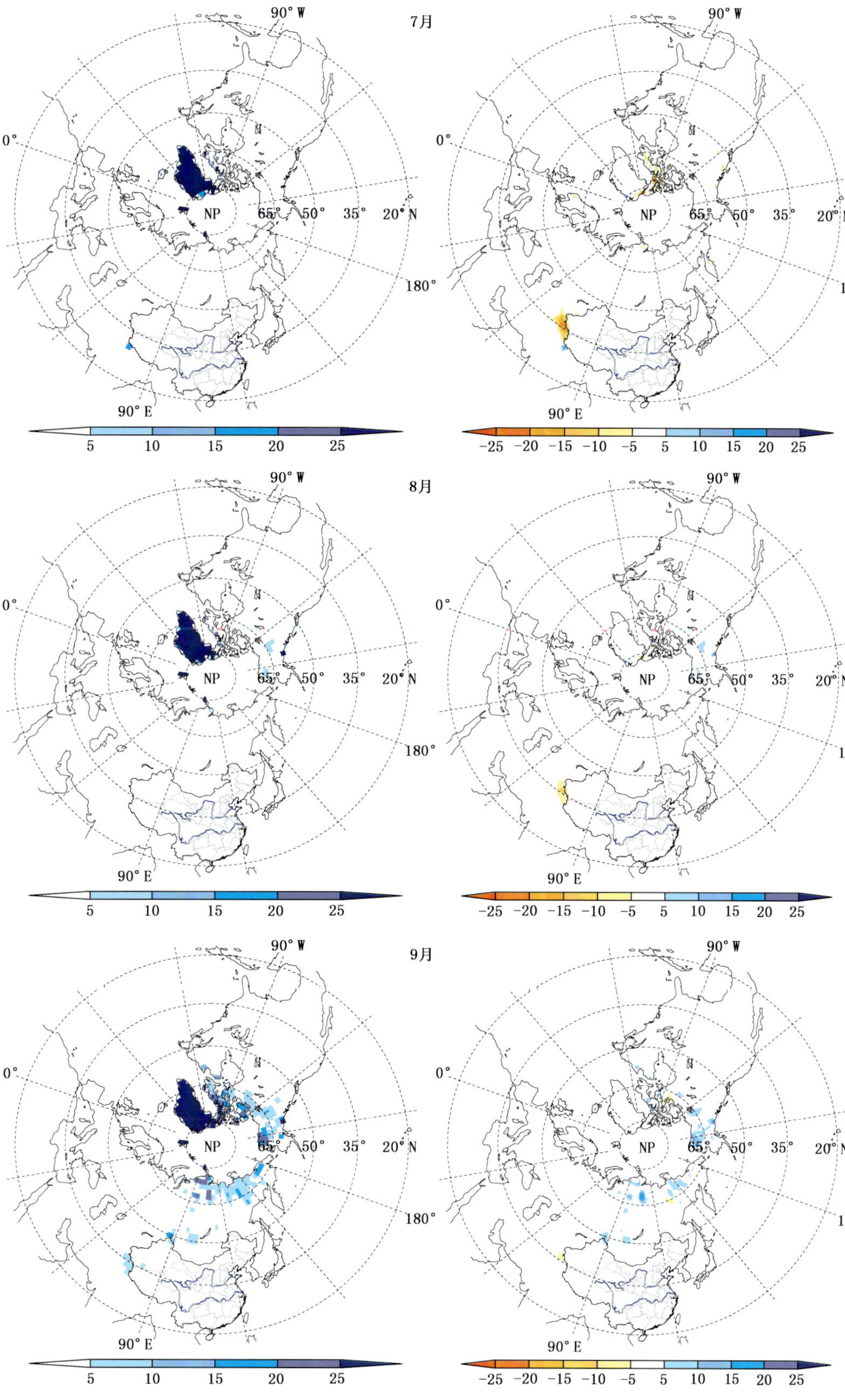

图 4.5　2015 年北半球逐月积雪日数(左)及距平(右)分布图(单位:天)
(从上至下依次为 1—12 月)(续 2)

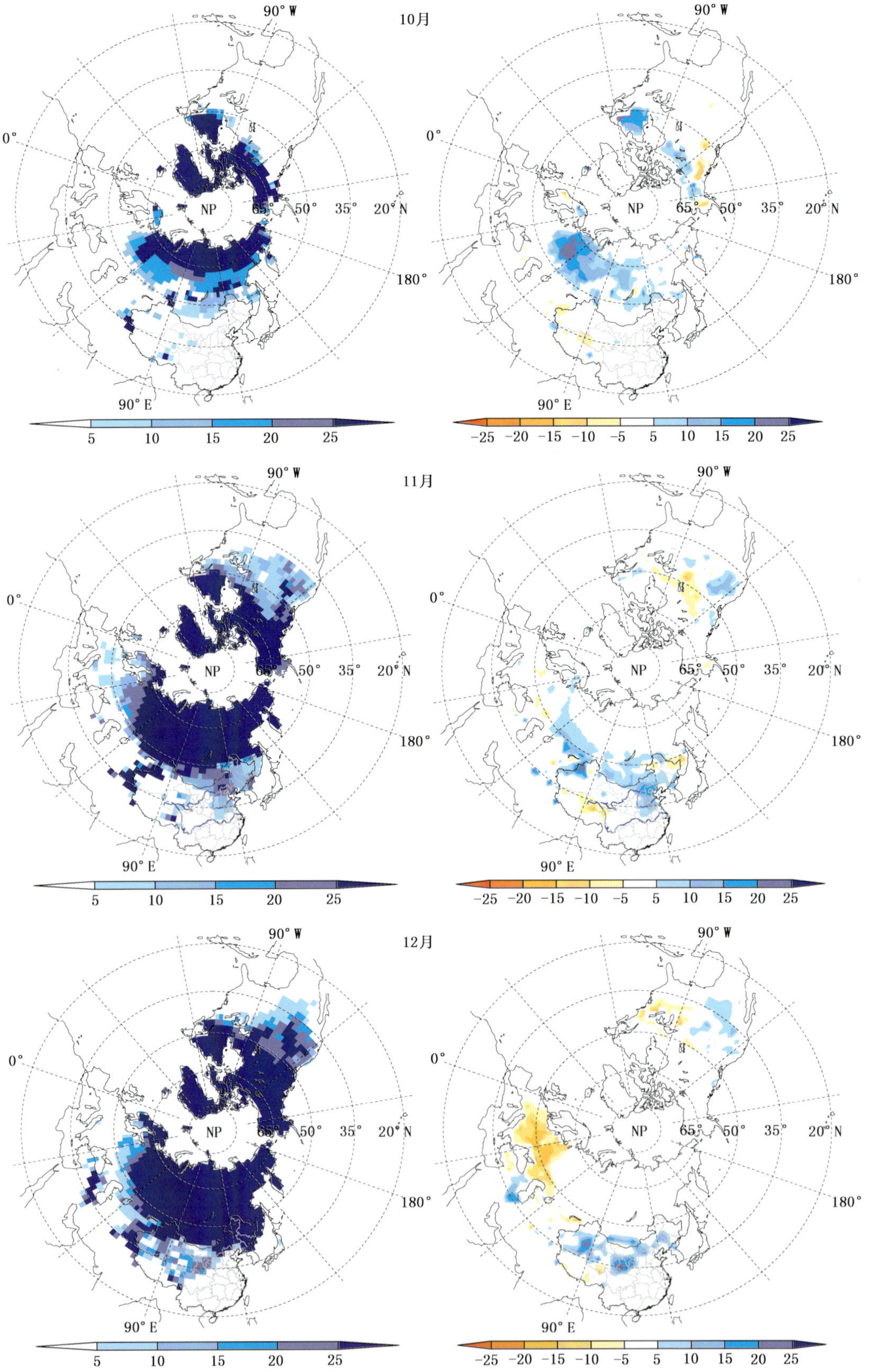

图 4.5　2015 年北半球逐月积雪日数(左)及距平(右)分布图(单位:天)
(从上至下依次为 1—12 月)(续 3)

4.3 南、北极海冰

4.3.1 北极海冰

自1979年有连续的卫星观测记录以来，北极海冰范围总体呈减小趋势。2015年内，北极最大海冰范围出现于2月25日，为14.54×10^6 km^2，创历史新低；最小海冰范围出现于9月11日，为4.41×10^6 km^2，列历史第4低值(WMO,2016)。

图4.6为2015年北半球各季海冰密集度及距平分布图。分析表明，冬季，在北纬70°N以北海域，除格陵兰海东部、巴伦支海北部和喀拉海西部海冰密集度为10%～80%外，其余大部分海域及哈得孙湾海冰密集度达80%以上；而位于大陆边界的白令海、鄂霍次克海、巴芬湾和戴维斯海峡海冰密集度亦为10%～80%。距平场上，冬季海冰密集度以偏低为主，其中白令海、鄂霍次克海和巴伦支海局部等海域海冰密集度偏低10%～40%，局部偏低40%～50%。

春季，北半球海冰密集度分布与冬季相似。距平场上，白令海东南部、鄂霍次克海东北部和西北部局部、戴维斯海峡和贝尔岛海峡等海域海冰密集度偏高10%～50%；白令海西南部、鄂霍次克海中部、喀拉海局部、巴伦支海东部、波罗的海北部等海域海冰密集度偏低10%～40%，局部偏低40%～60%。

夏季，北极海冰覆盖范围显著缩小，基本维持在70°N以北海域及哈得孙湾和戴维斯海峡海域，其中80°N以北的北冰洋大部海域海冰密集度超过80%，其余大部海域海冰密集度为10%～80%。距平场上，除拉普捷夫海西南部部分海域、哈得孙湾东部和北部海域，以及戴维斯海峡海冰密集度偏高10%～40%外，其余大部海域海冰密集度偏低，其中巴伦支海北部、喀拉海、拉普捷夫海北部、楚科奇海、波弗特海、哈得孙湾西部海域偏低10%～50%，局部偏低50%～60%。

秋季，北极海冰分布范围与夏季相似，但各海域海冰密集度较夏季进一步降低。距平场上，仅哈得孙湾北部部分海域海冰密集度偏高10%～20%，其余大部分海域海冰密集度均较常年同期偏低，其中巴伦支海北部、喀拉海、拉普捷夫海中部和北部、东西伯利亚海、楚科奇海和波弗特海偏低10%～50%，局部偏低50%～60%。

2015年北半球逐月海冰密集度及距平分布见图4.7。

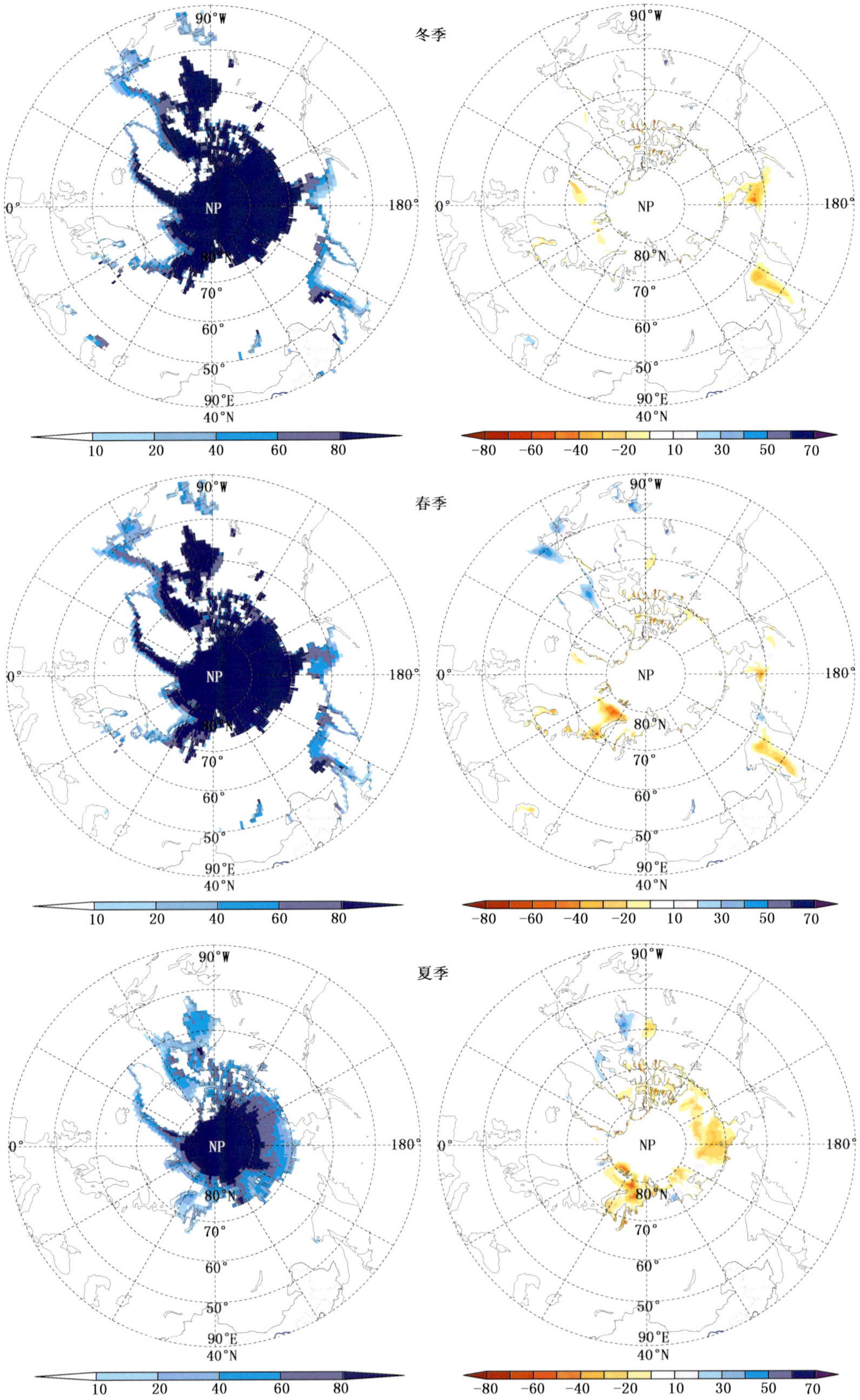

图 4.6　2015 年北半球逐季海冰密集度(左)及距平(右)分布图(单位:%)
(从上至下依次为北半球冬季、春季、夏季和秋季)

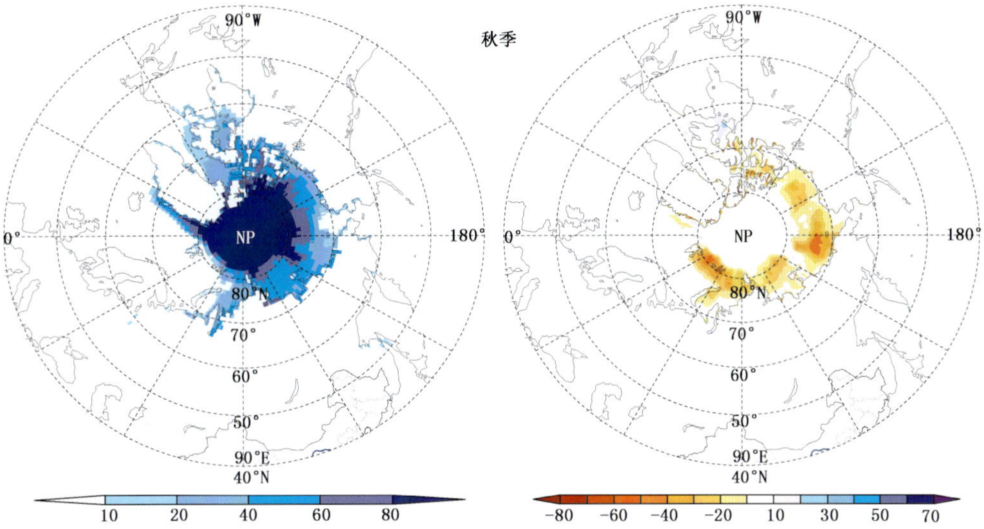

图 4.6　2015 年北半球逐季海冰密集度(左)及距平(右)分布图(单位:%)
(从上至下依次为北半球冬季、春季、夏季和秋季)(续)

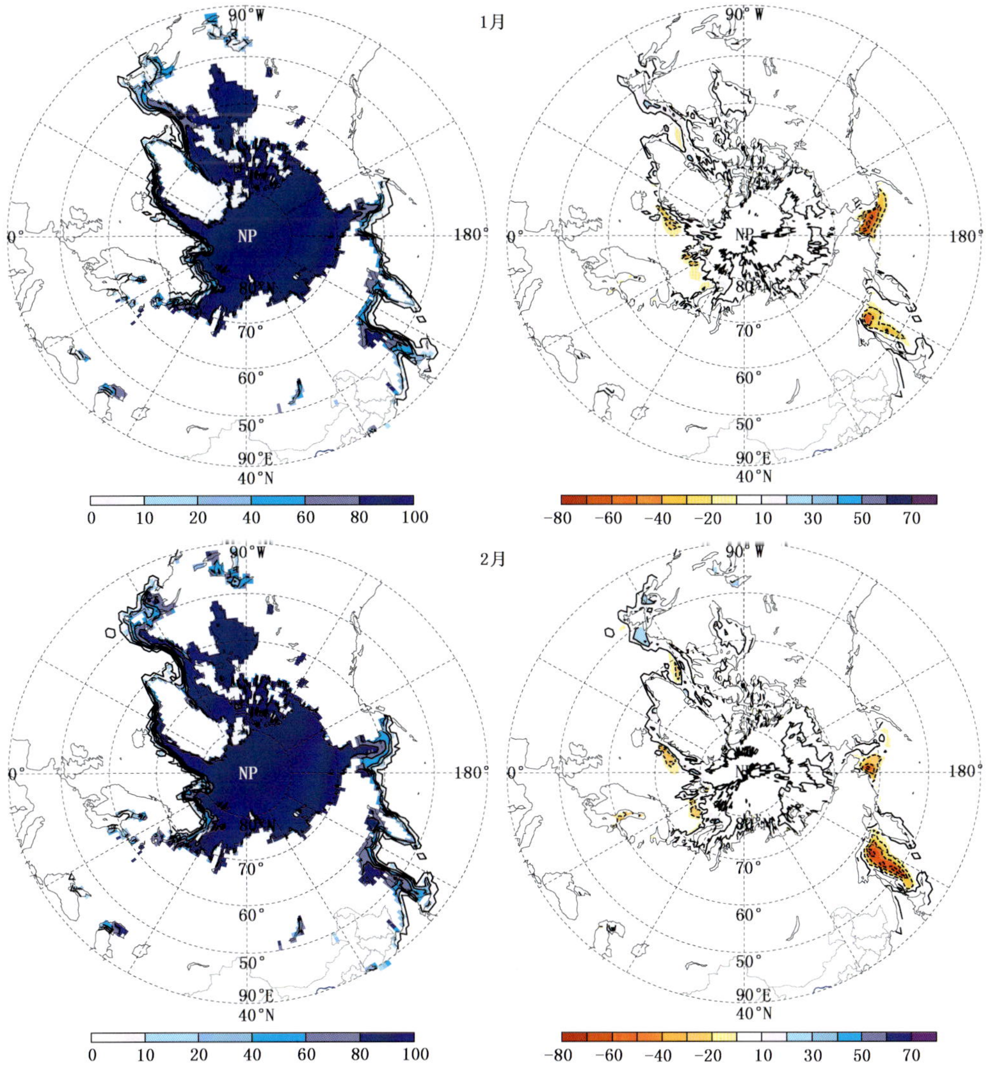

图 4.7　2015 年北半球逐月海冰密集度(左)及距平(右)分布图(单位:%)
(从上至下依次为 1—12 月)

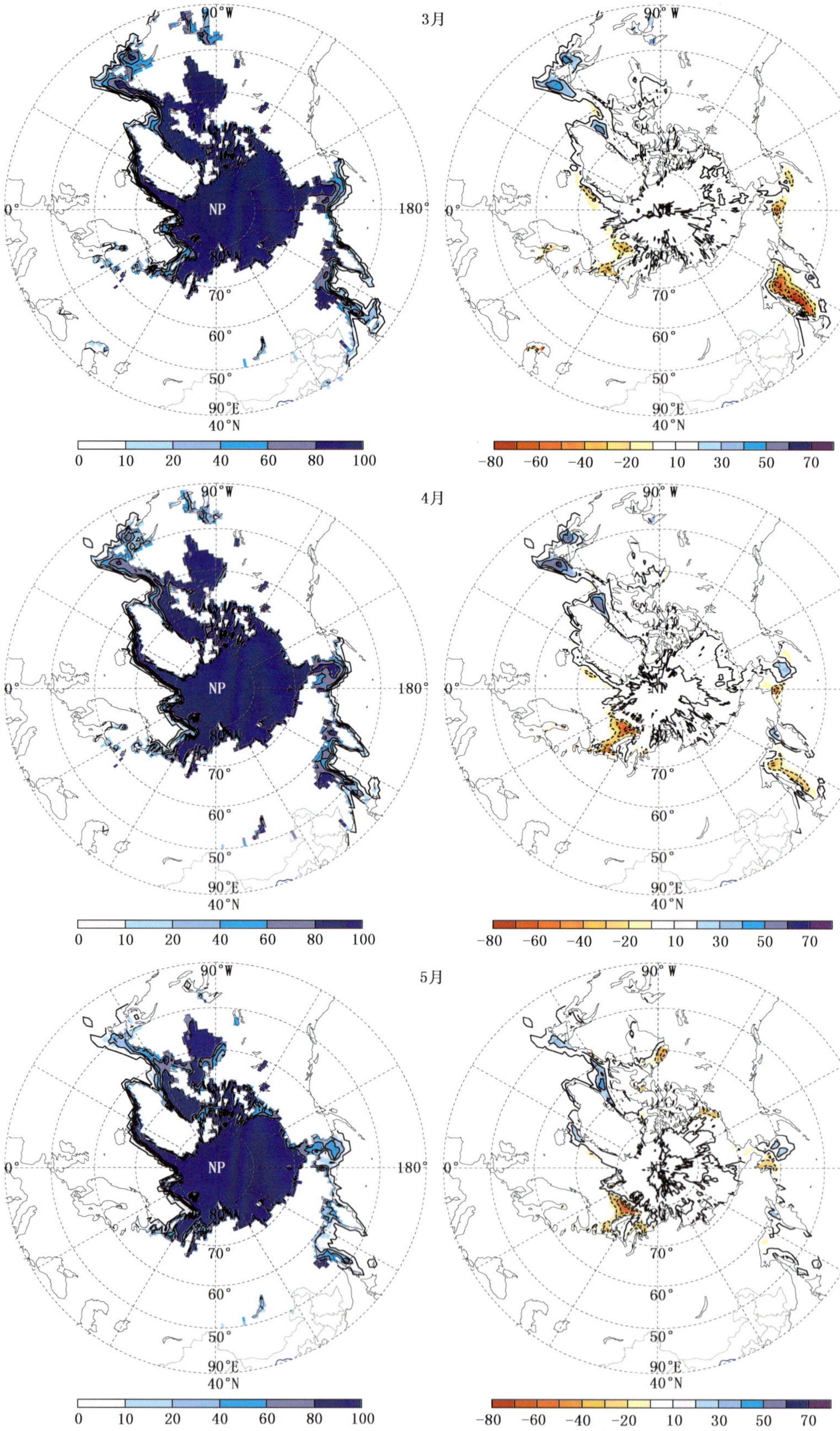

图 4.7　2015 年北半球逐月海冰密集度(左)及距平(右)分布图(单位:%)
(从上至下依次为 1—12 月)(续 1)

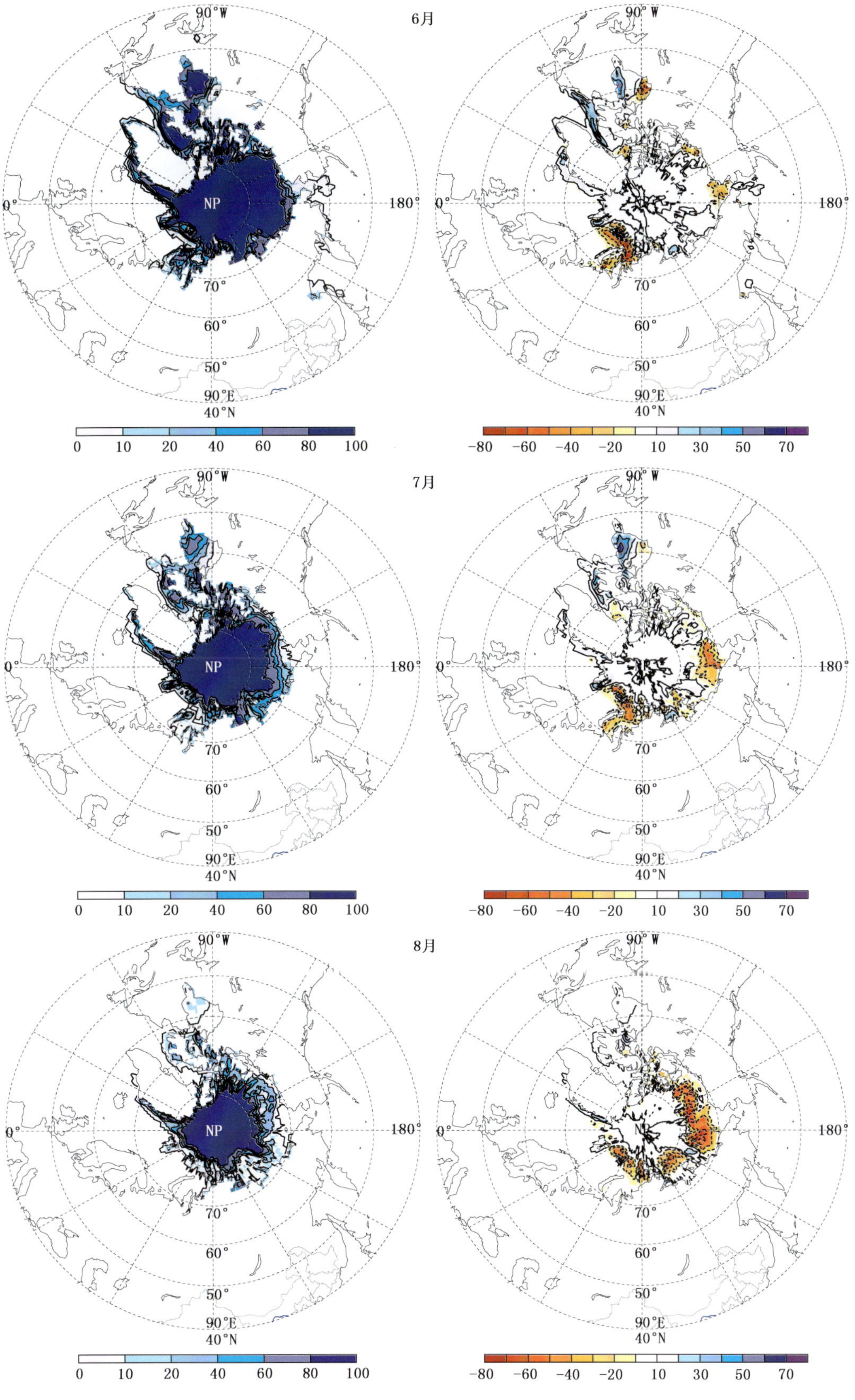

图 4.7　2015 年北半球逐月海冰密集度(左)及距平(右)分布图(单位:%)
(从上至下依次为 1—12 月)(续 2)

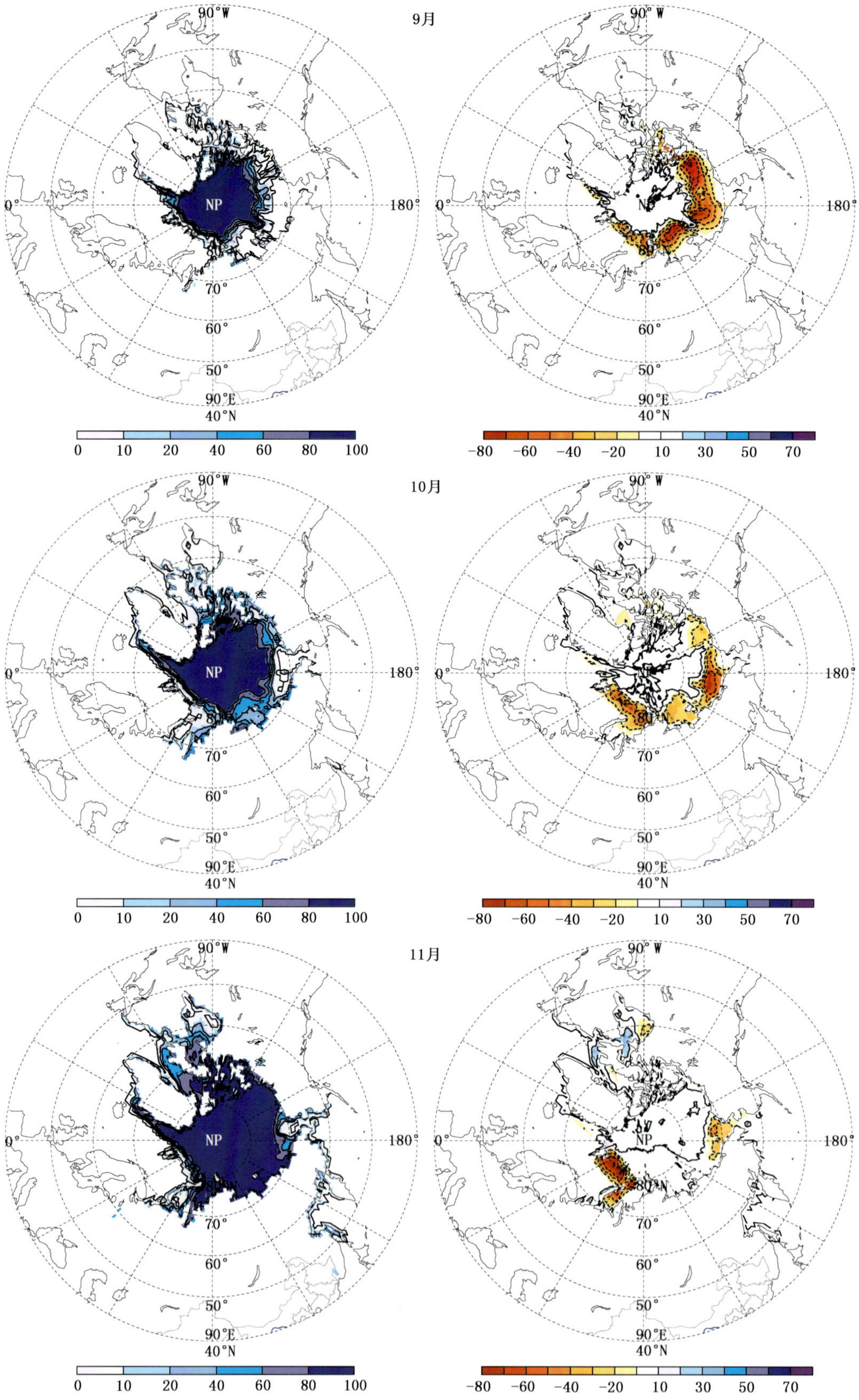

图 4.7　2015 年北半球逐月海冰密集度(左)及距平(右)分布图(单位:%)
(从上至下依次为 1—12 月)(续 3)

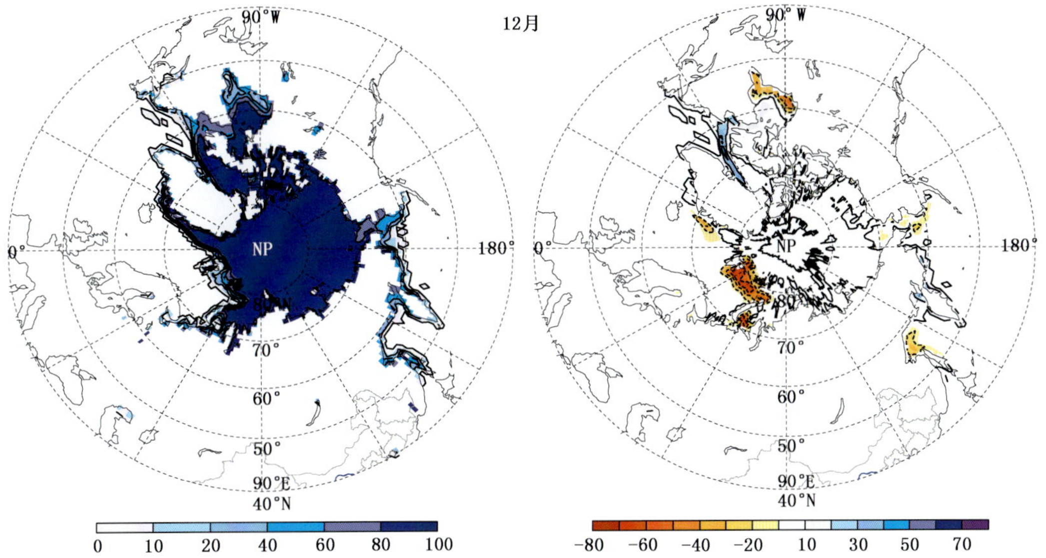

图 4.7　2015 年北半球逐月海冰密集度(左)及距平(右)分布图(单位:%)
(从上至下依次为 1—12 月)(续 4)

4.3.2　南极海冰

2015 年,南极最大海冰范围出现于 10 月 6 日,为 18.83×10^6 km^2,列历史第 16 高值;最小海冰范围出现于 2 月 20 日,为 $3.58\times10^6 km^2$,是有连续卫星观测记录以来第四高的夏季最低范围(WMO,2016)。

图 4.8 为 2015 年南半球各季海冰密集度及距平分布。分析表明,南半球夏季(2014 年 12 月—2015 年 2 月),在威德尔海至东南极西部海域扇区,海冰覆盖约 60°S 以南海区;在东南极中部至阿蒙森海西部海域扇区,海冰覆盖约 65°S 以南海区;在阿蒙森海东部至别林斯高晋海域扇区,海冰覆盖约 70°S 以南海区;威德尔海大部、东南极大陆沿海海域部分地区、罗斯海局部、阿蒙森海局部和别林斯高晋海局部海冰密集度在 80%以上。距平场上,海冰密集度以偏高为主,其中威德尔海北部和东部、东南极大陆西部和中东部沿海、罗斯海北部大部和阿蒙森海北部较常年同期偏高 10%～50%,局部偏高 50%～60%;而罗斯海东北部至别林斯高晋海部分海域海冰密集度偏低 10%～30%,局部地区偏低 30%～40%。

南半球秋季(3—5 月),除东南极西部海域外围无海冰覆盖,其余海域海冰覆盖与南半球夏季相似,且罗斯海中东部海域海冰密集度增加至 80%以上。距平场上,除阿蒙森海北部和别林斯高晋海中部部分海域较常年同期偏低 10%～30%外,南极其余大部分海域海冰密集度均不同程度偏高,其中威德尔海北部部分海域和东南极中部部分海域偏高 30%～50%。

南半球冬季(6—8 月),南极海冰范围明显北扩增大,且海冰密集度在 80%以上的海域也明显增加。距平场上,除东南极中西部外围局部海域海冰密集度偏低 10%～30%外,其余海域海冰密集度均以偏高为主,但大都位于外围海域,其中罗斯海北部外围海域至威德尔海北部外围海域,以及东南极中东部外围海域偏高 10%～40%,局部偏高 40%～50%。

南半球春季(9—11月)，海冰覆盖区域和海冰密集度均与南半球冬季相似。距平场上，阿蒙森海东部至威德尔海北部外围海域，以及东南极中东部至罗斯海西北部外围海域海冰密集度较常年同期偏高10%～40%，局部偏高40%～50%；而罗斯海东北部至阿蒙森海西部外围海域海冰密集度较常年同期偏低10%～40%。

2015年南半球逐月海冰密集度及距平分布见图4.9。

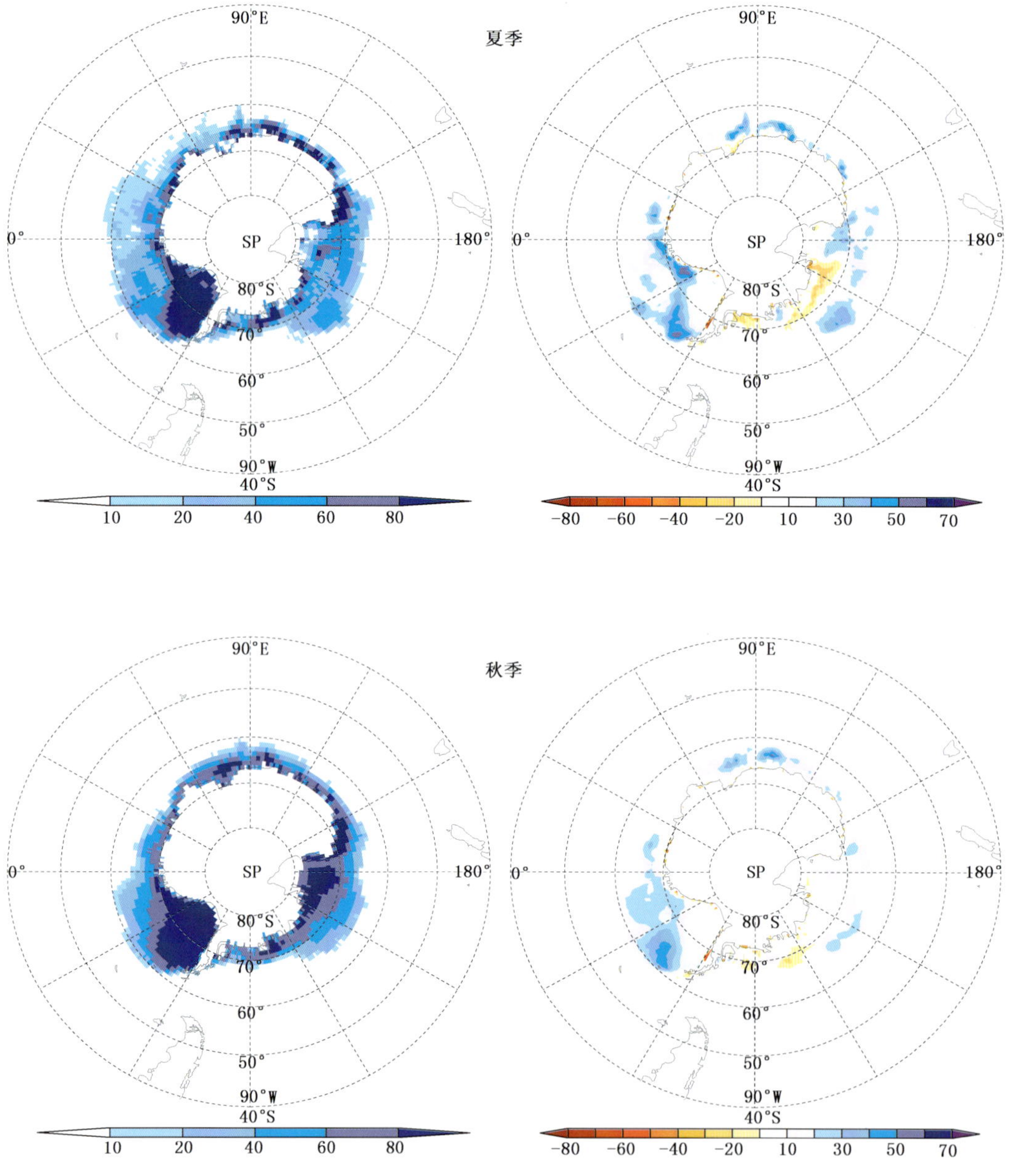

图4.8　2015年南半球逐季海冰密集度(左)及距平(右)分布图(单位：%)
(从上至下依次为南半球夏季、秋季、冬季和春季)

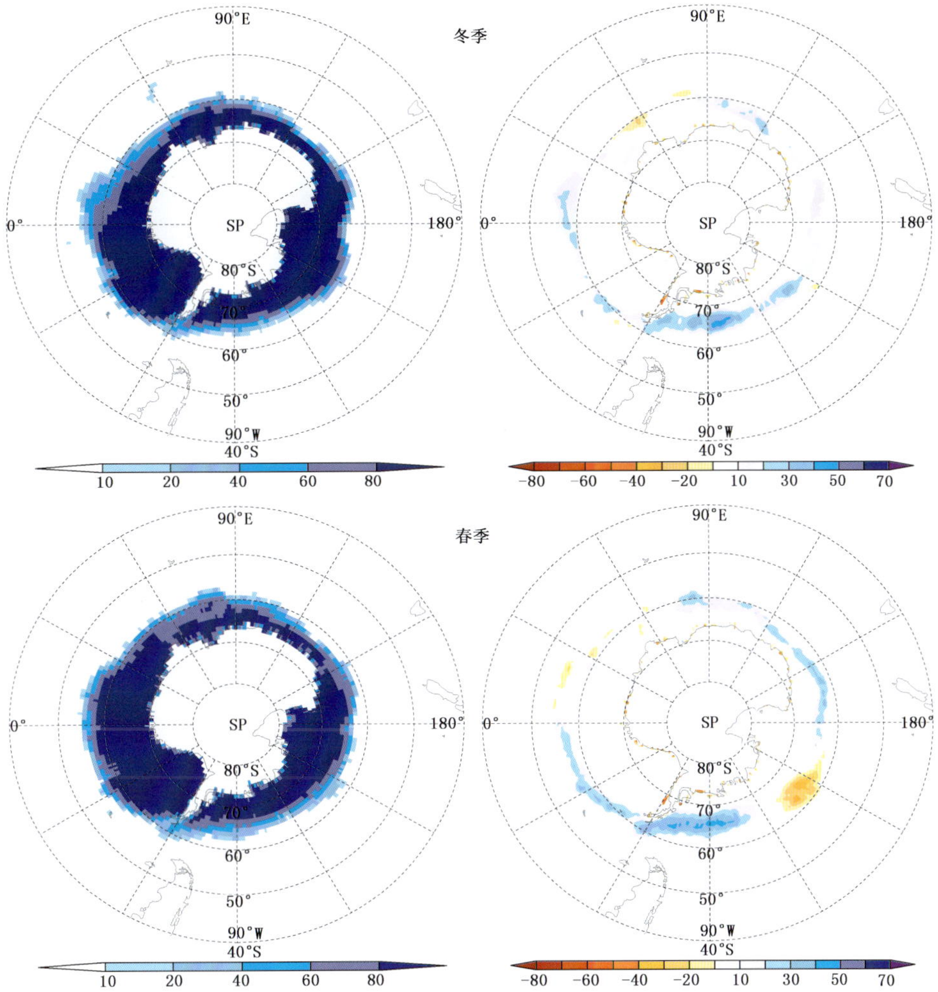

图 4.8　2015 年南半球逐季海冰密集度(左)及距平(右)分布图(单位:%)
(从上至下依次为南半球夏季、秋季、冬季和春季)(续)

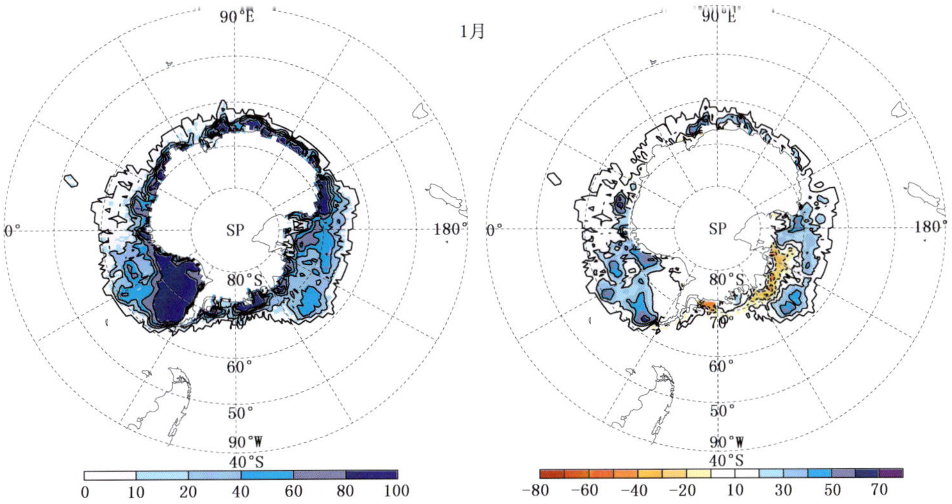

图 4.9　2015 年南半球逐月海冰密集度(左)及距平(右)分布图(单位:%)
(从上至下依次为 1—12 月)

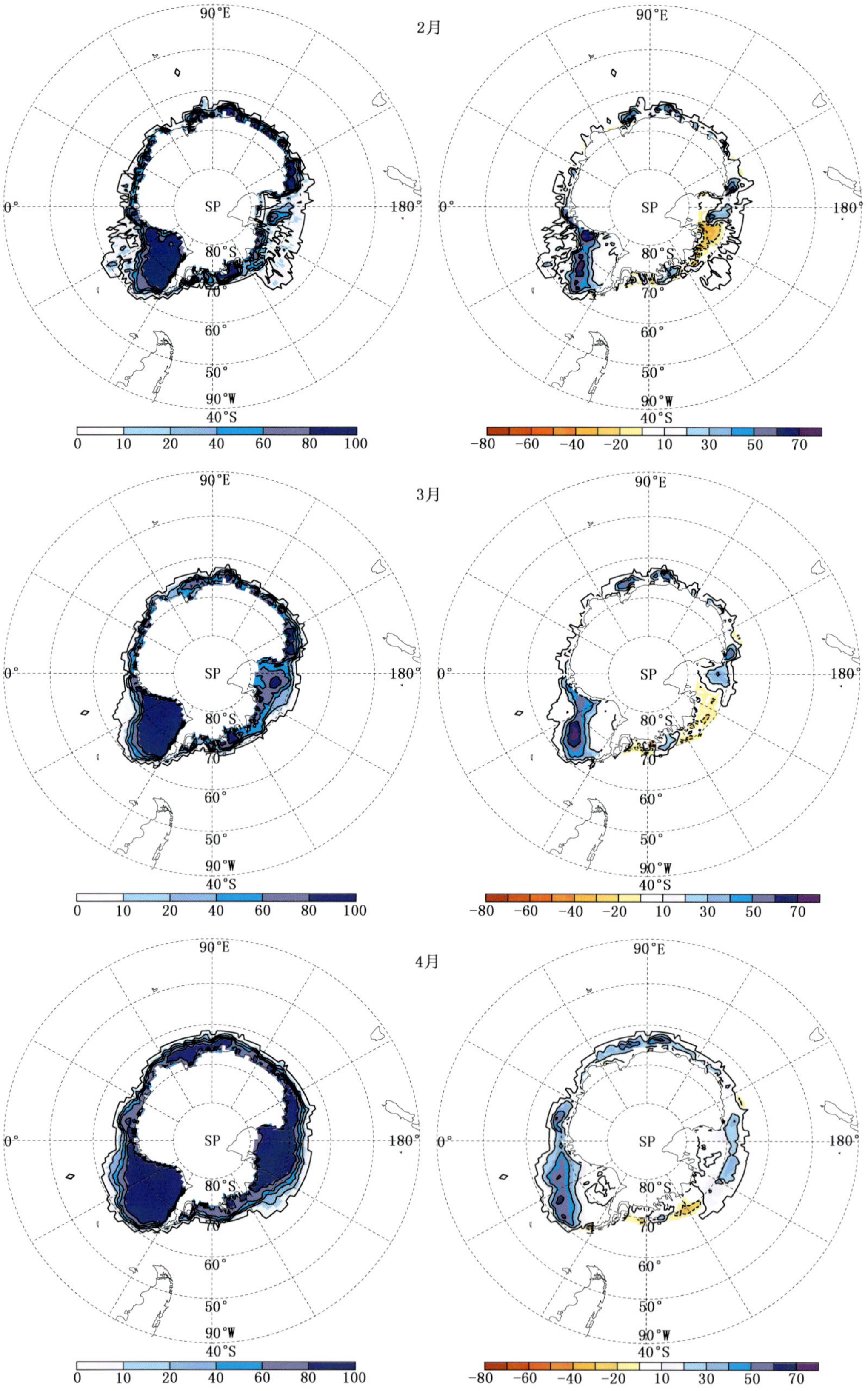

图 4.9　2015 年南半球逐月海冰密集度(左)及距平(右)分布图(单位:%)

(从上至下依次为 1—12 月)(续 1)

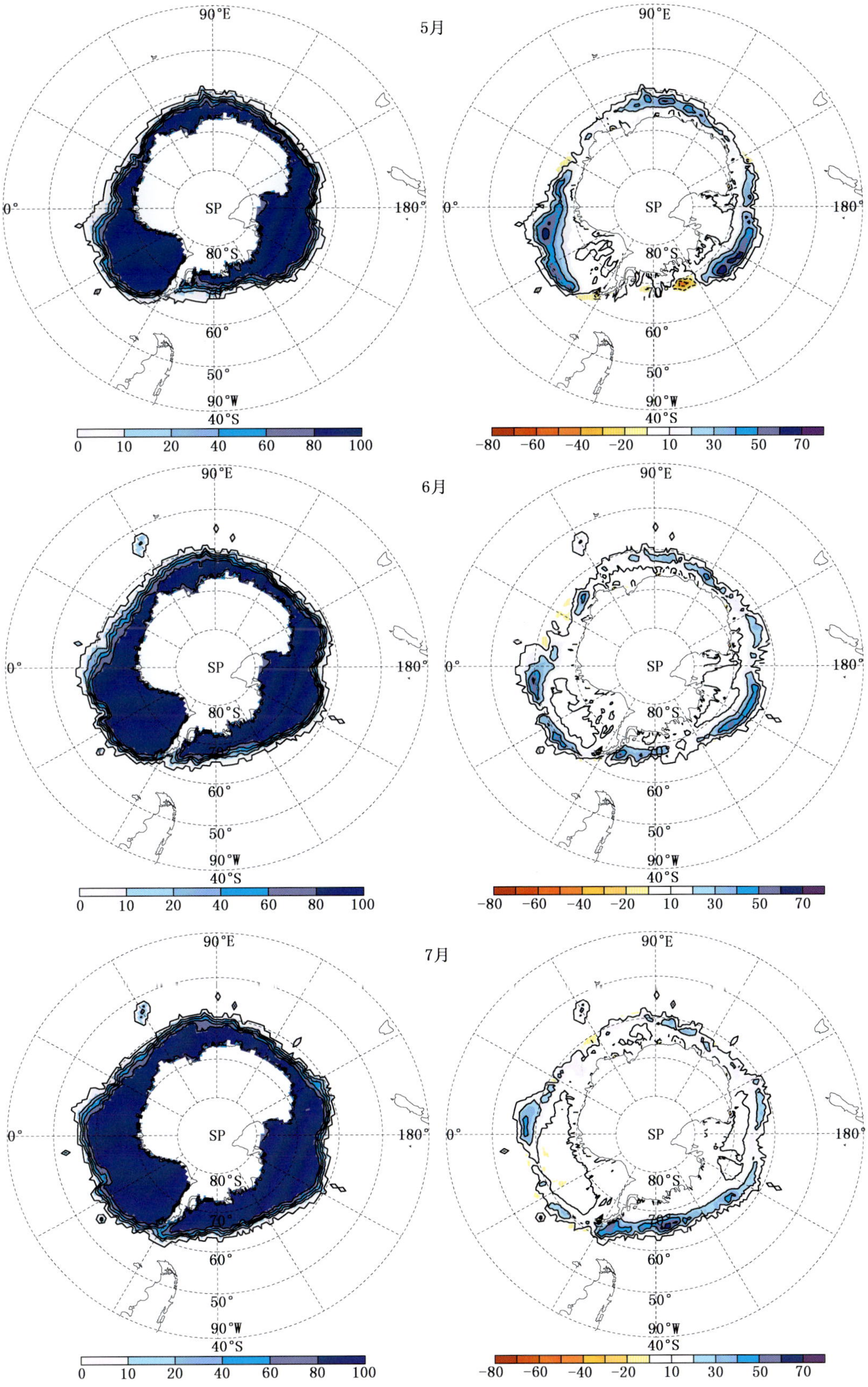

图 4.9　2015 年南半球逐月海冰密集度(左)及距平(右)分布图(单位:%)
(从上至下依次为 1—12 月)(续 2)

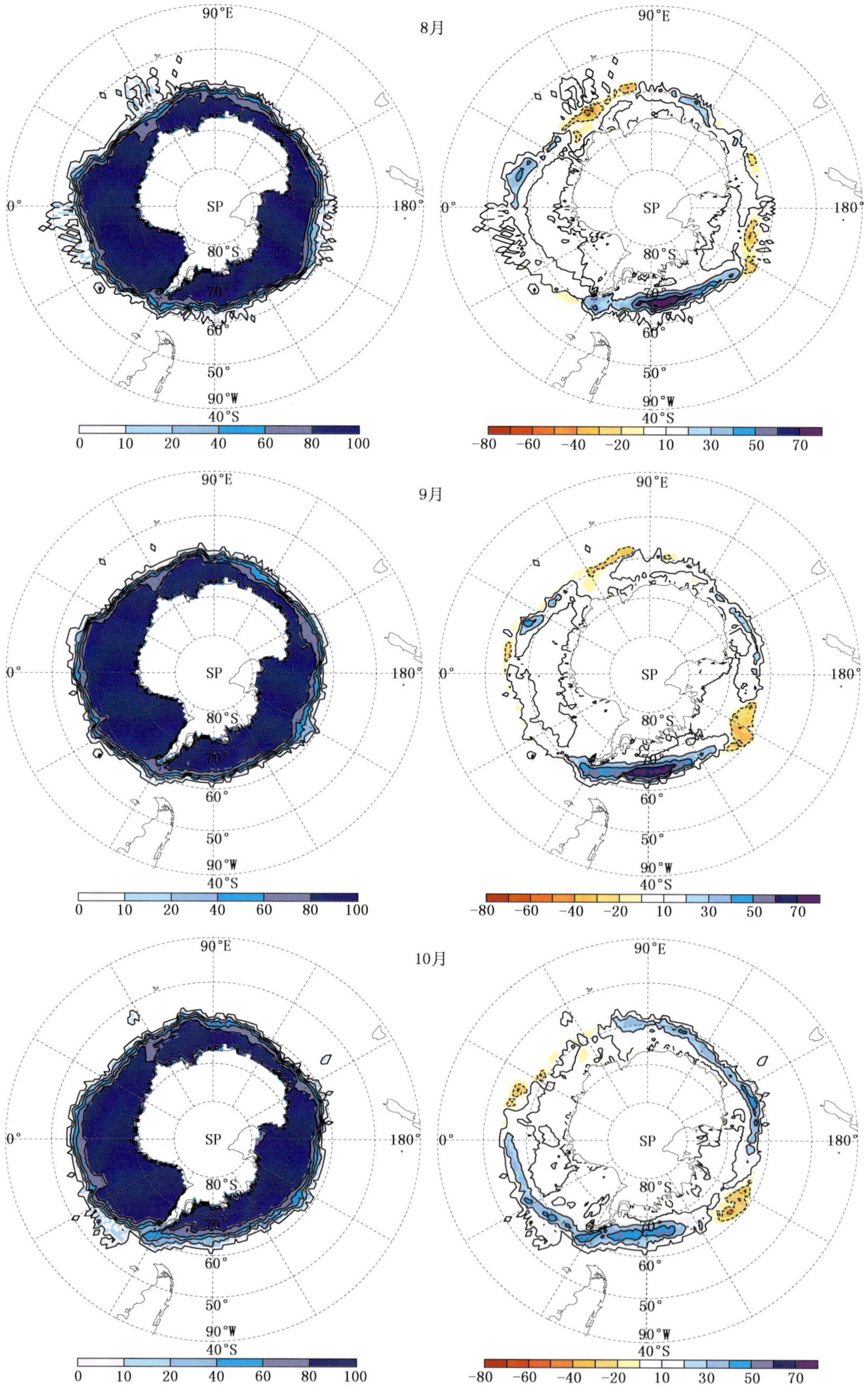

图 4.9　2015 年南半球逐月海冰密集度(左)及距平(右)分布图(单位:%)

(从上至下依次为 1—12 月)(续 3)

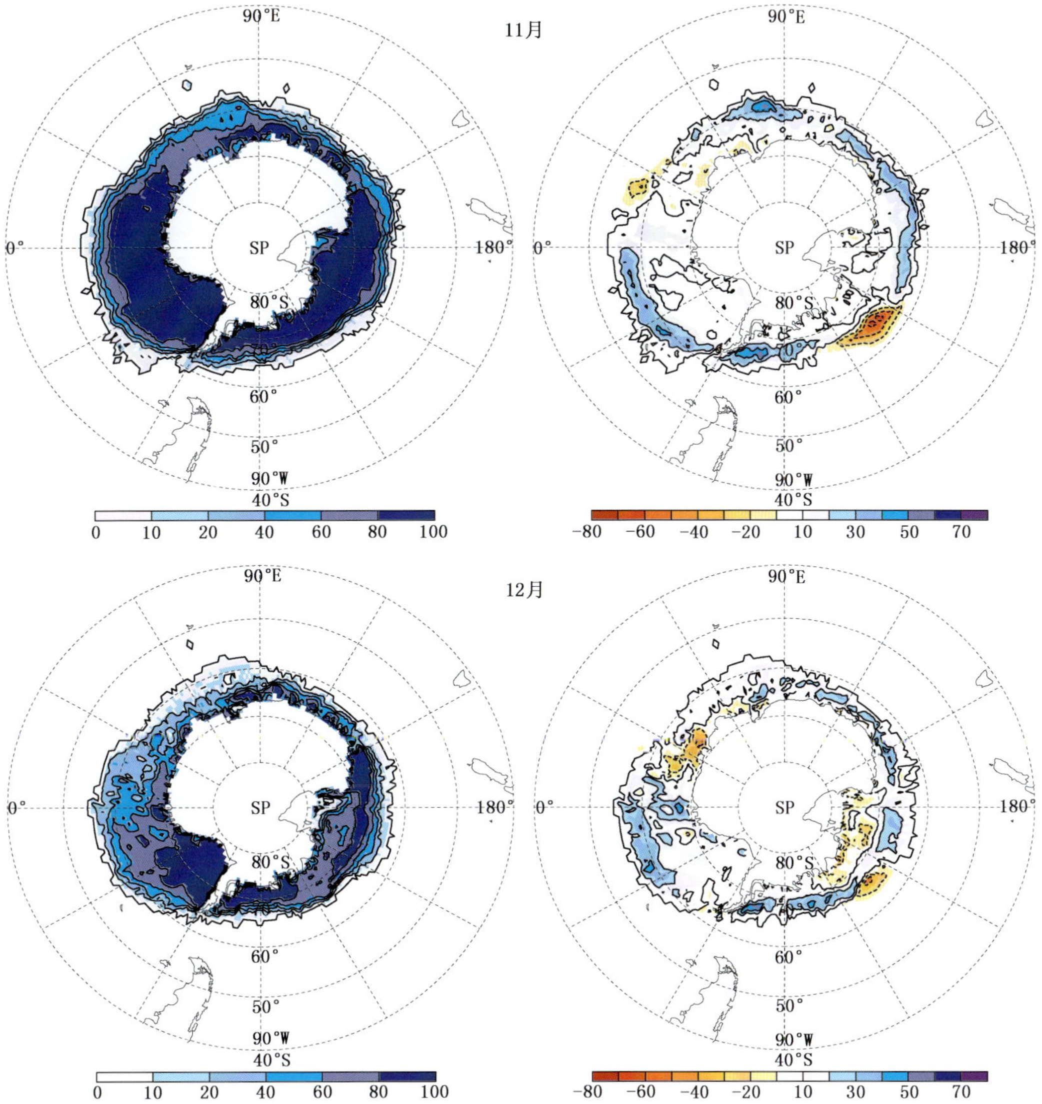

图 4.9　2015 年南半球逐月海冰密集度(左)及距平(右)分布图(单位:%)
(从上至下依次为 1—12 月)(续 4)

第5章 2015年主要灾害性天气气候事件成因分析

5.1 2014/2015年冬季气候异常成因分析

2014/2015年东亚冬季风强度较常年同期略偏弱，季内冬季风强弱转换阶段性特征明显，初冬强度偏强，隆冬和后冬转为偏弱。受其影响，冬季全国大部分地区气温较常年同期偏高，但季内变化显著，初冬冷、隆冬和后冬暖。诊断分析表明，冬季风强度偏弱与2014年9月北极海冰范围偏大(去线性趋势)有关，El Niño和太平洋年代际振荡(PDO)暖位相的配合也是造成冬季风强度偏弱的重要强迫因素。东亚冬季风的季内变化则与大气对El Niño事件的响应过程有关。

5.1.1 东亚冬季风活动特征及其影响

从东亚冬季风强度演变的年代际特征上看，2004/2005年冬季至2012/2013年冬季冬季风偏强，但2013/2014年冬季以来，东亚冬季风由强转弱(图2.14)。2014/2015年冬季，东亚冬季风强度指数为−0.22，较常年同期略偏弱。季内，冬季风强度阶段性变化明显，初冬强度偏强，而隆冬和后冬主要表现为强度偏弱(图5.1)。

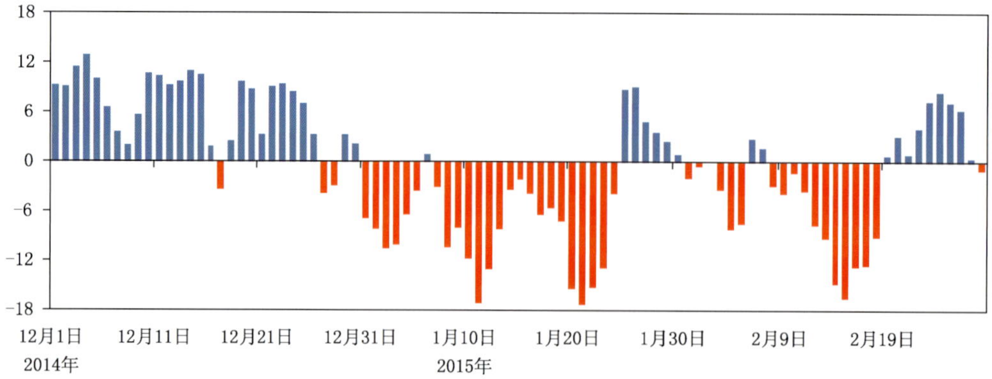

图5.1 2014/2015年冬季东亚冬季风强度指数(EAWM)逐日演变图(单位：m/s)

西伯利亚高压强度表现为与东亚冬季风相一致的年代际变化特征，2013/2014 年冬季以来，连续 2 年强度偏弱(图 2.15)。逐日监测分析表明，西伯利亚高压基本表现出与冬季风一致的季内变化特征，前冬强度偏强，之后主要表现为强度偏弱，仅在 1 月下旬至 2 月上旬出现一次阶段性增强(图 5.2)。

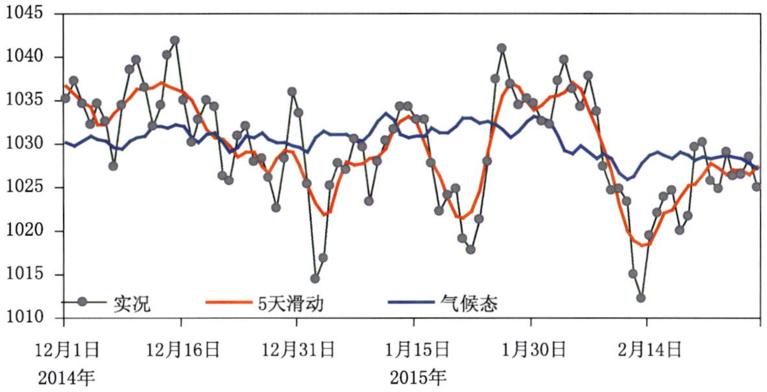

图 5.2　2014/2015 年冬季西伯利亚高压强度逐日演变图(单位:hPa)

受东亚冬季风总体偏弱影响，2014/2015 年冬季，全国平均气温较常年同期偏高 1.1℃，是 1961 年以来的第 4 高值(图 1.15)。季内，与冬季风强度变化相对应，全国平均气温阶段性变化显著，初冬冷、隆冬和后冬暖(图 5.3)。其中，2015 年 1 月全国平均气温较常年偏高达 1.9℃，是 1961 年以来的同期最高值(图略)。

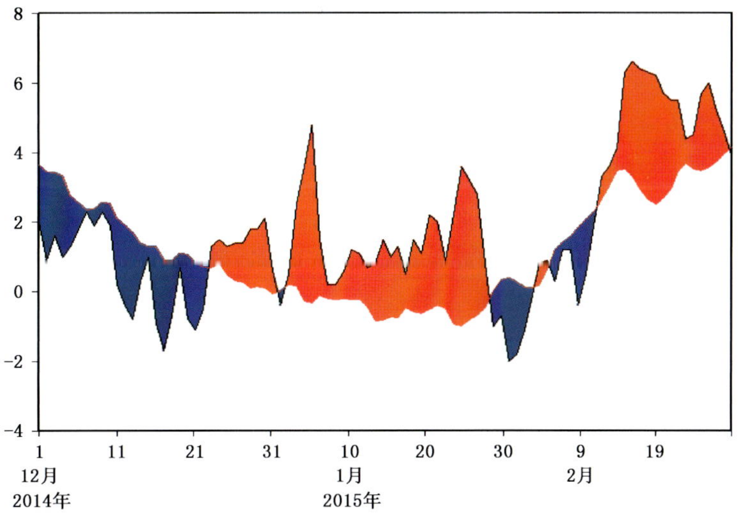

图 5.3　2014/2015 年冬季全国平均气温距平逐日演变图(单位:℃)

5.1.2　东亚冬季风偏弱的可能原因

5.1.2.1　北极海冰

研究表明，前期北极海冰范围的大小会直接影响北极地区冬季的热力状况，并通过大气的正、负反馈作用影响中高纬大气环流(Honda *et al*，1999；Alexander *et al*，2004；

Screen *et al*, 2010; Kumar *et al*, 2010)。当北极海冰范围偏大时，不利于欧亚地区中高纬异常阻塞环流的建立，进而造成欧亚中高纬西风环流相对平直，不利于西伯利亚高压偏强(Wu *et al*, 2011)。王东阡等(2013)和司东等(2014)的研究也表明，9月北极海冰范围与冬季欧洲东部到西伯利亚地区的海平面气压(SLP)呈显著的负相关关系，2012年9月北极海冰范围的偏小和2013年9月海冰范围的偏大(去线性趋势)是导致2012/2013年冬季风偏强和2013/2014年冬季风偏弱的重要原因之一。去线性趋势的9月北极海冰范围年际变化与东亚冬季风强度同样呈显著的负相关关系，相关系数为-0.42($p<0.05$)。2014年9月，北极海冰范围与2013年9月基本持平，均较常年同期偏大(图5.4)，前期北极海冰范围偏大有利于加大极区与欧亚大陆中纬度地区的温度梯度，进而导致副热带西风急流偏强和东亚冬季风偏弱。

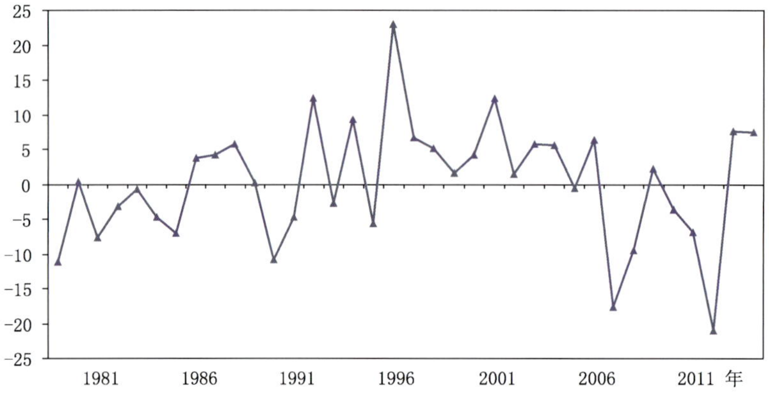

图5.4　去线性趋势后的9月北半球海冰范围距平百分率逐年演变图(单位:%)

5.1.2.2　太平洋海温

2014年1月，太平洋年代际振荡(PDO)指数由负值转为正值；进入2014/2015年冬季以来，PDO指数暖位相显著发展加强，而赤道东太平洋海表温度距平有所下降，赤道中太平洋地区海温距平持续上升，异常暖水中心由赤道太平洋东部向中部发展。

研究表明，东亚冬季风的年际变化与ENSO循环呈显著的反向变化关系，在厄尔尼诺年冬季，东亚大槽强度较常年同期偏弱，不利于强冷空气南下，东亚冬季风强度偏弱；而拉尼娜年冬季则正好相反，东亚大槽强度偏强，有利于寒潮等强冷空气南下，东亚冬季风偏强(Li, 1990; Webster, *et al*, 1992; 陶诗言等, 1998; Lau, *et al*, 2000; Wang H J, 2012)。而PDO作为影响太平洋及其周边地区气候年代际变化的强信号(Mantua *et al*, 1997; Zhang *et al*, 1997; 卢楚翰等, 2013)，其位相的演变对ENSO与东亚冬季风的关系有显著的调制作用。对比PDO暖位相与冷位相背景下El Niño事件持续期冬季850 hPa风场距平可以发现(图5.5)，当PDO位于暖位相时(图5.5a)，受赤道太平洋暖海温强迫，对流层低层850 hPa菲律宾以东地区为反气旋控制，其西北侧的偏南气流与南支槽前西南气流汇合，偏南风距平控制我国东部及东部沿海大部分地区。而当PDO位于冷位相时(图5.5b)，偏南风气流仅控制我国南海和华南沿海地区，我国东部大部分尤其长江以北地区为北风距平控制，对应冬季风偏强和冬季气温偏低。上述分析表明，El Niño事件对东亚冬季风的影响在一定程度上受到 PDO 位相的调制，当 PDO 暖位相和 El Niño 事件协同作用时，东亚地区大气环流对 El Niño 事件的响应更加显著，这一结论与 Minobe 等(1999)和 Kim 等 (2014)的研究结果一致。

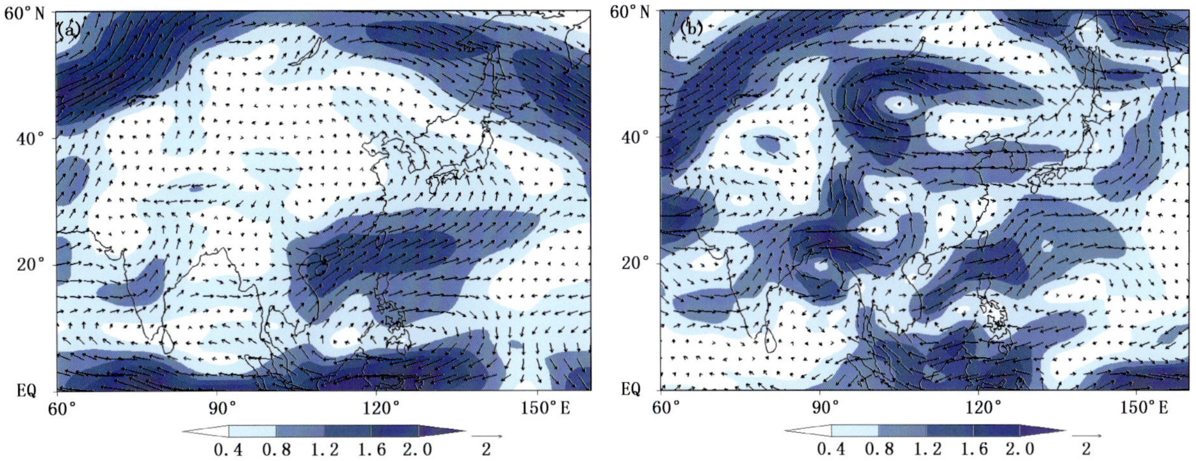

图 5.5 PDO 暖位相(a)及冷位相(b)时 El Niño 年冬季 850 hPa 距平风场合成图
(彩色阴影表示风速，单位：m/s)

前述分析显示，PDO 暖位相和 El Niño 事件作为相对持续和稳定的强迫因子，有利于东亚冬季风强度持续偏弱。而事实上，2014/2015 年冬季东亚冬季风强度整体偏弱，但存在明显的季节内变化，前冬偏强，之后转为偏弱。进一步分析表明，东亚冬季风强度的变化与大气对中部型 El Niño 事件的响应有较好的对应关系。从赤道地区向外长波辐射(OLR)时间—经度演变(图 5.6)可以看出，2014 年 12 月中旬之前，赤道中太平洋 140°E～180°区域对流活动不活跃，表明热带大气尚未对赤道中太平洋暖海温充分响应，12 月下旬之后，该区域对流活动逐步发展加强，而在 120°E 以西区域对流活动受到抑制。与之相对应，在 5°～20°N 平均的纬向环流距平逐月演变上也可以看出，2014 年 12 月，下沉气流控制 140°E 以东地区，140°E 以西地区为上升气流控制(图 5.7a)，同时，南升北降的经向环流控制我国东部及东部沿海地区，对流层中低层为北风距平控制，东亚冬季风强度偏强(图 5.7d)。2015 年 1 月，受赤道中西太平洋对流活动增强影响，140°E 以东地区下沉气流转为上升气流，140°E 以西地区下沉气流减弱，表明热带大气已对中部型 El Niño 强迫有所响应(图 5.7b)。至 2 月，东升西降的反沃克环流在低纬地区建立(图 5.7c)，在我国东部及东部沿海地区，南降北升的异常经向环流发展(图 5.7f)，南风距平控制对流层中低层，东亚冬季风表现为强度偏弱。

值得补充的是，东亚冬季风作为东亚地区冬季重要的环流系统，其强度的季节内变化并不只受低纬系统影响，2014/2015 年冬季 AO 正位相的发展加强(图略)也是造成冬季风在隆冬和后冬转弱的重要原因之一。

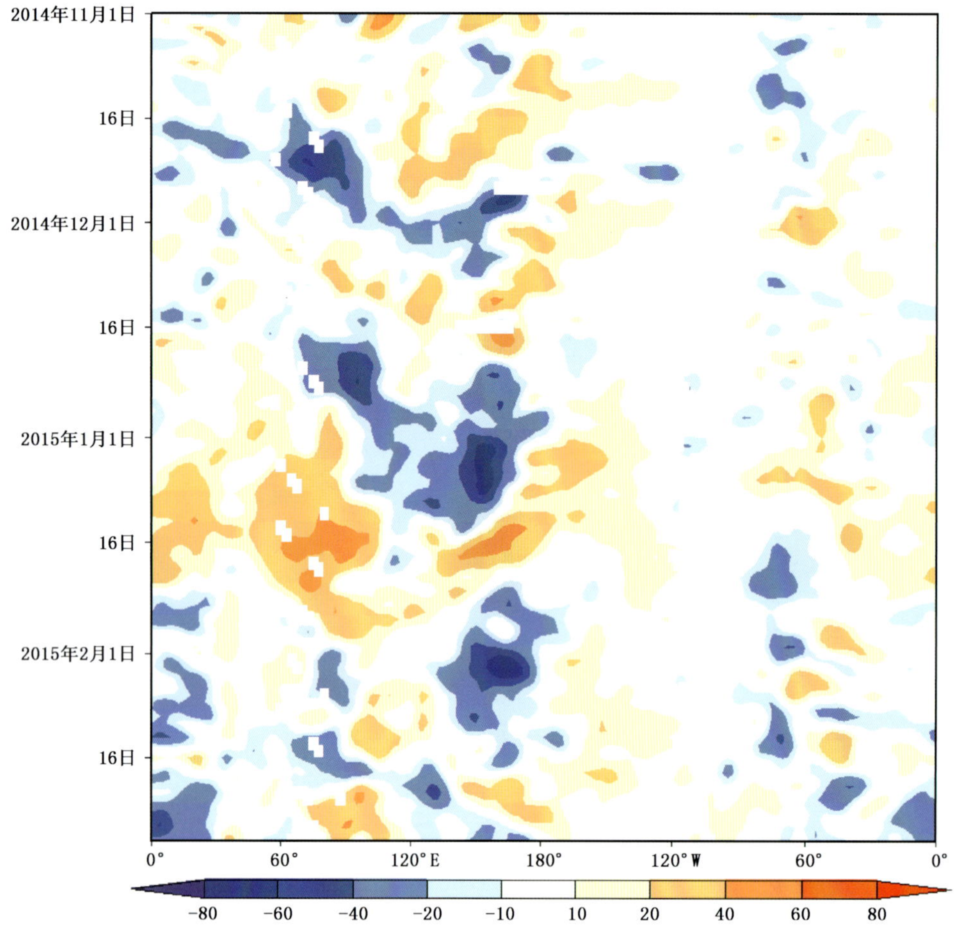

图 5.6　5°S～5°N 平均向外长波辐射(OLR)时间—经度剖面图(单位:W/m²)

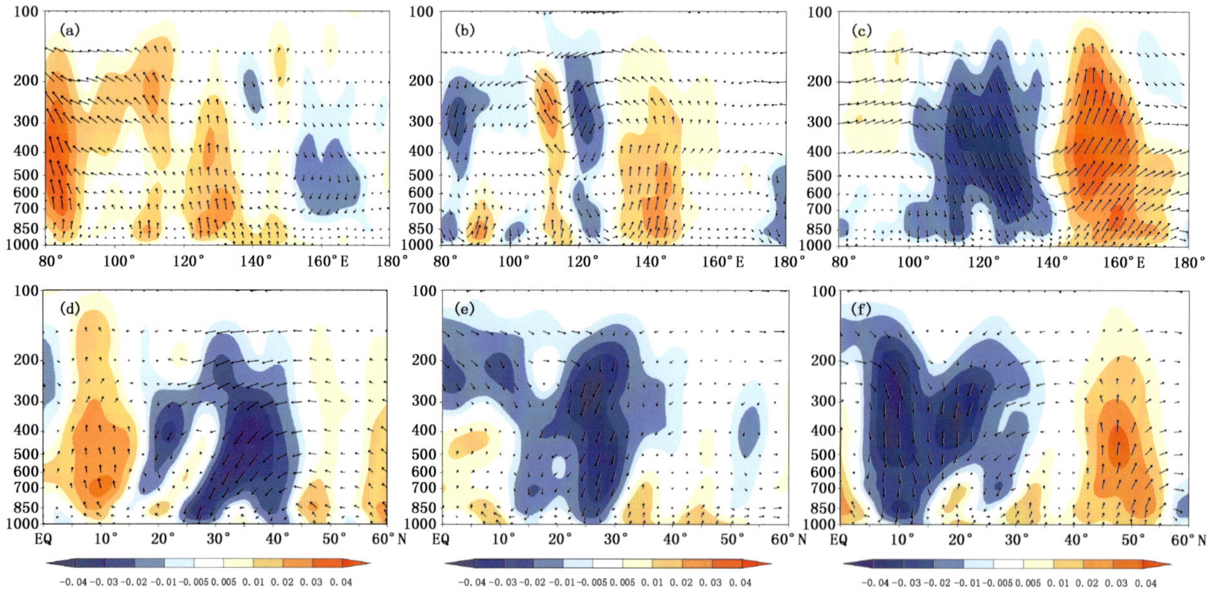

图 5.7　5°～20°N 平均纬向环流时间－经度剖面(a、b、c)及 115°～125°E 平均经向环流时间—纬度剖面(d、e、f),其中 a、d 为 2014 年 12 月,b、e 为 2015 年 1 月,c、f 为 2015 年 2 月(彩色阴影表示垂直速度异常,单位:Pa/s)

5.2 2015 年春季气候异常成因分析

2015 年春季，全国平均降水量略多于常年同期。季内，华南地区降水阶段性变化显著。诊断分析表明，春季华南地区入汛偏晚与厄尔尼诺事件发展有关，加之春季后期印度洋海温偏高，有利于南海地区对流层低层异常反气旋的发展以及西南水汽输送的加强，上述两种因素共同作用导致入汛之后华南地区降水异常偏多。

5.2.1 2015 年春季华南地区降水异常特征

2015 年春季，全国平均降水量略多于常年同期（图 1.27）。华南地区降水“前少后多”，即华南前汛期入汛偏晚，而入汛之后降水偏多。华南地区春季前期（3—4 月）降水持续偏少（图 5.8），随后于 5 月 5 日进入前汛期，较常年（4 月 6 日）偏晚 29 天，为 1978 年以来的最晚入汛日期（图 5.9）。入汛以后，华南地区降水转为明显偏多，华南大部地区较常年偏多 5 成以上，广东中部偏多 1～2 倍；此外，同期东北地区降水也异常偏多，东北中部部分地区偏多 1～2 倍（图 5.8）。

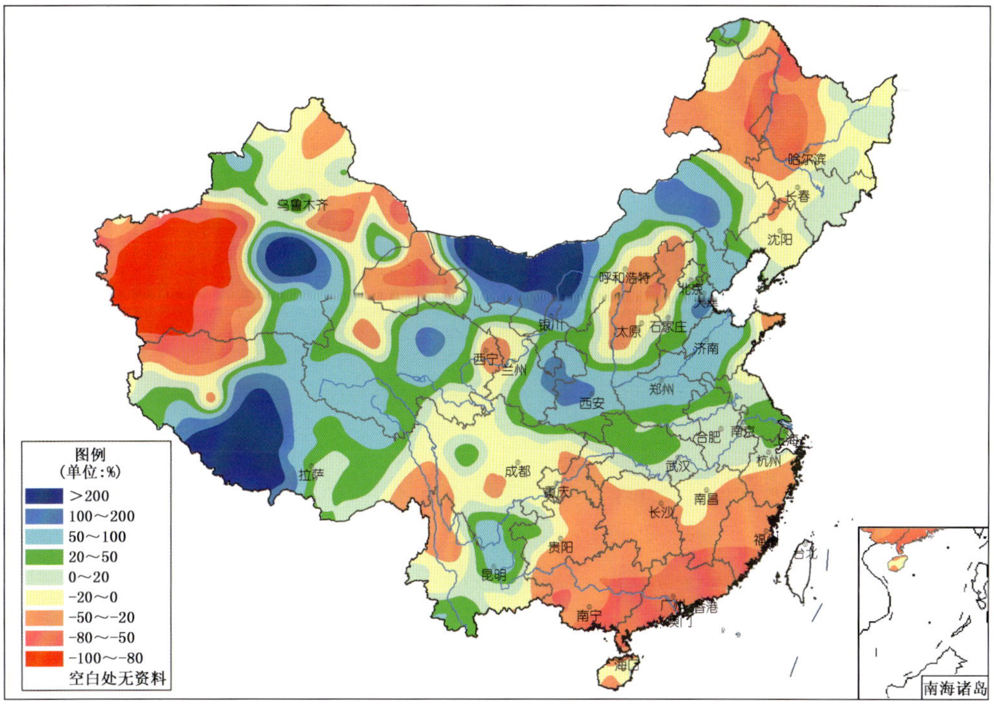

图 5.8　2015 年入汛前（上，3—4 月）和入汛后（下，5 月 5—31 日）全国降水量距平百分率分布图

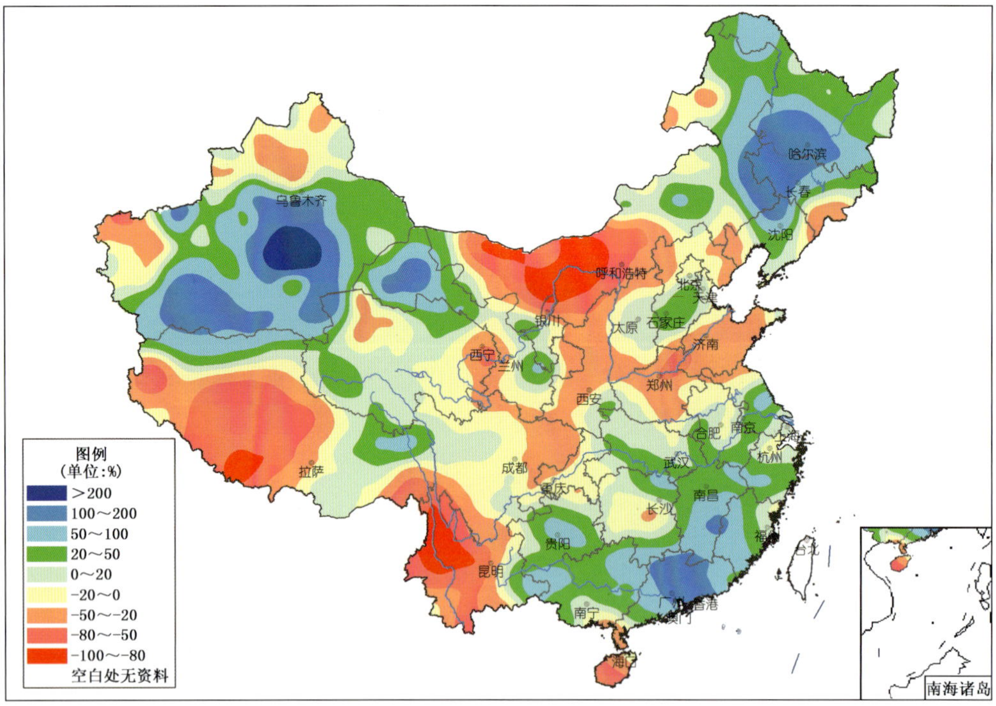

图 5.8　2015 年入汛前(上,3—4 月)和入汛后(下,5 月 5—31 日)全国降水量距平百分率分布图(续)

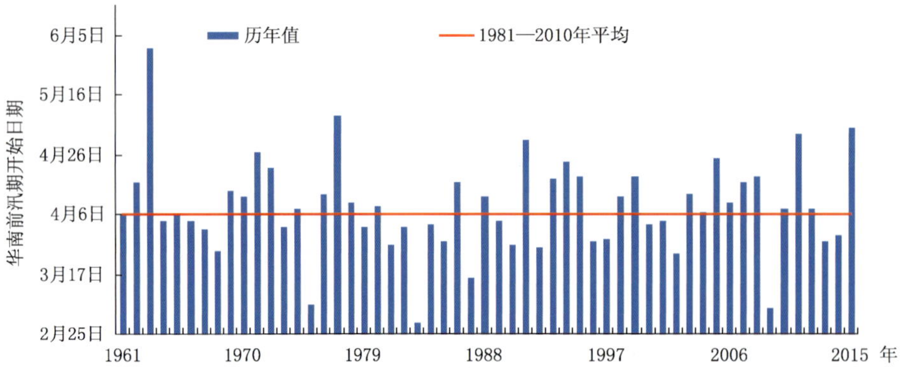

图 5.9　华南前汛期开始时间历年变化(1961—2015 年)

5.2.2　2015 年春季华南地区降水季节内变化成因

在厄尔尼诺型的海温模态下,西北太平洋和南海地区盛行下沉气流,在该地区对流层低层会激发出一个异常反气旋环流(Zhang *et al*.,1996;Wang *et al*.,2000),有利于西太副高偏强。2015 年 4—5 月,厄尔尼诺事件发展、加强,赤道中东太平洋海温持续偏高。3 月,异常暖海温中心位于赤道中太平洋日界线附近;4 月之后,异常暖海温向东扩展至赤道东太平洋地区(图 3.3)。作为对该阶段海温异常的响应,2015 年春季前期(3—4 月),西太副高面积偏大,强度偏强,西伸脊点异常偏西,西伸至 100°E 左右(图 5.10)。西太副高南侧的东南暖湿气流只能沿着副高外围输送到中南半岛等地,使得该地区降水偏多,而中国华南地区由于副高阻挡，没有足够的水汽输送，为此降水偏少（图略）。

华南前汛期入汛以后，热带印度洋海温较前期明显偏高（图 3.3），印度洋海温异常偏暖一方面通过赤道开尔文波（Matsuno，1966；Gill，1980）的传播在南海至西北太平洋地区低层激发出异常反气旋性环流（图 5.11），该异常反气旋引导东南水汽输送至华南地区；同时，印度洋海温异常偏暖也有利于印度洋地区对流活跃（图略），从而使得西南水汽输送加强。从 5 月逐候的水汽输送情况（图略）来看，此时，索马里越赤道气流已经开始发展，由该越赤道气流引导的来自印度洋的偏强的西南水汽输送经中南半岛到达中国地区的水汽通道也开始建立。然而，由于偏西偏强的副高占据南海地区，使得西南水汽输送异常偏北至南海北部到华南地区，5 月上中旬南海夏季风未能爆发。西南和东南两支水汽汇合后到达南海以北的华南地区，使得华南地区降水偏多。

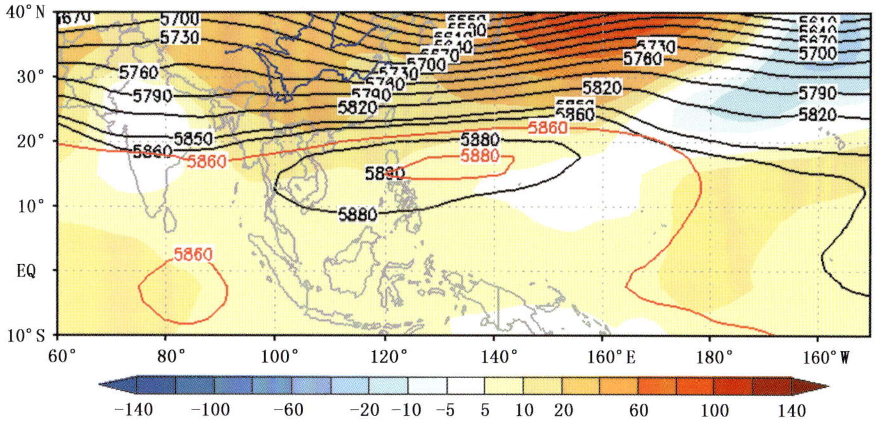

图 5.10　2015 年 3—4 月 500 hPa 位势高度场（等值线，单位：gpm）
及其距平（彩色阴影，单位：gpm）分布图
（红色等值线表示气候平均态下 5860 gpm 和 5880 gpm 等值线）

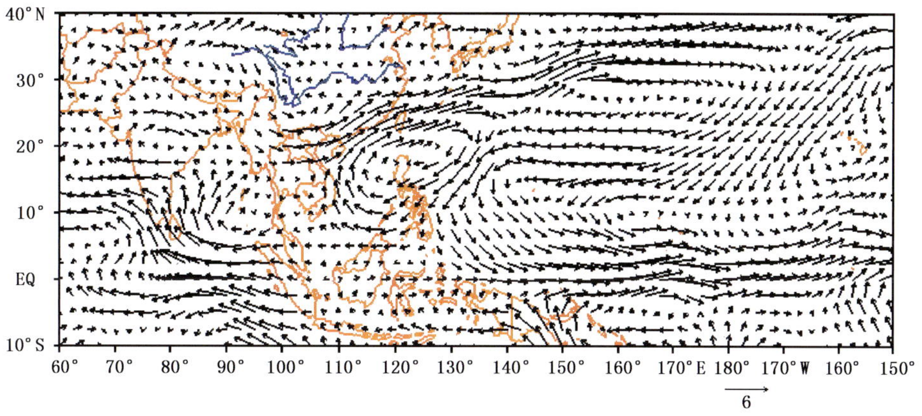

图 5.11　2015 年 5 月 5—31 日 850hPa 风场距平分布图（单位：m/s）

5.3　2015 年夏季气候异常成因分析

2015 年夏季，我国中东部地区降水呈“北少南多”异常型分布特征，长江中下游至江淮地区降水显著偏多，梅雨雨季持续时间长，梅雨量偏多。2015 年 5 月以来热带印度洋海温一致偏暖模态正位相发展，激发出西升东降的局地异常纬向环流，有利于西太副高强度偏强、位置偏西。加强西伸的西太副高造成我国东南部地区西南低空急流频发，并将来自南海的水汽向江淮等地输送，导致梅雨季持续时间长、梅雨量偏多。

5.3.1　2015 年夏季降水异常特征

2015 年夏季，全国平均降水量 297.6 mm，较常年同期(325.2 mm)偏少 8.5%(图 1.29)。我国中东大部地区降水总体呈“北少南多”异常型分布，华北大部、西北地区东部、黄淮大部、东北地区西南部和西藏中部等地降水偏少 2～5 成，局部偏少 5 成以上；江淮、江南东北部、贵州东南部等地降水偏多 2 成至 1 倍(图 1.30)。

江南地区、长江中下游地区和江淮地区入梅日期早晚不一，但梅雨季雨期均偏长，梅雨量均偏多，较常年依次偏多 85.1%、94.6%和 31.2%(表 2.2)。

5.3.2　梅雨季降水偏多成因分析

5.3.2.1　*西南低空急流偏强*

中国东部地区的西南低空急流是东亚季风环流系统的重要组成部分，是影响降水最直接的因子之一，低空急流在暴雨的形成过程中起到了输送暖湿空气，促进不稳定能量释放并激发对流产生等关键作用(孙淑清等，1980；Tao，1989；Zhou *et al.*，2009；Chen *et al.*，2010)。无急流发生时降水主要分布在东南沿海，降水分布较均匀，没有明显的大值中心；而有急流发生时，降水主要分布在江淮流域，略呈带状分布。图 5.12 给出 2015 年夏季西南低空急流发生频次及其距平分布。参照 Stensrud(1996)的研究，图中对西南低空急流定义为：在 850 hPa 高度风速大于 10 m/s，并且风向角在 180°～270°之间(西南风)。分析显示，2015 年夏季西南低空急流发生频次显著高于常年同期，大值中心位于我国华南东部地区，频次较常年同期偏多近 1 倍，位置较常年同期略偏南。作为水气输送“管道”，频次偏多的低空急流有利于将水汽向内陆地区输送，进而有利于急流出口区左前侧，即长江中下游至江淮地区降水偏多；而急流位置的偏南限制了水汽进一步向北方地区输送，不利于黄淮及华北地区降水偏多。同时，急流轴左侧气旋切变造成水汽辐合和上升运动，并激发不稳定能量释放，有利于对流活动的发展和降水的形成。2015 年夏季，西南低空急流异常频繁的发生，是造成长江中下游至江淮地区降水偏多，梅雨期长、梅雨量偏多的直接原因。

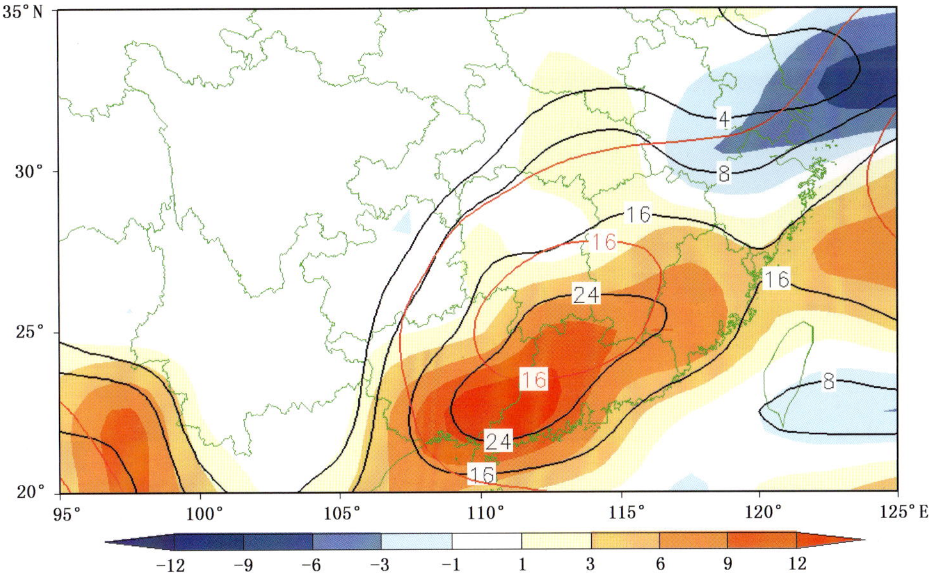

图 5.12 2015 年夏季西南低空急流发生频次（黑色等值线）及其距平（彩色阴影）分布图（红色等值线表示同期气候平均急流发生频次）

夏季中国东部地区西南低空急流一般出现在西太副高西北侧外围地区，其强度和位置的变化均受西太副高影响。低空急流发生时，西南风场具有明显的超地转特征，地转风及非地转风的增强均可能导致低空急流的发生或增强。地转风的强度决定于气压梯度，当西太副高强度加强时，有利于中国东部地区气压梯度的增强，进而加强地转风；地转偏差决定于风场非定常性、风速在流动方向上的非均匀性、流线弯曲和大气斜压性，即非地转风的变化主要是由局地变压、水平风场涡度、垂直运动和温度梯度的变化产生。研究表明，西太副高强度和位置的变化、青藏高原大地形加热效应是造成中国东部地区非地转风强度变化的主要原因（王东阡，2012）。2015 年夏季，西太副高较常年同期显著偏强，脊点西伸，脊线位置较常年同期略偏南（图 5.13）。西太副高的偏强、偏西导致中国东南部地区地转风加强，而副高位置整体偏南，造成局地变压大值区位置较常年同期偏南，有利于华南地区非地转风的增强，两者共同作用，造成 2015 年夏季西南低空急流在华南东部地区频繁发生，强度偏强。此外，在 500hPa 高度场上，我国中东大部地区主要受高空槽控制，冷空气活动相对活跃。冷空气与低空急流输送的暖湿气流在我国长江中下游至江淮地区频繁交汇，使得梅雨期长、梅雨量偏多。

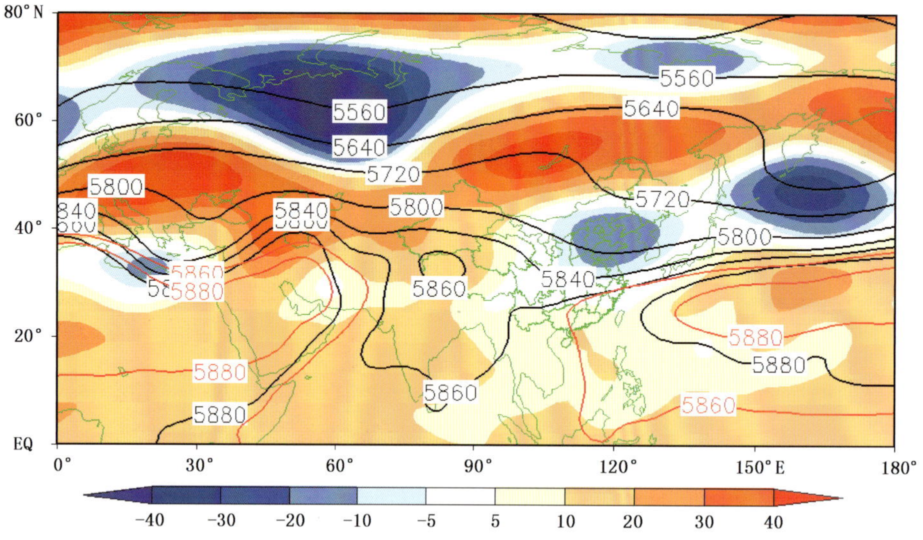

图 5.13 2015 年夏季 500 hPa 位势高度(黑色等值线,单位:gpm)及其距平(彩色阴影,单位:gpm)分布图(红色等值线表示气候平均态下 5860 gpm 和 5880 gpm 等值线)

5.3.2.2 热带印度洋海温一致偏暖

前述分析表明,西太副高偏强、偏西偏南是造成长江中下游至江淮地区降水偏多,梅雨期长、梅雨量偏多的重要原因,本节将利用广义平衡反馈分析(GEFA)方法分析前期下垫面外强迫作用,探讨西太副高持续偏强的可能原因。

选取热带太平洋、北太平洋、热带大西洋、热带印度洋和北大西洋 5 个海域海温 EOF 分解前 3 个模态,共 15 个海温分布模态作为外强迫因子,分析 2015 年夏季东亚地区夏季大气环流对海温外强迫的响应,响应系数分析时段为 1971—2015 年共 45 年。结果表明,2015 年 5—7 月,热带印度洋海温一致偏暖模态(IOBW)正位相(图略),东亚地区夏季 500 hPa 位势高度响应呈经向“+－+”模态分布。在中低纬,500 hPa 高度场在 30°N 以南地区表现为正异常,正值中心位于 135°E 附近,超过 95%的 Monte Carlo 检验;30°N 以北地区表现为负异常,负值中心位于 140°E 附近,同样超过 95%的 Monte Carlo 检验(图 5.14a)。即热带印度洋海域海温一致偏暖影响下,有利于西太副高强度较常年同期偏强,但不利于其位置北抬。这一结果与吴国雄等(2000)和谭言科等(2003)的研究结论相符。在印度洋海域暖海温强迫下,热带 100°E 地区以西地区对流相对活跃,从而激发出西升东降的局地异常纬向环流(图 5.15),其下沉支位于 105°～135°E 附近,有利于这一区域 500 hPa 位势高度偏高,进而造成西太副高加强西伸。

此外,利用 GEFA 方法分析 2015 年夏季 850 hPa 纬向和经向风场对海温外强迫响应的结果显示(图 5.14b,c),我国东南部地区 850 hPa 纬向和经向风场在 IOBW 模态正位相海温外强迫下均表现为正异常,分别通过 80%和 95%的 Monte Carlo 检验。表明当热带印度洋海温偏高时,有利于我国东南部地区对流层低层纬向和经向风场,特别是经向风场的增强,进而有利于我国东部地区西南低空急流的发生和增强。这一结果也与西太副高对 IOBW 模态海温外强迫响应及西太副高对西南低空急流的影响相对应。

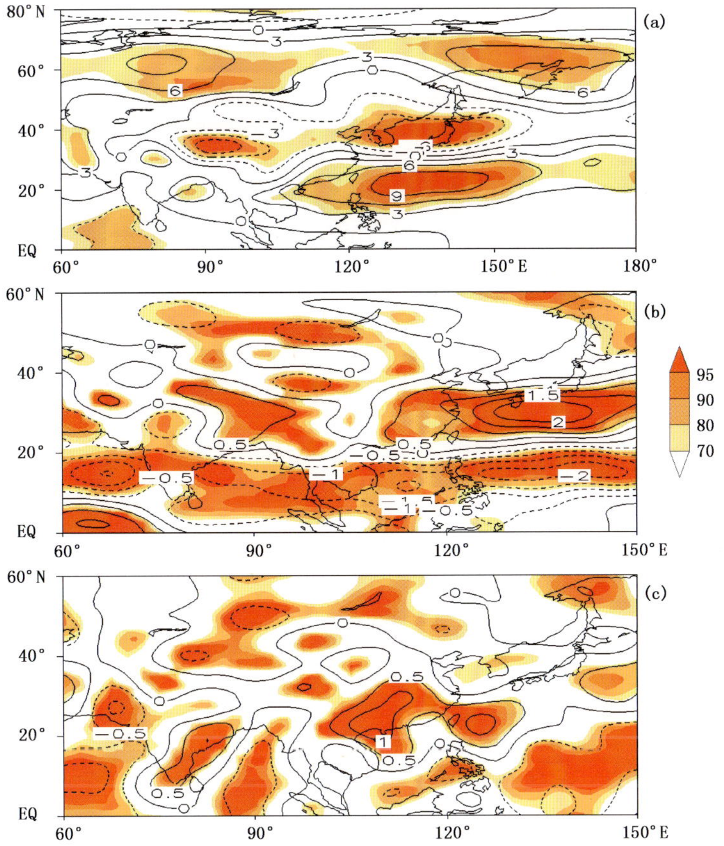

图 5.14　2015 年 500 hPa 位势高度场(a)(单位:hPa)、850 hPa 纬向风场(b)(单位:m/s)和 850 hPa 经向风场(c)(单位:m/s)对热带印度洋海温一致偏暖模态强迫的响应(等值线)及 Monte Carlo 检验结果分布图(彩色阴影)

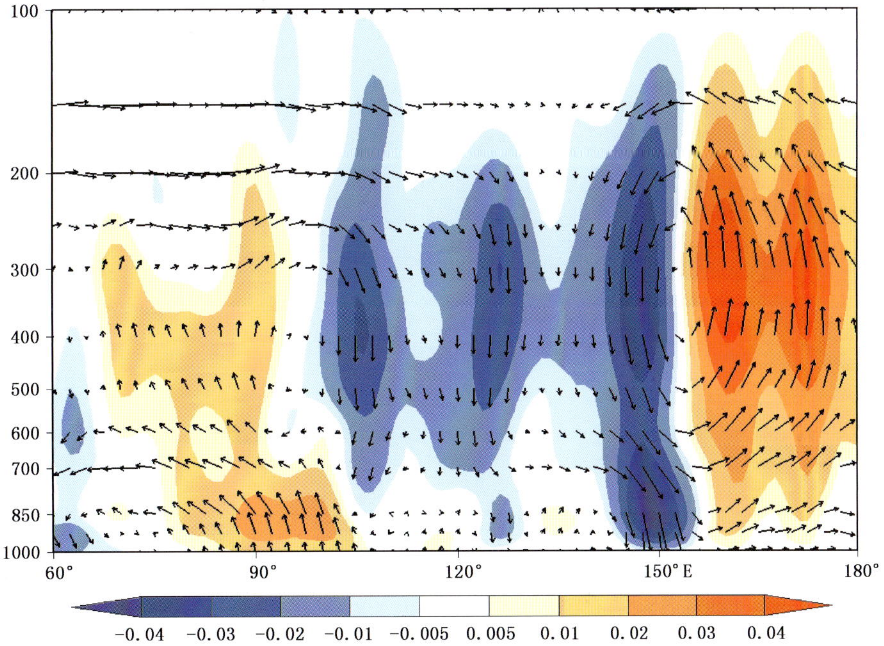

图 5.15　2015 年夏季赤道地区(5°S~5°N)平均 Walker 环流异常特征(矢量,单位:m/s)分布图(彩色阴影表示垂直速度异常,单位:Pa/s)

5.4 2015 年秋季气候异常成因分析

2015 年秋季，我国总体呈现“暖湿”的特征，但南北方降水特征差异明显，华南地区为持续性降水，而华北表现为阵性降水。诊断分析表明，华南的持续性降水偏多与超强厄尔尼诺和赤道印度洋偏暖的共同作用有关。而受中高纬度环流经向度偏大的影响，冷空气在华北活跃，配合东路和南路水汽的阶段性输送，则造成了华北降水偏多。

5.4.1 2015 年秋季降水异常特征

2015 年秋季，全国平均气温较常年同期偏高 0.7℃（图 1.21），全国平均降水量较常年同期偏多 25.7%（图 1.31），为 1951 年以来同期第 3 高值，仅次于 1951 年（158.0 mm）和 1961 年（156.4 mm），我国总体呈现“暖湿”的特征。

秋季，我国大部分地区降水接近常年同期或偏多（图 1.32），其中西北地区大部、内蒙古中西部、华北北部、黄淮东部、江淮东部、江南大部和华南大部等地降水偏多 5 成～2 倍。图 5.16 给出了华南和华北地区平均的秋季降水量的逐年演变。从图中可以看出，2015 年秋季，华南地区平均降水量为 456.9 mm，较常年同期（273.3 mm）偏多 67.2%，为 1951 年以来历史同期最多；华北地区平均降水量为 95.1 mm，较常年同期（57.7 mm）偏多 64.8%，为 1951 年以来历史同期第 3 高值，仅次于 2012 年（108.5 mm）和 2003 年（97.3 mm）同期。

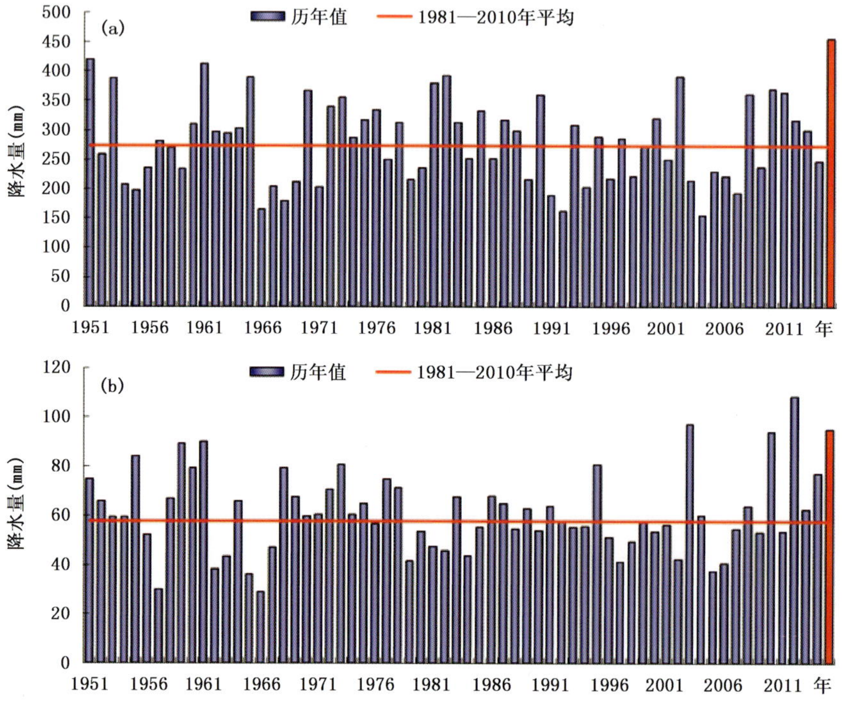

图 5.16 1951—2015 年秋季华南（a）和华北地区（b）平均降水量（单位：mm）历年变化图

尽管秋季华南和华北地区降水都偏多，但两区域的降水演变特征不同。为更清楚地描述两者降水特征的差异，在华南和华北分别选取一个代表地区进行分析。图 5.17 为 2015 年秋季广西壮族自治区和北京市降水量的逐日演变图。从图中可以看出，华南的降水属于持续性降水，而华北地区的降水特征表现为过程性降水。

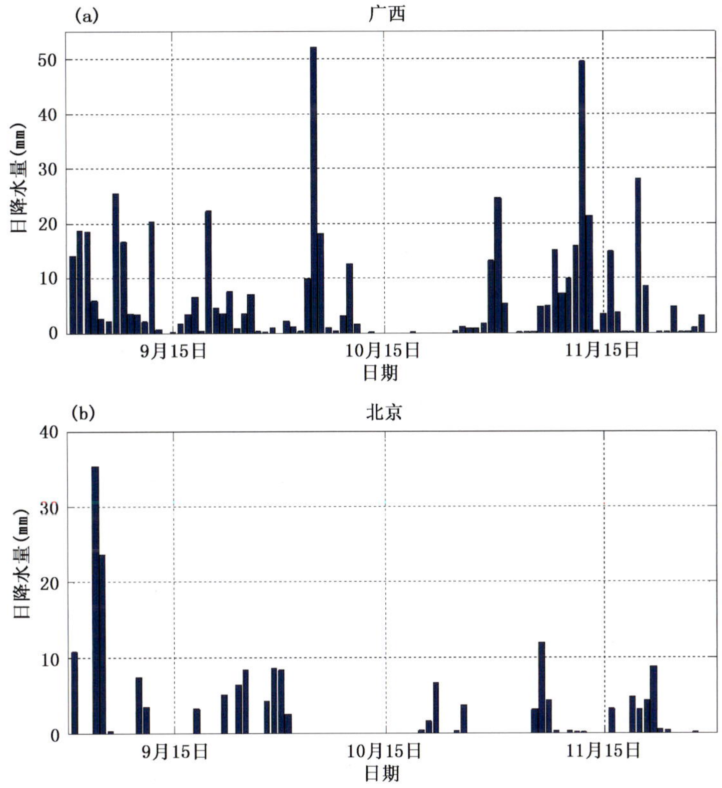

图 5.17　2015 年秋季广西壮族自治区(a)和北京市(b)降水量的逐日演变(单位：mm)

5.4.2　成因分析

5.4.2.1　华南地区多雨成因分析

(1) 大气环流和水汽输送

从西太副高各项指数的逐月演变来看，2015 年秋季，西太副高持续偏强、面积偏大、西伸脊点偏西，副高的脊线在 9—10 月总体偏南，11 月脊线阶段性略偏北(图 2.13)。

水汽条件上，受西太副高西侧异常南风气流的引导(图 5.18)，来自西太平洋和南海的水汽向我国华南输送(图 5.19)，造成华南地区秋季降水偏多。

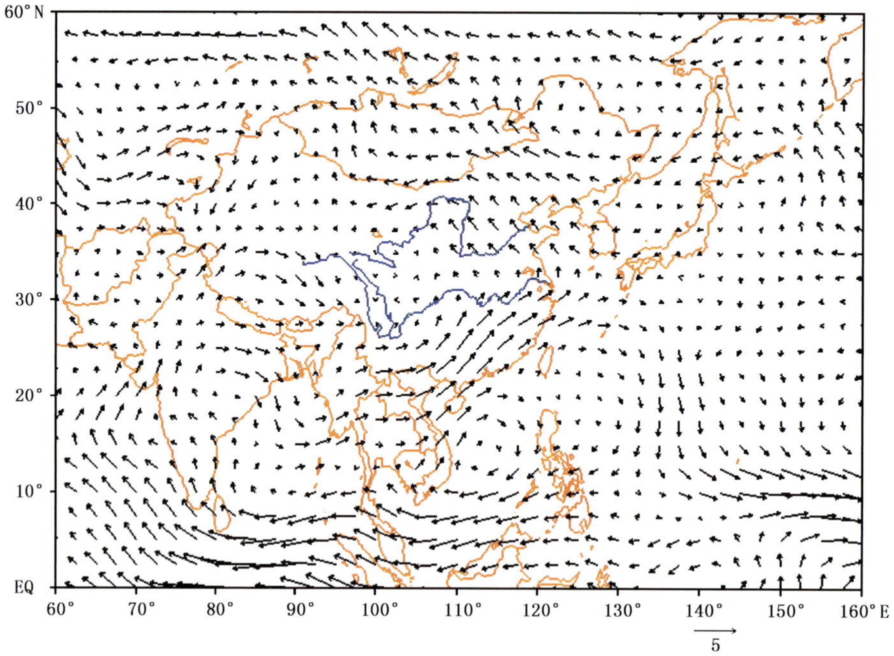

图 5.18　2015 年秋季 850hPa 风场距平分布图(单位:m/s)

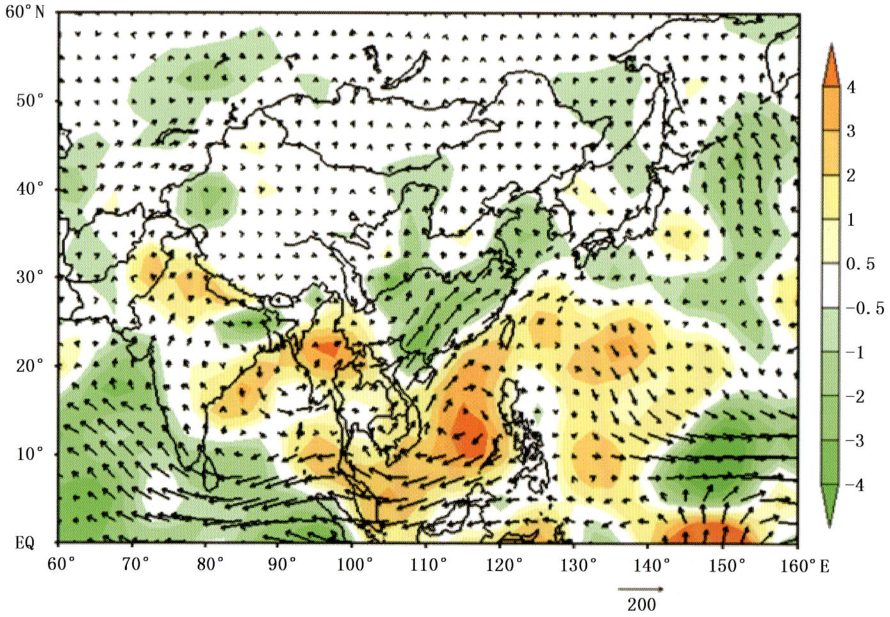

图 5.19　2015 年秋季整层积分水汽输送距平场(矢量,单位:kg/(s·m))及辐合辐散距平场(彩色阴影,单位:10^{-5} kg/(s·m^2))分布图(彩色阴影表示异常辐散(辐合))

(2)外强迫的作用

厄尔尼诺发展加强和热带印度洋全区一致偏暖是造成西太副高持续偏强、偏西的主要原因。超强厄尔尼诺条件下,赤道东太平洋的海温异常偏高(以 10 月为例,图 3.3),在该地区产生异常的上升运动,赤道西太平洋地区产生异常的下沉运动(图 5.20),在低层激发异常的反气旋环流(Chou, 2004;Matsuno, 1966;Gill, 1980),从而导致西太副高加强西伸。此外,热带印度洋地区的全区一致偏暖(图 3.3),会导致赤道印度洋地区产生异常上升运动(图 5.20),而西太平洋地区产生异常下沉运动,从而加强西太副高。

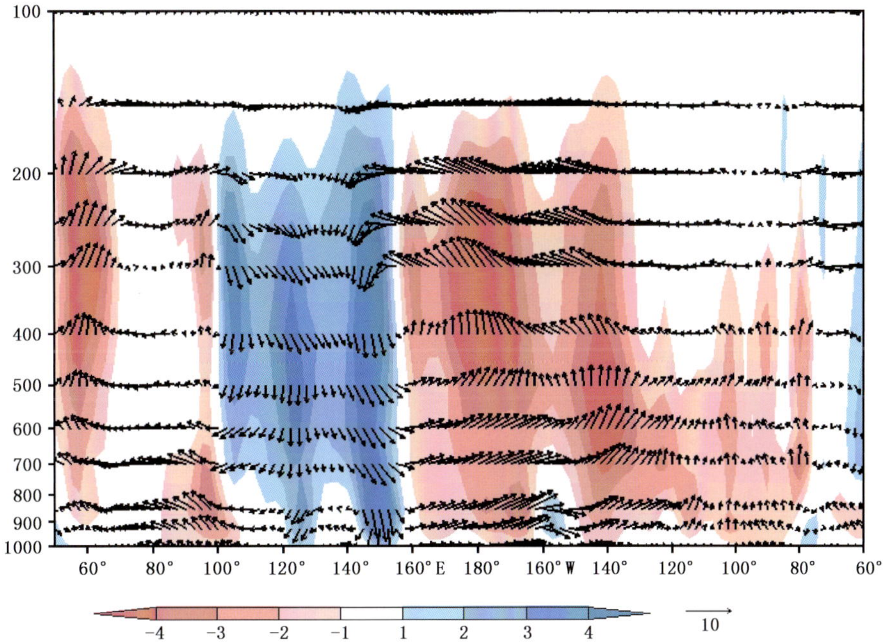

图 5.20 2015 年 10 月赤道地区(5°S~5°N)平均 Walker 环流异常特征(矢量)分布图
(彩色阴影表示垂直速度异常,单位:0.01 Pa/s)

5.4.2.2 华北地区降水偏多成因简析

2015 年秋季,华北、西北等地的降水多为过程性降水,此处选取了两次典型过程,从大气环流和水汽条件两方面进行成因分析。

第一次典型过程发生在 9 月 4—5 日。在 500 hPa 环流场上,欧亚中高纬度呈“两槽一脊”型分布(图 5.21a),华北处于低槽后部,冷空气较为活跃。此外,受东北冷涡活跃的影响,对流层低层的异常气旋将水汽带向我国华北东部(图 5.22a),造成此次强降水过程。

第二次典型过程发生在 11 月 19—24 日,我国发生了一次全国性寒潮过程,中东部大部地区降温超过 10℃以上。在 500 hPa 环流场上,中西伯利亚地区出现阻塞高压,南侧为切断低压(图 5.21b)。近地面西伯利亚高压异常偏强(图略),冷空气异常活跃。水汽场上,西太副高西侧的异常偏南气流将南海的水汽不断向北输送至我国河套地区(图 5.22b),造成此次的寒潮和雨雪天气过程。

综上所述,2015 年秋季,华北地区多过程性降水,主要归因于大气环流的阶段性调整。

从秋季平均而言，欧亚中高纬地区纬向型环流占优势，西太副高总体偏南。由于西风带经向环流的阶段性发展和冷空气的阶段性增强，以及西太副高阶段性北抬，致使我国华北地区出现几次明显的降水过程，累计降水量较常年偏多。

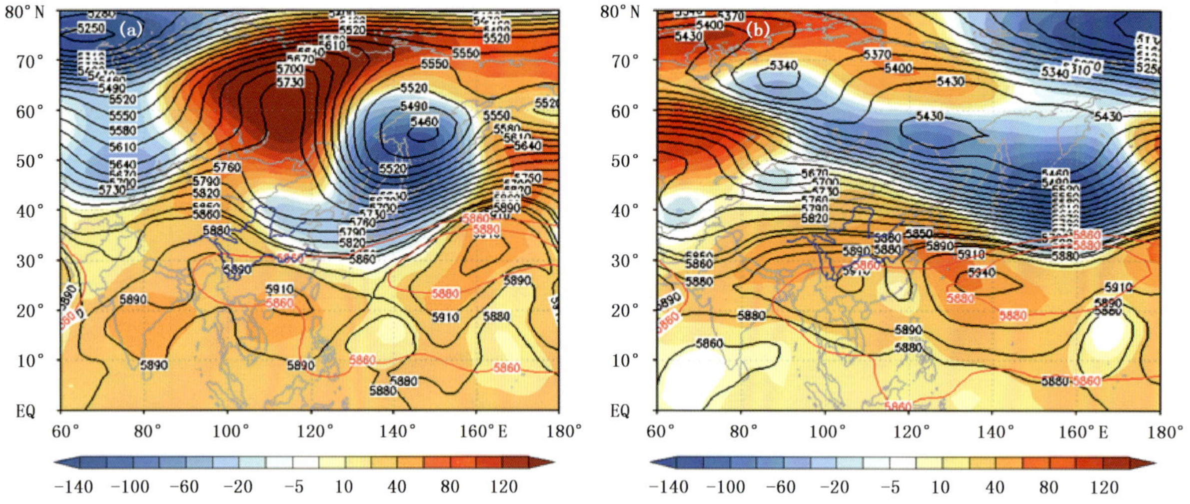

图 5.21　2015 年 9 月 4—5 日(a)和 11 月 19—24 日(b)的位势高度场（黑色等值线，单位：gpm）及其距平（彩色阴影，单位：gpm）分布图（红色等值线表示气候平均态下 5860gpm 和 5880gpm 等值线）

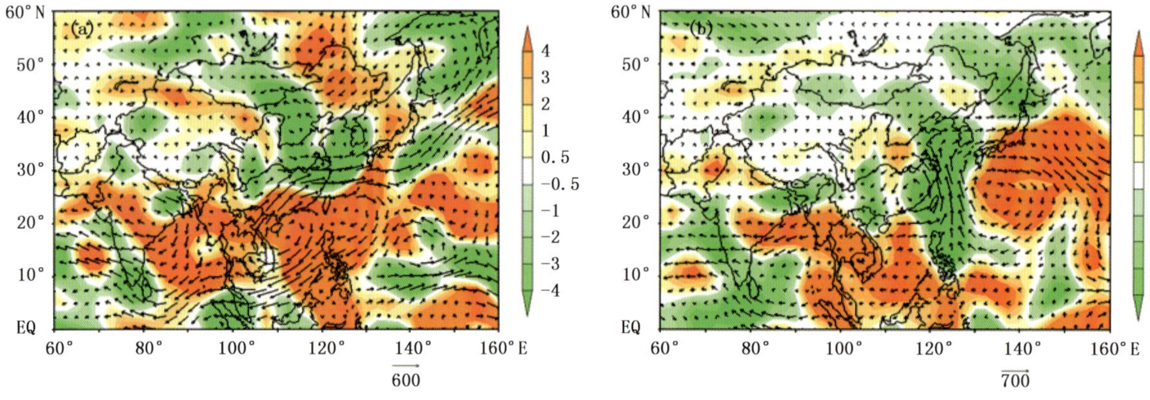

图 5.22　2015 年 9 月 4—5 日(a)和 11 月 19—24 日(b)整层积分水汽输送距平场（矢量，单位：kg/(s·m)）及辐合辐散距平场（彩色阴影，单位：10^{-5} kg/(s·m^2)）分布图（彩色阴影表示异常辐散（辐合））

5.5 2015/2016年超强厄尔尼诺事件及其对全球气候的影响

5.5.1 超强厄尔尼诺的演变特征

2015年1—3月，赤道东太平洋海表温度正距平较前期略有下降(图3.3)，暖海水中心位于日界线附近，ENSO监测指标较2014年秋季也略有下降，Niño综合区指数(Niño Z)在这期间维持在0.5℃左右。4月以来，厄尔尼诺快速发展、增强，赤道东太平洋海温加速上升，Niño Z指数也呈现快速上升趋势，5月后持续超过1.0℃(李晓燕等，2000)，并于11月达到峰值2.4℃，赤道中东太平洋海表温度距平超过2.0℃，赤道东太平洋中心值超过3.5℃(图5.23)，发展为一次超强厄尔尼诺事件；12月开始，厄尔尼诺事件进入衰减阶段，Niño Z指数逐渐下降(图5.24)。

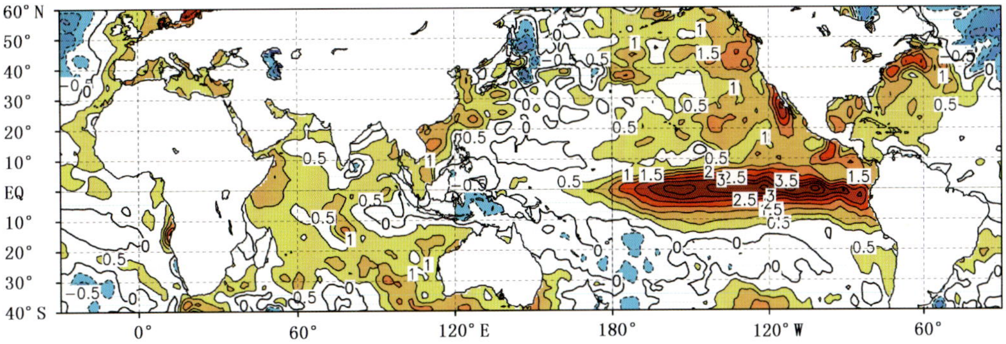

图5.23 2015年11月平均海表温度距平分布图(单位:℃)

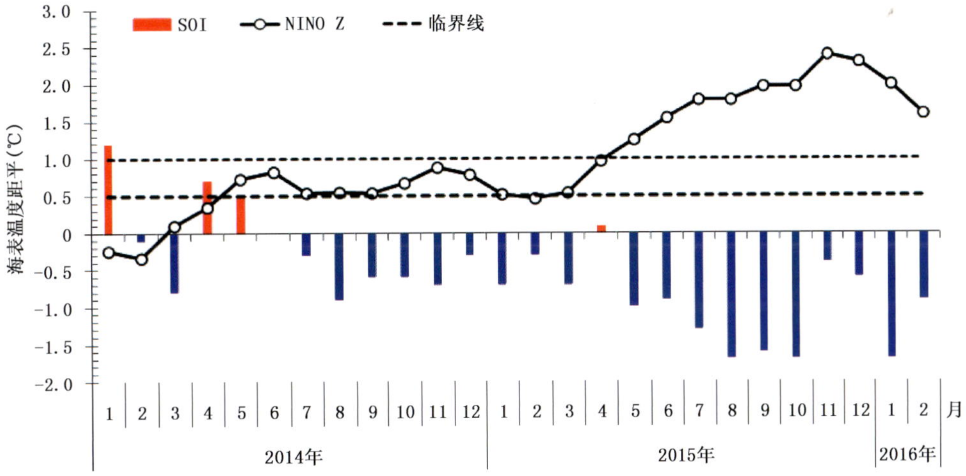

图5.24 2014年1月以来ENSO监测指标的逐月演变

5.5.2 超强厄尔尼诺发展期间的气候影响

2015 年年初以来，热带大气呈现出对厄尔尼诺事件的强烈响应，尤其 2015 年 5 月之后南方涛动指数持续为负位相，其不仅对环太平洋区域的天气气候产生重要影响，而且还可能给非洲、欧洲等地带来高温、干旱等灾害(图 5.25)。

受长期气候变化趋势和厄尔尼诺发展增强的共同影响，2015 年全球年平均温度创有连续观测以来的最高记录(翟盘茂等，2016)，并给全球多地带来灾害性天气气候事件。2015 年 2 月，印度遭受旱灾，近 900 万农民受到影响；5 月，菲律宾 8 省出现严重干旱；6—7 月，泰国遭遇近 10 年来最严重高温干旱；10 月，非洲多个国家面临旱灾威胁，埃塞俄比亚北部和苏丹东部等地区面临严重的粮食危机。2015 年 5 月下旬，印度发生严重高温灾害，造成 2000 余人死亡；6 月中下旬，巴基斯坦南部遭受高温热浪袭击，导致 1233 人死亡。此外，非洲南部地区出现了持续性干旱，南非 2015 年成为自 1904 年有气象记录以来最干旱的一年，同时赞比亚等地也出现了严重的干旱，导致南部非洲出现严重的粮食危机。

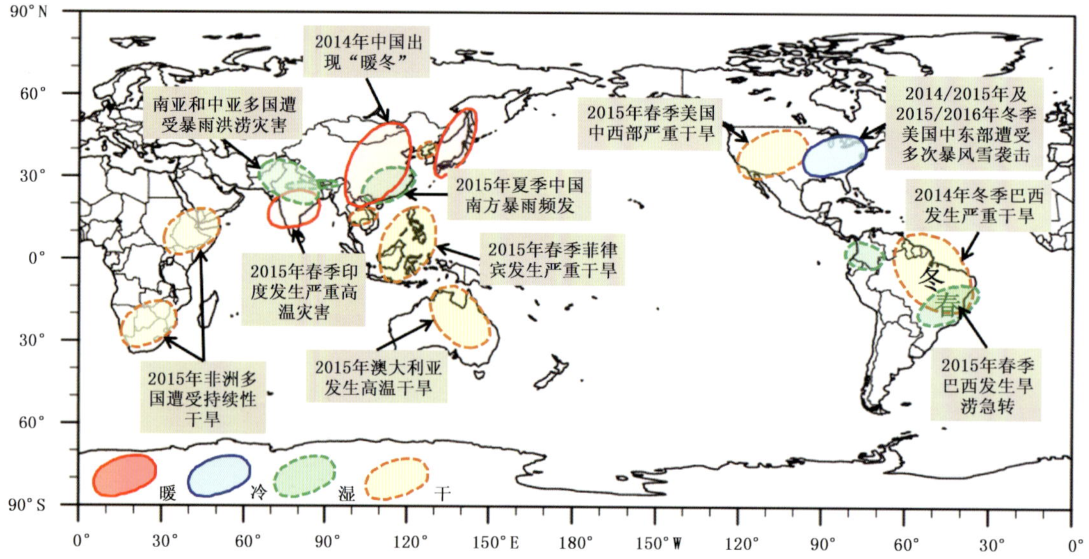

图 5.25　2015/2016 年超强厄尔尼诺对全球天气气候灾害的可能影响

尽管中国处于太平洋的上游地区，超强厄尔尼诺事件同样会通过热带海—气相互作用和大气遥相关等影响到中国夏季降水、登陆台风及东亚冬季风活动等(高辉等，2007；Elsner *et al.*，2003)。在超强厄尔尼诺事件发展增强和热带印度洋海温一致偏暖外强迫背景下，2015 年夏季我国南方地区共出现 18 次暴雨过程，长江中下游降水偏多 5 成至 1 倍；而同期华北大部、西北东部、黄淮西部和东南部等地降水偏少 2～5 成，河北、内蒙古、辽宁、山东和宁夏等地夏旱严重。2015 年登陆我国的台风仅有 6 个，较常年偏少，但强度普遍偏强。2015 年 11—12 月厄尔尼诺峰值期，赤道中东太平洋海表温度距平中心超过 3.5℃(图 5.23)，菲律宾上空低层出现异常的反气旋性环流，一方面给我国东南部地区带来异常丰沛的水汽，同时减弱了冬季风的偏北风分量(翟盘茂等，2016)，造成秋、冬转换季节我国南方地区降水明显偏多，而北方地区偏北气流受到抑制，大范围雾霾天气过程频繁发生。

参考文献

高辉，王永光．2007．ENSO对中国夏季降水可预测性变化的研究．气象学报，**65**(1)：131-137.

郭艳君，翟盘茂，李威．2004．卫星遥感与常规观测中国积雪的对比研究．冰川冻土，**26**(5)：755-766.

李威，王启祎，王小玲．2007．北半球阻塞高压实时监测诊断业务系统．气象，**33**(4)：77-81.

李小泉，许乃猷．1965．欧亚500 hPa环流指数．中央气象局气象科学研究所论文集．

李晓燕，翟盘茂．2000．ENSO事件指数与指标研究．气象学报，**58**(1)：102-109.

卢楚翰，管兆勇，李永华，等．2013．太平洋年代际振荡与南北半球际大气质量振荡及东亚季风的联系．地球物理学报，**56**(4)：1084-1094.

司东，李清泉，柳艳菊，等．2014．2013/2014年东亚冬季风异常偏弱的可能成因．气象，**40**(7)：891-897.

孙淑清，翟国庆．1980．低空急流的不稳定性及其对暴雨的触发作用．大气科学，**4**(4)：327-337.

谭言科，张人禾，何金海．2003．热带印度洋海温的年际异常及其海气耦合特征．大气科学，**27**(1)：53-66.

陶诗言，张庆云．1998．东亚冬夏季风对ENSO时间的响应．大气科学，**22**(4)：399-407.

王东阡，张耀存．2012．中国东部西南低空急流日变化特征及其机制．地球物理学报，**55**(8)：2498-2507.

王东阡，周兵，孙丞虎，等．2013．2012/2013年东亚冬季风活动特征及其可能成因分析．气象，**39**(7)：930-937.

吴国雄，刘平，刘屹岷，等．2000．印度洋海温异常对西太平洋副热带高压的影响——大气中的两级热力适应．气象学报，**58**(5)：513-552.

翟盘茂，余荣，郭艳君，等．2016．2015年强厄尔尼诺过程及其对全球和中国气候的主要影响．气象学报，**74**(3)：309-321

张庆云，陶诗言，陈烈庭．2003．东亚夏季风指数的年际变化与东亚大气环流．气象学报，**64**(4)：559-568.

朱艳峰．2005．近55年南海夏季风爆发时间的确定及对2005年南海夏季风爆发早晚的预测．气候预测评论，**11**：62-68.

朱艳峰．2008．一个适用于描述中国大陆冬季气温变化的东亚冬季风指数．气象学报，**66**(5)：781-788.

Alexander M A, Bhatt U S, Walsh J E, et al. 2004. The atmospheric response to realistic sea ice anomalies in an AGCM during winter. *Journal of Climate*, **17**(5): 890-905.

Chen H M, Zhou T J, Neale R B, et al. 2010. Performance of the New NCAR CAM3.5 in East Asian Summer Monsoon Simulations: Sensitivity to Modifications of the Convection Scheme. *Journal of Climate*, **23**(13): 3657-3675.

Chou C. 2004. Establishment of the low-level wind anomalies over the west North Pacific during ENSO development. *Journal of Climate*, **17**(11): 2195-2212.

Elsner J B, Liu K B. 2003. Examining the ENSO-typhoon hypothesis. *Climate Research*, **25**(1): 43-54.

Gill A E. 1980. Some simple solutions for heat-induced tropical circulation. *Quarterly Journal of the Royal Meteorological Society*, **106**(449): 447-462.

Honda M, Yamazaki K, Nakamura H, et al. 1999. Dynamic and thermodynamic characteristics of atmospheric response to anomalous sea-ice extent in the Sea of Okhotsk. *Journal of Climate*, **12**(12): 3347-3358.

Kalnay, E, Kanamitsu M, Kistler R, *et al*. 1996. The NCEP/NCAR 40-year reanalysis project. *Bulletin of the American Meteorological Society*, **77**(3): 437-471.

Kim J W, Yeh S W, Chang E C. 2014. Combined effect of El Niño-Southern Oscillation and Pacific Decadal Oscillation on the East Asian winter monsoon. *Climate Dynamics*, **42**(3-4): 957-971, doi: 10.1007/s00382-013-1730-z.

Kumar A, Perlwitz J, Eischeid J, et al. 2010. Contribution of sea ice loss to Arctic amplification. *Geophys. Res. Lett.*, **37**(21): L21701. doi: 10.1029/2010GL045022.

Lau N C, Nath M J. 2000. Impact of ENSO on the variability of Asian-Australian monsoons as simulated in GCM experiments. *Journal of Climate*, **13**(24): 4287-4309.

Lejenas H, Okland H. 1983. Characteristics of Northern Hemisphere blocking as determined from a long time series of observational data. *Tellus*, **35A**: 350-362.

Li C Y. 1990. Interaction between anomalous winter monsoon in East Asia and El Nino events. *Advances in Atmospheric Sciences*, **7**(1): 36-46.

Liebmann B, Smith C A. 1996. Description of a Complete (Interpolated) Outgoing Longwave Radiation Dataset. *Bulletin of the American Meteorological Society*, **77**:1275-1277.

Mantua N J, Hare S R, Zhang Y, et al. 1997. A Pacific inter-decadal climate oscillation with impacts on salmon production. *Bull. Amer. Meteor. Soc.*, **78**(6): 1069-1079.

Matsuno T. 1966. Quasi-geostrophic motions in the equatorial area. *J. Meteor. Soc. Japan*, **44**(1):25-43.

Minobe S, Mantua N J. 1999. Inter-decadal modulation of inter-annual atmospheric and oceanic variability over the North Pacific. *Progress in Oceanography*, **43**(2-4): 163- 192.

NOAA. 2016. National Centers for Environmental Information, State of the Climate: Global Analysis for Annual 2015. http://www. ncdc. noaa. gov/sotc/global/201513.

Reynolds R W, Rayner N, Smith T M, *et al.*, 2002, An Improved In Situ and Satellite SST Analysis for Climate, *Journal of Climate*, **15**(13): 1609-1625.

Saji N H, Goswami B N, Vinayachandran P N, *et al.* 1999. A dipole mode in the tropical Indian Ocean. *Nature*, **401**: 360-363.

Screen J A, Simmonds I. 2010. The central role of diminishing sea ice in recent Arctic temperature amplification. *Nature*, 464(7293): 1334-1337, doi: 10. 1038/nature09051.

Stensrud D J. 1996. Importance of low-level jets to climate: A review. *Journal of Climate*, **9**(8): 1698-1711.

Tao Z Y. 1989. Analysis of Indian monsoon and associated low-level circulation in 1980 and 1981. *Advances in Atmospheric Sciences*, **6**(1): 113-119.

Tibaldi S, Molteni F. 1990. On the operational predictability of blocking. *Tellus*, **42A**:343-365.

Wang B, Wu R, Fu X. 2000. Pacific--East Asian Teleconnection: How Does ENSO Affect East Asian Climate? *Journal of Climate*, **13**(9):1517-1536.

Wang H J, He S P. 2012. Weakening relationship between East Asian Winter Monsoon and ENSO after mid-1970s. *Chinese Science Bulletin*, **57**(27): 3535-3540, doi: 10. 1007/s11434-012-5285-x.

Webster P, Yang S. 1992. Monsoon and ENSO: Selectively interactive systems. *Quarterly Journal of the Royal Meteorological Society*, **118**(507): 877-926.

WMO. 2016. WMO statement on the status of the global climate in 2015. WMO_No. 1167:8-9.

Wu B Y, Su J Z, Zhang R H. 2011. Effects of autumn-winter Arctic sea ice on winter Siberian High. *Chinese Science Bulletin*, **56**(30): 3220-3228, doi: 10. 1007/s11434-011-4696-4.

Zhang R, Sumi A, Kimoto M. 1996. Impact of El Niño on the East Asian monsoon: A diagnostic study of the 86/87 and 91/92 events. *J. Meteor. Soc. Japan*, **74**(1):49-62.

Zhang Y, Wallace J M, Battisti D S. 1997. ENSO-like interdecadal variability: 1900-93. *Journal of Climate*, **10**(5): 1004-1020.

Zhou T J, Gong D Y, Li J, Li B. 2009. Detecting and understanding the multi-decadal variability of the East Asian Summer Monsoon-Recent progress and state of affairs. *Meteorologische Zeitschrift*, **18**(4): 455-467.

Thompson D W J and Wallace J M. 2000. Annular modes in the extratropical circulation. Part I: Month-to-month variability. *Journal of Climate*, **13**(5):1000-1016.

编 后 语

自 2015 年 12 月该年报编写工作正式启动以来，经参编人员近半年的共同努力，《气候系统监测诊断年报（2015 年）》即将付梓，在此对大家表示衷心的感谢。首先感谢国家气候中心领导和评阅专家给予年报编写工作的大力指导；感谢中心业务处和气候监测室领导在年报编写过程中所做的大量协调工作及对年报编写提出的宝贵建议；最后感谢气象出版社编辑为年报按期出版所提供的帮助。

现将《气候系统监测诊断年报（2015 年）》各章节编写人员情况介绍如下：

摘要、资料及指标说明由王朋岭、李多编写。

第 1 章 2015 年气候概况由孙冷统稿，其中，1.1 节全球气候由孙冷编写，1.2 节中国气候由崔童（中国气温和降水）、王遵娅（极端天气气候事件）编写。

第 2 章大气环流及亚洲季风由柳艳菊负责统稿，其中，2.1 节大气环流由司东编写，2.2 节亚洲季风由孙丞虎（东亚冬季风）、司东（东亚夏季风）和王东阡（印度夏季风）编写。

第 3 章海洋由李清泉负责统稿，其中，3.1 节热带太平洋海表温度及 Nino 指数演变特征、3.2 节热带印度洋海表温度及海温指数演变特征、3.3 节暖池演变特征和 3.4 节赤道太平洋次表层海温演变特征由李多编写，3.5 节南方涛动演变特征、3.6 节 850 hPa 赤道纬向风演变特征、3.7 节赤道太平洋纬向风指数和 3.8 节热带对流演变特征由邵勰编写。

第 4 章陆面与冰雪由马丽娟负责统稿，其中，4.1 节地表温度由王艳姣编写，4.2 节北半球积雪和 4.3 节南、北极海冰由马丽娟编写。

第 5 章 2015 年主要灾害性天气气候事件成因分析由周兵、孙丞虎统稿，其中，5.1 节 2014/2015 年冬季气候异常成因分析由王东阡编写，5.2 节 2015 年春季气候异常成因分析由邵勰编写，5.3 节 2015 年夏季气候异常成因分析由王东阡编写，5.4 节 2015 年秋季气候异常成因分析由聂羽编写，5.5 节 2015/2016 年超强厄尔尼诺事件及其对全球气候的影响由马丽娟和孙丞虎编写。

《气候系统监测诊断年报（2015 年）》中出版所需的高清图由业务系统发展与运控室的颜京辉和张永强等人协助提供。

编者

2016 年 5 月 20 日